Introduction to Ubiquitous
Concept & Technology

+

유비쿼터스 개론 개념과 기술

+

손병희, 장종찬 지음

ITC
INFO-TECH COREA

IT 대한민국은 ITC(Info Tech Corea)가 함께 하겠습니다.
www.itcpub.co.kr

머리말

지난 10여 년간 우리나라는 IT 선진국이라는 이름으로 전 세계의 이목을 받았다. 그 이름에 걸맞게 눈부신 성장을 이끌어 왔음에 대해 의문이 없을 정도로 IT 산업의 발전은 실로 괄목상대할 만하게 달라졌고, 정보통신부의 IT 산업 정책을 기반으로 탁월한 성과를 이뤄냈다. 지금도 국내 IT관련 업계는 세계 최고의 제품 개발과 더불어 시장 우위를 목표로 달려가고 있다. 어린 시절 즐겨 봤었던 공상과학 만화의 장면들을 실현하려는 듯 수많은 기술들의 결합과 종사자들의 보이지 않는 땀과 노력이 있었기에 가능하지 않았을까 한다.

필자가 통신을 처음 접했을 때는 9.6 kbps급의 모뎀이었지만 그 당시로서는 신기에 가까운 놀라움을 아직도 잊지 않고 있다. "어떻게 10 km나 먼 곳에 있는 자료를 이렇게 쉽게 접근하여 볼 수 있지?"라는 생각에 잠 못 이루었던 것으로 기억된다. 지금은 일반 가정에서도 100 Mbps급의 통신이 가능하고, 1 G급의 영화 한 편을 다운받는 데도 그리 오랜 시간이 걸리지 않는 걸 보면 통신 속도의 발전이 IT발전에 지대한 영향을 끼쳤으리라 본다.

아직까지 완벽하지는 않지만, 2001년 초에 '유비쿼터스'라는 단어를 접했을 때 저자는 '실현될 것이다'라는 생각 외에 다른 생각을 하지도 못했지만, 지금의 유비쿼터스 기술은 인간 생활의 편의성뿐만 아니라 고도의 성장 속에 있는 하나의 테마 정도로 인식되고 있다. IT 기반에서 언제 어디에서라도 원하는 것을 할 수 있다는 것은 우리에게 또 다른 생활 패턴을 안겨줄지도 모른다는 생각에 호기심마저 자극하고 있다.

호환성 문제, 이동의 불편함, 통신선을 연결해야만 하는 상황 등이 나도 모르는 사이에 해결될 것이고, 중요한 회의 시에도 수첩이나 메모지 같은 오프라인 상의 준비물 등이 없어지고 있다. 더 나아가 학교, 사무실에서나 가정에서도 전혀 어색하지 않고 사람만 옮겨 놓았다는 느낌으로 기기나 미디어를 언제 어디서나 자유롭게 이용할 수 있을 것이다.

차세대 이동통신, 홈 네트워크, USN, 차세대 PC 등 다양한 IT 산업들이 융합되어 발전될 유비쿼터스의 시대가 멀지 않았다. IT 인프라가 지금보다도 월등히 좋아질 것이 분명하고, 상호연관성 있는 IT 서비스가 바로 우리 곁에서 실현될 것이며, 현재 알고 있는 IT 산업이 아닌 예상하지도 않은 신조어가 붙여진 신산업들이 부각될지도 모른다.

과장된 표현을 하고 있는 이 현실도 그리 부담스럽지가 않은 건, 지난 몇 년 전의 상상들이 이미 상용화되었기 때문일 것이다.

차세대 IT의 목표는 유비쿼터스가 아닐 것이다. 이미 그것은 이론적으로나 실질적으로 가능성이 확인되었고, 기술적 수준이 그것을 뒷받침하고 있다. 그냥 우리는 의미를 부여하지 않고, 단순하게 유비쿼터스를 받아들이기만 하면 될 것이다. 지금이 바로 유비쿼터스의 세계이기 때문이다.

본 책에서는 이러한 유비쿼터스의 개념을 보다 쉽게 서술하였다. 그리고 우리 주변에서 볼 수 있는 기기나 제품, 서비스, 인프라 등에 대한 기술적 배경이나 발전 동향을 열거하였으며, 그간 정부에서 수립하여 시행한 IT 발전방향과 정책, 개발기술 등의 소개를 토대로 전반적인 IT 기반의 유비쿼터스를 이루는 요소를 세부적으로 언급하기 위해 노력하였다.

미래를 준비하는 IT 종사자와 더 나은 미래를 건설하기 위해 IT를 연구해야 하는 후학들에게 보탬이 될 수 있기를 기대하며, 책을 내도록 아낌없이 지원해 주신 ITC 출판사 사장님, 관계자 여러분께 감사드린다.

이 책에서 다룬 내용이 현 시대에 비춰 다소 진부할지라도 급속도로 발전하는 기술의 영향력이라고 이해하고 읽어 주기를 바란다.

2009.2
저자 손병희, 장종찬

목차

IT 대한민국은 ITC(Info Tech Corea)가 함께 하겠습니다.
www.itcpub.co.kr

유비쿼터스 환경

인터넷이 기업 및 개인생활의 패턴을 바꿔놓고, 개인용 휴대전화와 PDA가 이미 보편화 단계에 와 있다. 더 나아가 모든 기기와 편의도구가 서로 의사소통을 하며 서비스를 제공하는 유비쿼터스라는 꿈같은 세계의 실현을 목전에 두고 있다. 이 장에서는 이런 유비쿼터스의 정의와 역사 그리고 관련 개념에 대해 알아본다.

1.1 유비쿼터스 개요

(1) 유비쿼터스의 정의

유비쿼터스(Ubiquitous)란 라틴어로 '언제 어디서나 있는' 이라는 의미로 사용자가 컴퓨터나 네트워크를 의식하지 않는 상태에서 장소에 구애받지 않고 자유롭게 네트워크에 접속할 수 있는 환경을 의미한다. 여기서 이야기하는 네트워크란 책상 위 PC를 통한 네트워크뿐만 아니라 휴대전화, TV, 게임기, 휴대용 단말기, 내비게이션, 센서 등 PC를 포함한 모든 기기, 사물, 인간 등의 네트워크를 의미한다. 따라서 이것을 이용하여 언제, 어디서나, 누구나 네트워크를 의식하지 않은 상태에서 통신망을 사용할 수 있어야 한다. 이 용어는 1988년 처음으로 미국 제록스 팰로앨토연구소(PARC: Palo Alto Research Center)의 마크 와이저(Mark Weiser) 박사가 제안했다.

(2) 마크 와이저의 정의

마크 와이저 박사는 유비쿼터스 컴퓨팅이 메인프레임, PC에 이은 제3의 정보혁명의 물결을 이끌 것이라고 주장하였다. 첫 번째 물결은 대형 컴퓨터를 여러 명이 사용하는 메인프레임시대로 하나의 컴퓨터를 여러 사람이 공유하는 환경으로 표현했다. 두 번째 물결은 1인 1PC를 갖는 퍼스널 컴퓨터시대를 지칭했다. 이 물결은 현재 우리들이 경험하고 있는 단계로서 개인적 컴퓨팅 영역(Personal Computing Era)이라고 한다. 이 물결을 거쳐 1명이 여러 컴퓨터를 사용하는 유비쿼터스 컴퓨팅시대가 2005년 이후에 일반화할 것으로 추정하였다. 마지막 물결인 3번째 물결은 이제 막 태동을 하려고 하는 유비쿼터스 컴퓨팅이며, 다른 말로 조용한 기술의시대(The age of calm technology)라고 말한다.

제1의 물결
Mainframe Computer

Many people
Share a computer

제2의 물결
Personal Computer

One computer
One person

제3의 물결
Ubiquitous Computer

Many computers
Share each of us

그림 1-1 ● 컴퓨팅 패러다임의 진화

이 유비쿼터스 컴퓨팅은 다음과 같은 4가지 조건을 갖는다.

▶ 첫째, '연결되어야 한다(Connected).' 이는 모든 컴퓨터와 사물 및 인간이 서로 네트워크를 통해 연결되어야 한다는 것이다. 이것은 네트워크 연결의 5대 any 화[1](Anytime, Anywhere, Any network, Any device, Any service)를 지향하고 있다.

▶ 둘째, '보이지 않는다(Invisible; Disappearing).' 이는 수많은 컴퓨터와 디바이스 등이 흩어져 있지만, 사용자가 의식하지 못하도록 사용자의 눈에 보이지 않아야 한다는 뜻이다. 따라서 일상생활에 묻어나야 한다는 것이다.

▶ 셋째, '조용한 서비스라고도 한다(Calm Service).' 이는 언제 어디서나 사용 가능해야 한다. 평소에는 보이지 않지만, 필요할 때는 사용자의 요구에 의해 사용할 수 있는 사용자 중심의 환경이라는 뜻이다.

▶ 넷째, '실제적이다(Real).' 유비쿼터스 컴퓨팅의 기본 개념처럼 현실 세계에 존재하는 것이다. 이것은 모든 사물과 환경 속으로 스며들어 일상생활과 통합된다는 뜻으로 가상현실과는 반대의 개념이다.

이런 개념들은 1999년 일본에서 '유비쿼터스 네트워크'로 그 개념을 확장하게 된다.

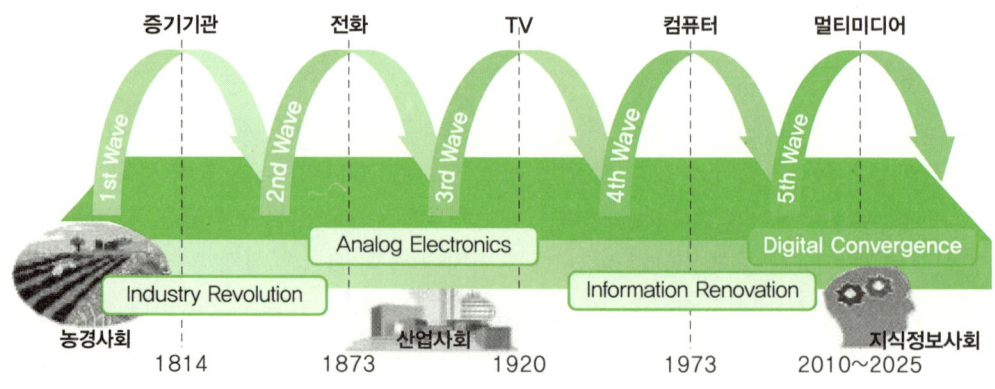

그림 1-2 ● 유비쿼터스 탄생배경

---

[1] Computing, Communication, Connectivity, Contents, Calm

1.2 유비쿼터스 탄생배경

유비쿼터스라는 하나의 패러다임이 태동하기 위해서는 산업혁명에서의 증기기관과 같이 기술적인 동력이 필요하였다. 인류 역사상 제3의 혁명이라고 불리는 유비쿼터스의 동력이 된 기술적 기반을 크게 나누면 개인 컴퓨팅, 인터넷, 다양한 컴퓨터가 도처에 편재한 모바일 인프라의 확산 그리고 서로 다르고 독립적인 기술들 간의 융합이라고 볼 수 있다.

(1) 개인용 컴퓨터의 보급

미국에서 70년대 후반에 개발되기 시작한 개인용 컴퓨터는 우리나라에서도 1982년도부터 개발이 시작되었다. 그 당시에는 5개 업체를 선정하여 각 업체별로 1,000대씩 납품을 하였으나, 현재는 개인 한 명당 2대의 개인용 컴퓨터를 가질 정도로 PC의 보급률은 기하급수적으로 증가하였다. 더 나아가 모바일, 디지털 가전 등에서도 세계에서 가장 역동적으로 발전하고 있는 IT 기반의 선진국이 되었다. 이에 발맞추어 PDA, 휴대전화 등의 기기도 컴퓨터 대체용 도구로 점차 확산되어가며 개인용 컴퓨팅 기기는 점점 더 경량화, 고기능화로 발전하고, 이동성도 보장하고 있다.

(2) 인터넷과 모바일 인터넷의 보편화

인터넷은 컴퓨터와 통신에 대혁명을 가져왔다. 인터넷 속도에서도 알 수 있듯이 초기 속도는 9.6 Kbps였다. 지금은 인터넷 속도도 100 Mbps는 기본이니 10,000배 향상된 셈이다. 이렇게 급속도로 향상되면서, 국내 초고속 인터넷 가입자 수는 1999년 140만 명에 불과했으나, 연평균 34.1%의 성장률을 기록하며 2007년에는 1,470만 명으로 증가하였다. 이는 인터넷 사용자수와 초고속 인터넷 가입자 수는 세계 최고 수준이다.

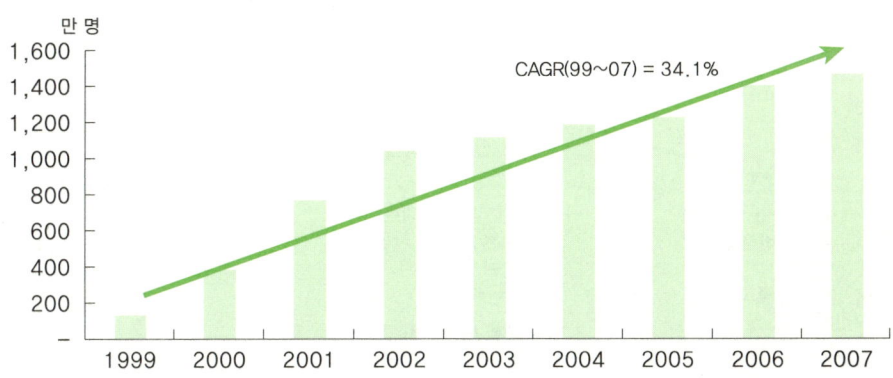

그림 1-3 ● 초고속 인터넷 가입자 수 추이 (출처: 정보통신부, 주: 2007년 12월 기준)

표 1-1 ● 국내 초고속 인터넷 사업자별 네트워크 및 가입자 보유 현황

단위: 명, %

구분	xDSL	HFC	LAN	FTTH	위성	계	비율
KT	4,102,718	–	1,809,269	603,173	381	6,515,541	44.3%
하나로텔레콤	410,865	1,883,636	1,1122,065	241,549	–	3,658,115	24.9%
드림라인	303	895	314	–	–	1,512	0%
LG데이콤	1,220	17,202	49,371	–	–	67,793	0.5%
LG파워콤	–	803,479	917,849	–	–	1,721,328	11.7%
종합유선방송	54,428	2,332,252	120,530	–	–	2,507,210	17.0%
중계유선방송	1,807	7,561	6,640	–	–	16,008	0.1%
전송망	5,722	45,766	65,783	–	–	58,061	0.4%
별정통신	26,362	275	137,793	–	–	164,430	1.1%
계	4,603,452	5,091,066	417,404	844,722	381	14,709,998	100.0%
비율	31.3%	34.6%	28.4%	5.7%	0.0%	100.0%	

출처: 정보통신부
주: 2007년 12월 기준

최근에는 모바일 인터넷 솔루션을 통하여 이동통신과 인터넷의 결합이 이뤄지면서 위치와 공간의 제약을 한층 더 보완하면서 큰 시너지 효과를 보이고 있다. 2010년에는 세계 인구의 50~60% 수준의 30~40억 명이 네트워크를 활용하게 될 것으로 보인다. 네트워크에 연결되는 단말기는 5년 후 현재보다 100배, 10년 후에는 수만 배 규모로 증가하여 모든 것이 네트워크로 연결되는시대가 열릴 것이다.

(3) 기술 또는 제품의 융합

융합 또는 컨버전스(Convergence)라 함은 서로 다른 고객가치를 제공하던 기술 또는 제품들로부터 유사한 고객가치를 제공하고, 다른 기술 또는 제품들이 결합하여 새로운

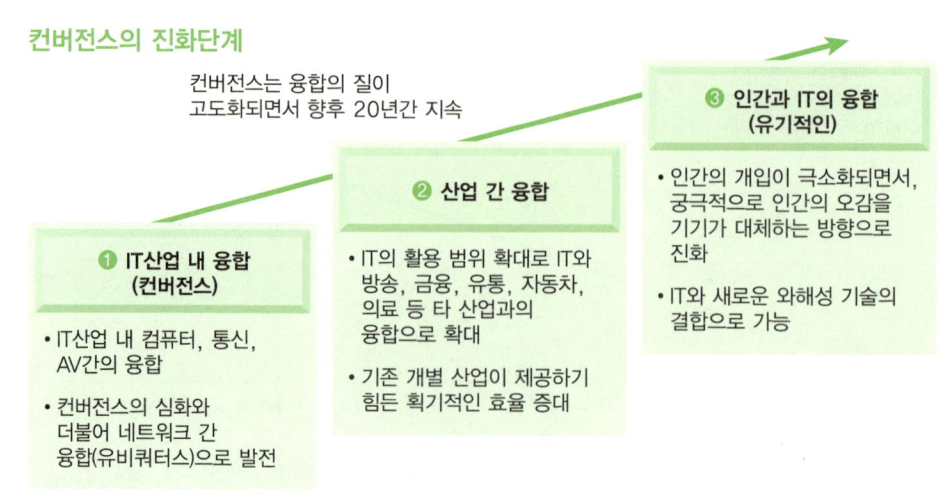

컨버전스의 진화단계

컨버전스는 융합의 질이 고도화되면서 향후 20년간 지속

❶ IT산업 내 융합 (컨버전스)
• IT산업 내 컴퓨터, 통신, AV간의 융합
• 컨버전스의 심화와 더불어 네트워크 간 융합(유비쿼터스)으로 발전

❷ 산업 간 융합
• IT의 활용 범위 확대로 IT와 방송, 금융, 유통, 자동차, 의료 등 타 산업과의 융합으로 확대
• 기존 개별 산업이 제공하기 힘든 획기적인 효율 증대

❸ 인간과 IT의 융합 (유기적인)
• 인간의 개입이 극소화되면서, 궁극적으로 인간의 오감을 기기가 대체하는 방향으로 진화
• IT와 새로운 와해성 기술의 결합으로 가능

그림 1-4 ● 컨버전스의 진화 단계 (출처: 한국정보사회진흥원, 2006년)

고객가치가 창출되면서 기존 시장영역 간의 경계가 불분명해지는 현상을 말한다.

이런 컨버전스를 통해 새로운 비즈니스 모델이 개발되고, 다양한 경로로 디지털 콘텐츠가 전달될 수 있다는 의미이다. 디지털 콘텐츠인 음성, 문자, 그림, 동영상 등의 멀티미디어 콘텐츠가 유선과 무선이 통합된 네트워크 유형으로 전달되기 때문에 유비쿼터스라는 하나의 패러다임의 기술적 동력이 되었다고 본다.

1.3 유비쿼터스 역사

(1) 마크 와이저의 제안

실제로는 1984년에 일본의 사카무라 켄[2] 교수가 트론 프로젝트를 개발하면서 유비쿼터스의 프로젝트가 시작되었으나, 마크 와이저[3] 박사가 1991년 미국의 대표적 과학저널 중의 하나인 "Scientific American"에 유비쿼터스 컴퓨팅을 정리한 "The computer for the 21st Century"라는 논문을 발표하게 된다. 이 논문에서 유비쿼터스를 정의하고 유비쿼터스 컴퓨팅에 대한 개념을 소개하게 되어 유비쿼터스 역사가 시작된다. 그의 주장은 단순했다. 아침에 현관에서 신문을 집어 들거나, 출근할 때 구두 주걱으로 구두를 신을 때의 느낌처럼 사람과 사물 간에 인터페이스도 아무런 거부감없이 자연스럽게 연결되어야 한다고 주장했다. 인간과 컴퓨터 그리고 네트워크가 서로 조화되어 나타나는 인간 중심의 기술인 것이다.

(2) 마크 와이저의 조용한 컴퓨팅

그 후 마크 와이저의 유비쿼터스 컴퓨팅 관련 활동과 연구는 모바일 컴퓨팅 분야에도 큰 공헌을 했으며, 웨어러블 컴퓨팅과 같은 첨단 분야부터 정보 가전, PDA 개발 분야까지 다양하게 많은 영향을 끼쳤다. 당시에는 컴퓨터 과학과는 다른 분야라고 여겨졌던 분야들을 포함

---

[2] 사카무라 켄은 겐이오 대학에서 컴퓨터 과학을 전공하였다. 현재는 도쿄 대학 정보학부 교수로 후학을 지도하는 일 외에 'YRP 유비쿼터스 네트워크 연구소장'으로 이동 컴퓨팅 관련 기술개발에 전념하고 있다. 1984년부터 수행하고 있는 프로젝트(TRON 프로젝트)는 임베디드 운용체계를 개발하는 사업으로 최근 세계에서 가장 유력한 유비쿼터스 컴퓨팅을 위한 운영체제로 평가받고 있다.

[3] 마크 와이저는 1952년 7월 시카고에서 출생하였고, 고등학교 시절 IBM 1620로 컴퓨터 세계에 발을 들여 놓았다. 21살에는 회사를 설립하여 운영한 경험도 있다. 그 후 미시간 대학 컴퓨터/통신과학 분야에서 석사와 박사학위를 받았으며, 36세가 되던 1987년에 제록스사의 연구원으로 연구활동을 시작하게 되고, 1991년 미국의 대표적 과학서널 중의 하나인 "Scientific American"에 유비쿼터스 컴퓨팅을 정리한 "The computer for the 21st Century"라는 논문을 발표하게 된다. 이 논문에서 유비쿼터스를 정의하고 유비쿼터스 컴퓨팅에 대한 개념을 소개하게 되어 유비쿼터스 역사가 시작된다. 그러나 불과 8년 후 그는 1999년 48세의 나이에 위암으로 세상을 떠나게 된다. 하지만 지금도 제록스의 PARC 서버에는 마크 와이저의 개인 홈페이지가 있으며, 그의 이력과 저작물이 게재되어 있다.

하는 많은 특허와 논문이 유비쿼터스 컴퓨팅 프로젝트를 통해 쏟아졌다. 물리 세계에 대해 더 깊이 생각해 센서, 구동기, 디스플레이, 정보처리부품 등을 일상생활의 사물 속에 내장시키고 네트워크를 통해 연결시키는 형태의 새로운 컴퓨터 과학 분야를 개척하게 된 것이다. 하지만 인프라가 구축되고 작동되면서 작업환경과 지식 공유도가 향상됐지만 동시에 개인 정보 제어와 관련된 문제점이 노출되었다. 이를 극복하기 위해 마크 와이저를 비롯한 PARC 연구원들은 조용한 컴퓨팅을 논의하기 시작했다. 이는 컴퓨터의 하드웨어적 요소와는 반대되는 것으로 사용자의 마음상태를 묘사하는 개념이다. 이 개념으로 "The coming age of calm technology"라는 논문을 발표하고 개인 정보에 대한 문제들을 극복하였다. 마크 와이저는 여러 미국 특허와 해외 특허를 가지고 있고 프로그램 철학, 프로그램 슬라이싱 등의 분야를 포함하여 75편이 넘는 논문을 작성했다.

(3) 마크 와이저의 핵심 개념

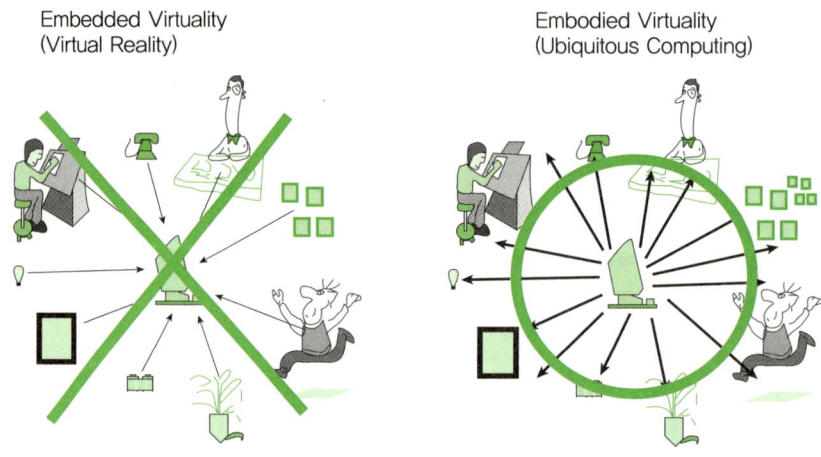

디지털 콘텐츠 서비스 중심　　　　물리적(실생활) 직접 컴퓨팅 서비스 중심
각각의 사람이 자신이 위치한 장소에서 보이지 않는 컴퓨터를 통한 직접 서비스

그림 1-5 ● 유비쿼터스 컴퓨팅과 가상현실의 차이 (출처: ITCT 광주정보문화산업진흥원)

마크 와이저는 유비쿼터스 컴퓨팅은 가상현실(VR: Virtual Reality)과 거의 반대되는 개념이라고 하였다. 가상현실의 개념에 대해서는 뒷장에서 자세히 설명할 예정이다. 우선 위의 그림에서 보는 것처럼 가상현실은 사람들을 컴퓨터로 구현한 세계 속으로 밀어 넣지만, 유비쿼터스 컴퓨팅은 사람들이 사는 세상 속에서 묻어나도록 만들어준다. 이처럼 유비쿼터스 컴퓨팅은 인간공학과 컴퓨터과학, 엔지니어링, 사회과학의 매우 어려운 결합이 될 것이라고 예견하였다.

1.4 트론(TRON) 프로젝트

(1) TRON 프로젝트의 개요

일본의 유비쿼터스 컴퓨팅 연구의 근간이 된 TRON 프로젝트는 보다 이상적인 컴퓨터 아키텍처의 구축을 목적으로, 1984년 6월 일본 동경대학의 사카무라 켄 교수에 의해 제안된 컴퓨터 운영체제(OS: Operating System)이다. 산학협동 하에 새로운 컴퓨터 체계의 실현을 목표로 TRON 프로젝트가 발족이 되었는데, 이 TRON의 기본 발상은 "어디에서라도 컴퓨터"라는 개념에서 출발한다. 언제 어디서나 주변의 모든 사물들이 컴퓨터를 내장하고 있는 시대, 즉 "유비쿼터스 컴퓨팅" 시대가 올 것이라는 것을 예측하고 시작된 프로젝트였던 것이다. TRON은 일상생활 속, 우리 주변에 있는 모든 기기나 설비, 도구 등에 컴퓨터가 내장되고, 모든 컴퓨터는 다시 네트워크로 연결되어 상호 동작을 하면서 인간사회를 한층 더 업그레이드 시켜주는 이른바 유비쿼터스시대가 열릴 것을 염두에 두고 만들어진 임베디드 운영체제이다. 또한 TRON은 발표 직후 Enableware(이네이블웨어)라는 콘셉트를 도입하여 정상적인 사회생활이 불편한 사람들을 위한 기능도 생각했으며, 유비쿼터스 네트워크에서 필수적인 보안 기능도 함께 생각해 왔다. TRON의 사양은 일반에 공개되어 있기 때문에 홈페이지 등을 통해서 누구든 볼 수 있다. 특정한 하드웨어나 소프트웨어를 전제로 하고 있지 않기 때문에 자유로운 제품개발이 가능하다는 게 큰 특징이다. 또한 TRON에서는 OS의 본체를 규정하지 않고 인터페이스만을 규정하고 있다. 일본에서 만든 휴대폰과 디지털카메라 등에 쓰이는 MPU(Micro Processor Unit)는 대부분 TRON을 사용할 정도니 TRON 프로젝트를 통해 일본 내 IMT2000[4]을 이끌었다고 해도 과언이 아닐 것이다.

(2) TRON의 의미

TRON은 "The Real-time Operating System Nucleus(실시간 운영체제 핵)"의 약어이며, 사카무라 켄 교수는 세 부분으로 나누어 프로젝트를 진행했다.

▌Real-time

그 첫 번째 부분이 실시간이다. 실시간이라는 것은 반드시 데드라인이 존재한다. 데드라인이라는 것은 기한일을 뜻한다. 이를 사람에게 적용해서 보면, 학생의 경우 리포트를 기한일에 반드시 제출해야 한다든지, 입사 지원서도 마찬가지이듯 데드라인을 지켜 제출해야 한다. 이처럼 데드라인을 가리키는 시간이 실시간이 아닐까 싶다. 이것을 컴퓨터에 접목시킨다면 컴퓨터가 작업을 수행하는 데 필요한 시간, 즉 시스템 시간

---

[4] IMT-2000(3세대 이동통신)은 2000년대에 시작된 2 GHz(2000 MHz) 주파수 대역의 이동통신 서비스로 음성 중심의 2세대(디지털) 휴대폰과 달리 무선인터넷과 글로벌 로밍(Global Roaming)이 핵심으로 국내에서 쓰는 휴대폰 단말기를 해외에서도 그대로 쓸 수 있도록 하였다. 전송속도가 최고 2 Mbps로 64 Kbps에 불과한 기존 휴대폰에 비해 월등하며 음성전화와 데이터 전송은 물론, 상대방 얼굴을 보면서 통화도 가능하다.

(System Time)인 것이다. 사카무라 켄 교수는 "실시간이란 것은 현실세계의 이벤트에 즉각 반응할 수 있도록 컴퓨터가 작업을 처리하는 시간이 짧을 때를 말한다"라고 했다. 사카무라 켄 교수는 TRON 프로젝트에서 컴퓨터 시스템이 얼마만큼 처리 시간 안에 빠르게 작업을 하느냐에 주안점을 두었던 것으로 보인다.

Operating System

두 번째 단어인 운영체제(Operating System)는 시스템이 있으면 반드시 있어야 하는 바늘과 실과 같은 존재로 실시간을 강조한 후 운영체제를 제시한 것으로 보인다.

Nucleus

마지막 부분은 핵(Nucleus)이다. 가장 기초적이고 핵심적인 기능을 담당하는 부분으로 기억장소, 메모리, 파일, 주변장치 등과 같은 시스템을 구성하는 중요한 자원을 관리하는 부분으로 생각된다.

(3) TRON 프로젝트의 종류

ITRON

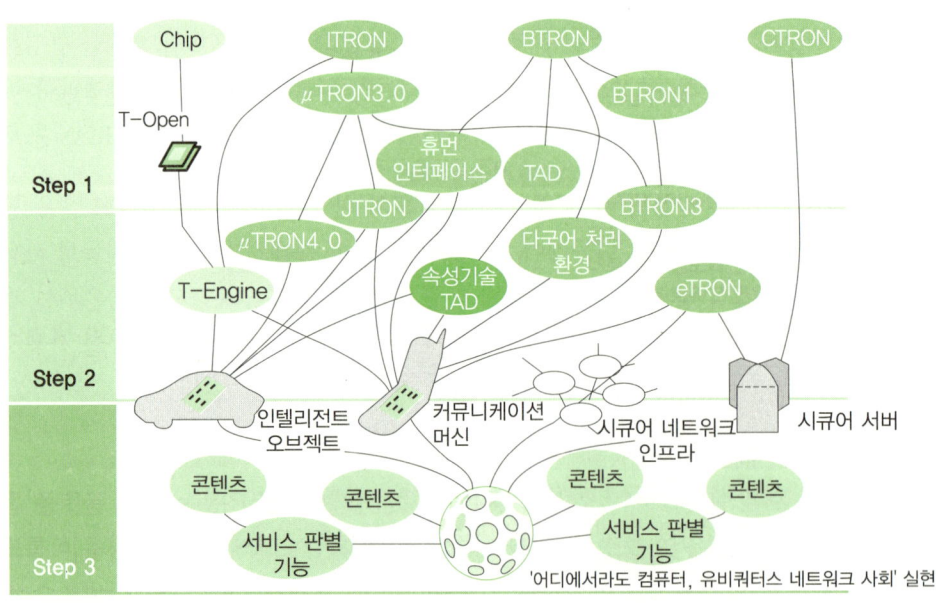

그림 1-6 ● TRON 로드맵 (출처: TRON 협회)

ITRON(Industrial TRON)은 TRON의 가장 기본이 되는 사양으로서, 일반 가전기기에서부터 산업용 기기에 이르기까지 현재 일본 내에서 가장 많이 사용되고 있는 RTOS 사양이다. ITRON OS의 크기는 적게는 수천 바이트에서 많게는 수만 바이트 정도로 상당히 작은 OS이며, 8비트에서 32비트 마이크로컴퓨터까지 다양한 프로세서에 사용되고 있다. ITRON을 기초로 하여 BTRON과 CTRON이 만들어졌다.

BTRON

BTRON(Business TRON)은 ITRON의 코어에 파일 시스템과 메모리 매니지먼트 등의 기능을 추가하여 만든 OS이다. ITRON이 임베디드형 아키텍처라고 한다면, BTRON은 PC나 워크스테이션용 아키텍처이다. TAD(TRON Application Data bus)를 통해서 서로 다른 애플리케이션 간 데이터의 호환성을 높이고 있다. 다양한 문자를 지원하며, PC용 OS로서는 부팅 속도가 10초 이내에 불과해 상당히 빠르다고 평가받고 있다.

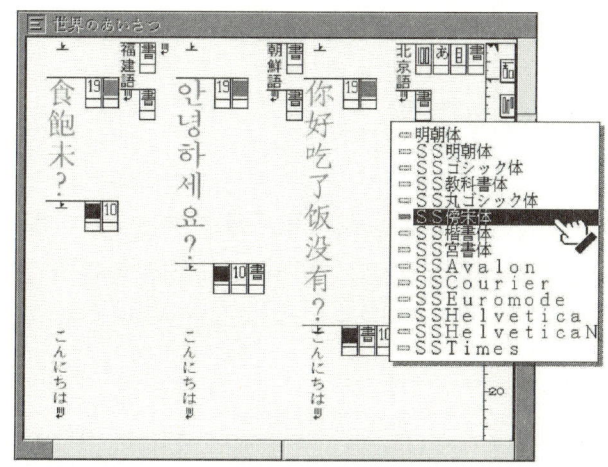

그림 1-7 ● BTRON에서 지원하는 다양한 문자

CTRON

CTRON(Communication and Central TRON)은 정보통신 네트워크용으로 개발된 아키텍처로서, 일본 NTT에서 채택하여 개발되었고, 현재까지 NTT의 통신교환기에 거의 대부분이 사용되고 있다.

JTRON

JTRON(Java TRON)은 ITRON의 Java 버전이다. ITRON상에서 Java 실행환경을 가능하도록 하고, Java의 특징인 GUI, 네트워크 기능과 ITRON의 높은 실시간성과 낮은 오버헤드 등의 이점을 최대한 살려주는 아키텍처다.

MTRON

MTRON(Macro TRON)은 복수의 ITRON, BTRON, CTRON를 유기적인 네트워크로 결합하고, 인간의 생활환경 전체를 종합적으로 조작하는 것이 MTRON이다.

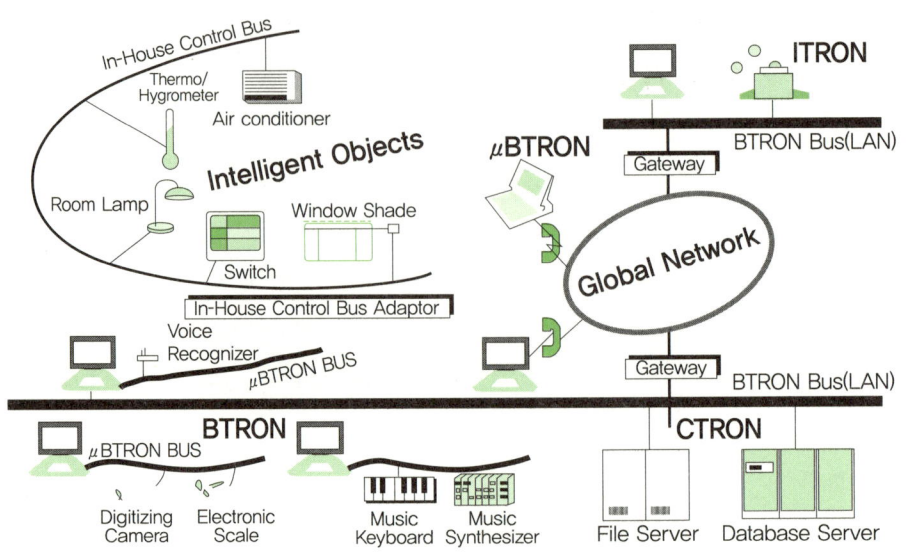

그림 1-8 ● MTRON 개념도

eTRON

eTRON(entity TRON)은 TRON 프로젝트 초기에는 없었으나, 이후 유비쿼터스 컴퓨팅 환경에서의 보안 아키텍처로 설계되었다. 네트워크상의 전자적인 가치정보를 외부로부터 보호하기 위한 것이며 구체적으로는 eTRON 칩에 의해 구현된다.

T-Engine 탄생

일본에서 많은 임베디드 기기에 ITRON이 사용되어 왔다. 하지만 1984년 TRON 협회에서 발표한 ITRON이란 OS 사양이지 구체적인 OS의 실체가 아니라는 것이다. 사양만 제시하고 있을 뿐, 구체적인 구현 방법 등에 대해서는 규정하지 않았다. ITRON은 소프트웨어에서 빈번히 처리되는 기능이나 인터럽트 처리와 같은 기능 등을 OS층에서 담당하기로 하고 그것을 표준화 시킨다는 발상에서 나온 것이다. ITORN은 다양한 CPU에서 사용 가능하기 때문에 일본 내의 많은 회사에서 사용되었지만, OS의 사양만 정해져 있는 약한 표준화에서 문제점이 드러나 똑같은 ITRON 사양이라 하더라도 실제 동작에 있어서는 각 회사마다 차이가 생겼다. 심지어는 동작하지 않는 경우도 종종 생겨났다. 사카무라 켄 교수는 고심 끝에 이를 개선시키기 위해 TRON에서 진화된 T-Engine이라는 표준 개발환경을 만들게 되었고, 이것이 바로 T-Engine 프로젝트의 시작점이 된 것이다.

T-Engine은 오픈 아키텍처이며 오픈 개발환경이다. 누구든지 개발할 수 있고 누구든지 사용할 수 있어 TRON 프로젝트 이념을 그대로 받아 온 것이다. T-Engine에서 사용되는 임베디드형 OS를 T-Kernel이라고 하며, 하드웨어 초기화와 OS의 부트 로더 역할을 하는 T-Monitor와 각종 디바이스 드라이버인 T-Driver, 그리고 각종 미들웨어 등으로 구성되어 있다. 이들은 각각 다양한 시스템에 적용시킬 수 있도록 되어 있다. 그림 1-9는

ITRON과 T-Kernel API(Application Programming Interface)의 시장 점유율을 나타 낸 그림이다.

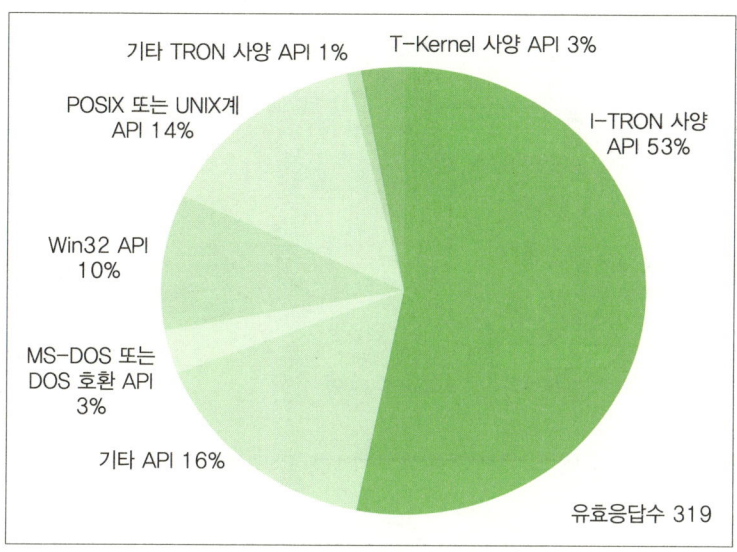

그림 1-9 ● TRON API 시장 점유율 (출처: 2006년, TRON 협회)

1.5 유비쿼터스 관련 개념

(1) 유비쿼터스 컴퓨팅

유비쿼터스 컴퓨팅은 컴퓨터가 생활 속으로 스며들어 실제 눈에 보이지 않기 때문에 우리가 느끼지 못하는 사이에 편하게 컴퓨터를 사용한다는 개념이다. 유비쿼터스 컴퓨 팅은 아래와 같은 특징을 가지고 있다.

  첫째, 네트워크에 연결(Connection)되지 않은 컴퓨터는 유비쿼터스 컴퓨팅이 아니다.
  둘째, 인간화된 인터페이스(Calm Technology)로서 눈에 보이지 않아야(Invisible) 한다.
  셋째, 가상공간이 아닌 현실 세계의 어디서나 컴퓨터의 사용이 가능해야 한다(Em-bodied Virtuality).

(출처: ITCT 광주정보문화산업진흥원)

(2) 유비쿼터스 컴퓨팅의 유사 개념

유비쿼터스 컴퓨팅은 몇 가지의 다른 이름으로도 불리고 있다. 이들은 서로 다른 이름 으로 정의되고는 있지만 전체적인 맥락에서는 유비쿼터스와 대부분 일치가 되는 것으 로 여겨진다.

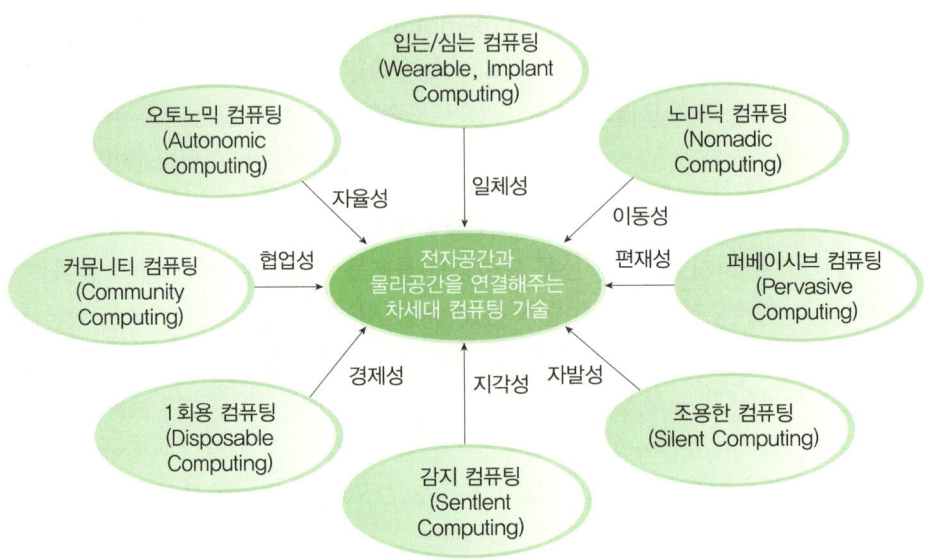

퍼베이시브 컴퓨팅

"널리 퍼지고 스며드는 컴퓨팅" 정도로 해석하면 될 것이다. 이 의미는 IBM에서 제안한 개념으로 "어디에나 있는" 뜻의 유비쿼터스 컴퓨팅과도 사전적 의미가 비슷하다고 할 수 있겠다. IBM이 생각하는 퍼베이시브 컴퓨팅(Pervasive Computing)은 첫째로 자동차와 핸들헬드 기기 등 각종 기기 안에 통합된 솔루션이며, 둘째가 무선영역으로 확장하기 위한 미들웨어이며, 마지막이 하드웨어와 소프트웨어, 서비스 등을 교차, 융합시키면서 새로운 비즈니스 모델을 창조하는 것이라고 한다.

조용한 컴퓨팅

조용한 컴퓨팅(Silent Computing)은 정보기기나 일상 사물에 심어진 컴퓨터들이 사용자가 의식하지 않더라도 사용자의 요구에 의해 일을 수행하는 컴퓨팅을 말한다. 이것은 마크 와이저가 발표한 "The coming age of calm technology"라는 논문에서 주장한 조용한 기술(Calm Technology)이라는 개념에서 기반하였다.

두루누리

'두루누리'는 2004년 10월 19일 국립국어연구원에서 개설, 운영하고 있는 '모두가 함께하는 우리말 다듬기' 사이트를 통하여 '유비쿼터스(Ubiquitous)'를 순화한 순수 우리말 신조어이다. 명사형으로 두루접속, 바로접속, 홍길동접속 등을 후보로 네티즌들의 투표를 통해 최다 득표로 선정되었다.

노마딕 컴퓨팅

노마딕 컴퓨팅(Nomadic Computing)은 디지털 노마드 현상에서 유래한 용어로서 어떠한 장소에나 다양한 정보기기가 편재되어 있어 사용자가 굳이 정보기기를 휴대할 필요가 없는 환경을 뜻한다. 네트워크의 이동성을 극대화하여 사용자가 자유자재로 이동하면서 어디서든지 컴퓨터에 접속할 수 있는 환경인 것이다. 이른바 어디서든 연결된(Always Connected) 환경의 실현이다.

▌임베디드 컴퓨팅

임베디드 컴퓨팅(Embedded Computing)은 컴퓨터가 수행 기능을 미리 프로그래밍하여 사물이나 기기에 심어 지능화시키는 기술을 말한다. 이것은 유비쿼터스라는 용어로 대체할 수 있는 개념이라기보다는 유비쿼터스의 구성요건 중의 하나라고 볼 수 있는데, 이 책에서 후반부에 임베디드 시스템, 임베디드 소프트웨어로 구분하여 자세히 다루도록 하겠다.

▌감지 컴퓨팅

감지 컴퓨팅(Sentient Computing)은 센서를 통해 사용자의 상황을 인식하여 사용자가 필요한 정보를 제때 제공해주는 기술을 말한다. 이러한 감지 컴퓨팅을 통하여 유비쿼터스 서비스를 제공할 수 있다. 이런 기술을 이용하여 u-커뮤니케이션 서비스, u-정보제공 서비스, u-상황 인지 서비스, u-지능형 서비스 등을 받을 수 있다.

▌일회용 컴퓨팅

일회용 컴퓨팅(Disposable Computing)은 휴대폰 단말기 한 대가 백만 원을 육박하는 이 시점에서 유비쿼터스가 일상화되기 위해 가장 선행되어야 할 기술이라고 생각되는 기술이다. 이 기술은 저렴한 가격의 컴퓨터로 1회용 종이처럼 가격이 매우 저렴하여 어떤 물건이라도 컴퓨터 기술을 활용할 수 있는 기술을 말한다.

▌입는 컴퓨팅

입는 컴퓨팅(Wearable Computing)은 컴퓨터를 안경이나 옷처럼 착용할 수 있게 해주는 기술이다. 컴퓨터를 인간의 몸의 일부로 만들 수도 있다. 이 기술은 앞으로 나노 기술, 바이오테크놀로지의 힘을 입어 체내 이식형 컴퓨팅으로 발전해 나갈 것이다.

▌엔조틱 컴퓨팅

엔조틱 컴퓨팅(Exotic Computing)은 현실세계와 가상세계인 전자공간과 물리공간을 연계해 주는 컴퓨팅 기술이다.

(3) 유비쿼터스 네트워크

유비쿼터스 컴퓨팅이 연결된 유비쿼터스 네트워크의 개념도 살펴보자. 이 개념은 기존의 물리적 공간과 정보통신기반의 전자적 공간을 연결하는 새로운 공간을 지칭하는 말이며, 그림 1-11과 같이 서비스를 제공한다.

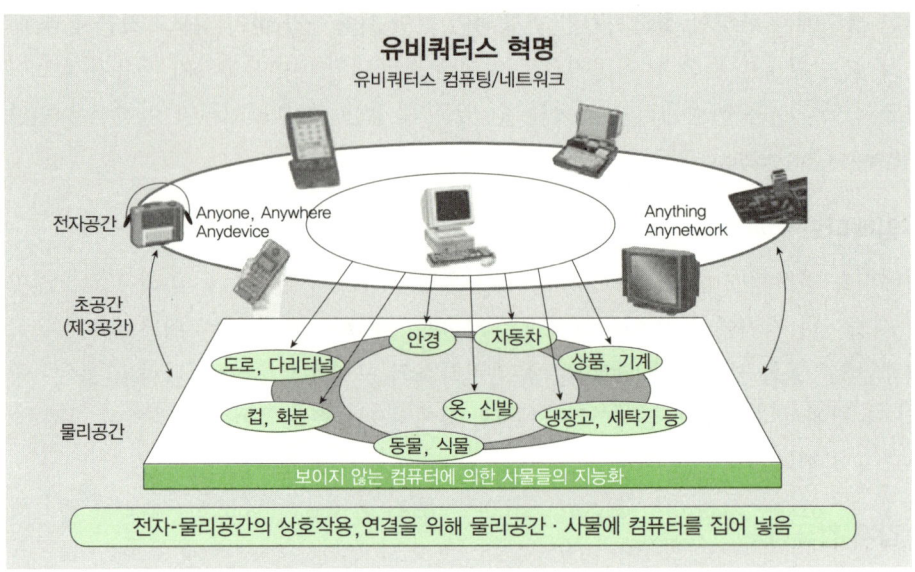

그림 1-11 ● 유비쿼터스 네트워크 구성도 (출처: 21세기 아젠다 u코리아 비전 최종 결산, 2002년 12월 27일 전자신문)

인터넷이 대표되는 정보혁명의 물결 속에서 또 다른 정보화의 새로운 패러다임으로 유비쿼터스 혁명이 일어나고 있다. 정보혁명은 인터넷과 눈에 보이지 않은 가상공간(Cyber Space)을 강조했다면, 유비쿼터스 혁명은 언제 어디서나 내가 느끼지도 못하는 사이에 모든 것이 연결되며 실세계에서 실행되는 것을 강조한다. 이처럼 유비쿼터스 혁명은 실세계 공간과 가상공간을 하나로 묶고, 사람, 컴퓨터, 사물이 하나로 연결된 가장 최적화된 증강 현실 공간(Augmented Reality)일 것이다.

유비쿼터스는 1988년 미국의 마크 와이저 박사가 "유비쿼터스 컴퓨팅"이라는 개념으로 처음 제안하였다고 했다. 이후 일본에서 1999년 "유비쿼터스 네트워크"로 그 개념을 확장하는데, 이 개념은 일본 노무라 연구소의 무라카미 이사장이 제안하였다. 그는 1988년에 마크 와이저가 유비쿼터스 컴퓨팅을 내놓을 당시엔 지금처럼 인터넷이란 네트워크가 없었는데도 컴퓨팅 능력을 중시하는 네트워크 컴퓨팅이 중요하다고 네트워크로써의 유비쿼터스의 중요성을 강조했다는 데에 그의 상상력을 높이 평가할 수 있다. 그는 노무라 연구소의 '지적자산창조' 5월호에서 유비쿼터스 네트워크의 정의를 다음과 같이 내렸다.

첫째, 고정, 이동, 유·무선, 통신, 방송이라는 모든 영역을 넘어 이용 장소에 관계없이 언제든지 접속이 가능한 모바일 특성을 갖춘 브로드밴드의 광대역 네트워크가 기반을 갖는다.

둘째, 대형 컴퓨터나 개인용 컴퓨터뿐만 아니라 휴대폰, PDA, 게임기, 카 내비게이션, 디지털 TV, 가전기기, 웹 카메라 등에 전자 태그를 이용하는 등 센서가 IP(Internet Protocol) 등의 프로토콜을 사용하여 서로 연결된 상태가 된다.

셋째, 텍스트나 정지영상뿐만 아니라 동영상 및 음성을 가진 콘텐츠, 이용자의 수요에 맞춘 솔루션, 다양한 정보의 안전한 송수신, 전자상거래 등이 가능한 플랫폼의 활용이 가능하다.

위의 내용들을 소화하기 위해서는 유비쿼터스 네트워크 내에 기술적 요구사항이 필요한데, 정리하면 다음과 같다.

- 정보기기나 단말기들은 휴대하거나 장착이 용이하도록 크기가 지금보다 더 소형화되어야 한다.
- 다양한 서비스를 이용하지만, 이것을 이용할 때는 저전력을 이용하여 오랫동안 서비스를 제공받을 수 있도록 전력소모가 적은 네트워킹 설비가 필요하다.
- 또한 기기들의 내구성이 요구된다. 극 지대나 사막과 같이 통신이 어려운 극한 환경에서도 작동 능력이 요구되어야 한다.
- 유비쿼터스 기술 중의 핵심 기술인 위치 기반 기술 활용을 위해 정밀한 거리 및 위치 추적 능력을 갖고 있어야 한다.
- 뿐만 아니라 멀티미디어와 대용량의 디지털 콘텐츠 정보를 처리하기 위해 슈퍼컴퓨팅 및 자율적인 망 관리도 필요하다. 이를 위해 물리적 망 기반의 가상 망 서비스의 발달도 요구된다.
- 모든 사물과 기기에 IP를 부여해야 하므로 IPv6를 이용한다.

유비쿼터스시대를 P2P(Person to Person), P2M(Person to Machine), M2M(Machine to Machine)으로 나누어 발전할 것으로 노무라 연구소는 내다보고 있다.

http://www.nri.co.jp/english/company/index.html은 노무라 연구소의 링크 주소이다. 관심 있는 분들은 사이트에 방문해서 좋은 정보를 얻기 바란다.

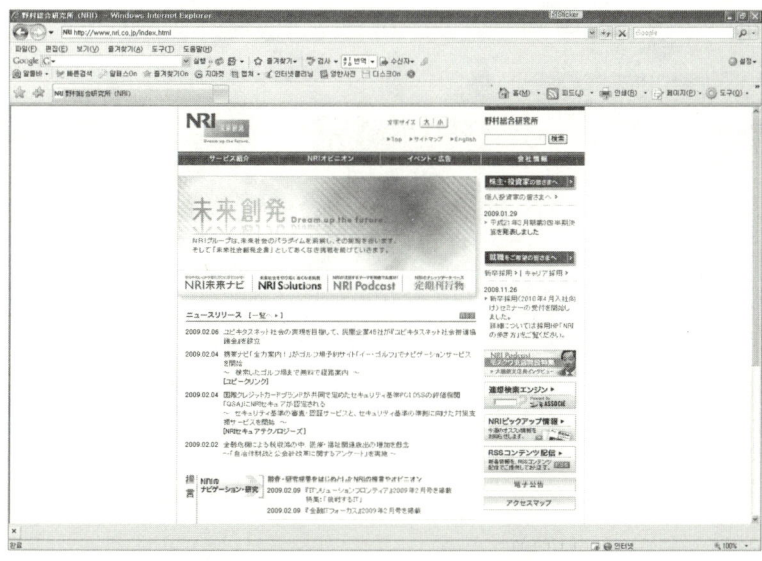

그림 1-12 ● 노무라 연구소 홈페이지

1.6 유비쿼터스 미래

미래의 유비쿼터스 사회에서 실현 가능한 서비스는 다음 그림과 같이 다양하며, 모든 환경이 디지털화되는 것이다. 디지털 홈에서부터 시작하여 디지털 오피스, 디지털 정부, 디지털 사회, 디지털 세계로 모든 실세계 환경이 디지털로 전환이 되고, 가상공간인식 실세계인식 분간할 수조차 없이 자연스러운 환경이 되는 것이다.

발전 방향은 당연히 고속화, 대용량화가 기본이며 여기에 모든 사물과 기기에 지능이 더해진 지능화 측면도 간과할 수 없다. 또한 무엇보다도 인간중심적 환경이어야 하고, 친환경적으로 변해가야 한다.

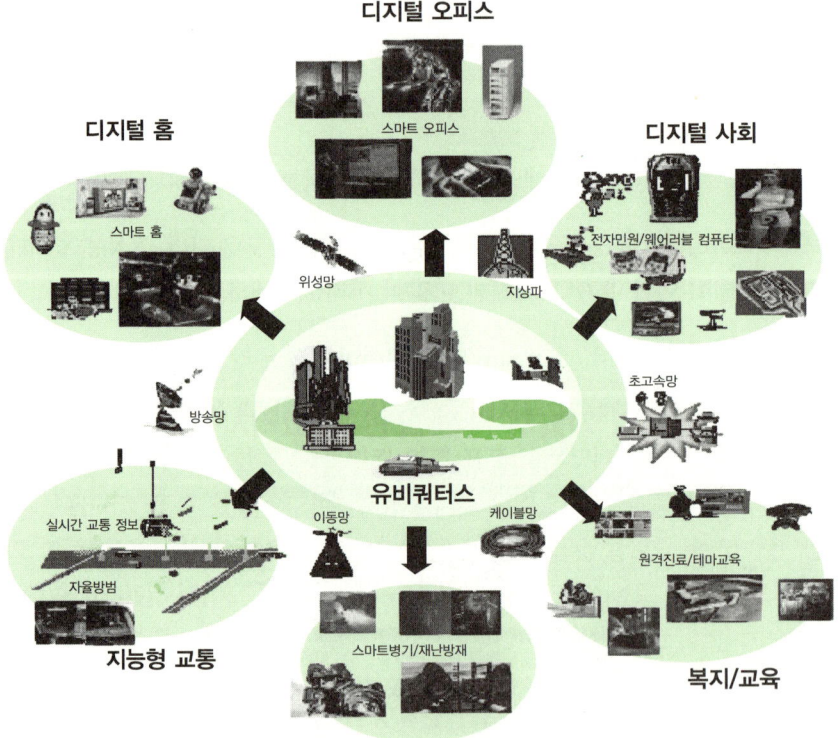

그림 1-13 ● 미래의 유비쿼터스 네트워크

표 1-2 ● 유비쿼터스 네트워크 발전 방향

발전방향	주요 내용
고속화 대용량화 측면	고속 대용량 통신망에 의해 서라운드 음향 시스템, 네트워크 카메라, 다시점 음악연주, 다지점 TV회의, 비디오 회의 시스템, 실세계 경관 데이터베이스, 입체 및 고정밀 데이터베이스 등의 고품질의 음악과 영상, 정보 서비스 제공
지능화 측면	지능처리 기술의 발전에 따라, 맞춤형 서비스로 위치검색/관리, 음성변조 전화나 기계에 의한 커뮤니케이션의 센서 데이터 수집, 자동판매기 통신, 온라인 그룹 작업, 생체인증, 필적 인증 기능 등이 제공
인간화 측면	시간과 장소를 극복하는 수단으로서 디지털 박물관, 디지털 도서관, 디지털 동물원, 인터넷 쇼핑, 전자투표, 원격진단 및 치료와 간호 및 가사 대행 로봇 등이 실현
고밀도 소형화 측면	착용형 단말기 및 퍼스널 TV 단말을 이용한 서비스, 착용형 센서를 이용한 감시, 소형간이 영상편집, 투사형 공간 재현 TV 등이 실현
환경친화 측면	환경을 배려한 자원 절약 차원의 전자신문, 전자서적, 환경 매립형 소형센서가 실현되며, 환경 친화형 초소형 연료전지, 인공광합성 등의 바이오 전지의 개발 등으로 에너지 활용에 의한 환경파괴를 근본적으로 해결할 수 있는 IT 기술이 실현
글로벌화 측면	컴퓨터의 고성능화와 통신망의 처리 및 액세스의 고속화, 스위치 속도의 고속화, 통신의 광대역화로 모든 경제, 문화, 사회적 활동이 국경 없이 이루어질 것으로 전망 또한 우주, 지하, 해양 등의 극한 지역으로까지 활동영역이 확대되는 한편 극한적 환경을 극복할 수 있는 IT 기술 실현

참고문헌

[1] Uwe Hansmann, Lothar Merk, Martin S.Nicklous, Thomas Stober "유비쿼터스 컴퓨팅 핸드북" 진한도서, 2003

[2] 사카무라 켄, "유비쿼터스 컴퓨팅 혁명", 동방미디어, 2002

[3] 명진영, "노마드 새로운 문화코드로 떠오른다", 인프라월드, 2003년 9월

[4] Mark Weiser, "The Coming Age of Calm Technology", October 5, 1996

[5] Mark Weiser, "Some Computer Science Problems in Ubiquitous Computing", 1993

[6] Mark Weiser, "The Computer for the 21st Centure", September, 1991

[7] 노무라총합연구소, "유비쿼터스 네트워크와 신사회 시스템", 전자신문사, 2003

[8] 한국전산원, "유비쿼터스 환경 구축에 대한 국내외 동향분석", 2004.6

[9] www.sakamura-lab.org/TRON/

유비쿼터스 환경의 홈 네트워크

아침식사를 위해 전자레인지에 기본재료를 넣고 메뉴를 말하면 전자레인지가 자동으로 음식을 만들어 준다. 퇴근 후 집에 돌아와서는 주문형 비디오로 좋아하는 영화를 본다. 이것이 유비쿼터스가 일상화되 었을 때 변화하는 우리 삶의 모습이다. 이번 장에서는 홈 네트워크 분야에 대해 알아본다.

2.1 홈 네트워크 개요   2.2 홈 네트워킹 기술
2.3 홈 네트워킹 기술을 이용한 서비스 응용 기술   2.4 홈 네트워킹 기술의 시장동향
2.5 홈 네트워킹 기술의 정책동향   2.6 홈 네트워킹 기술의 발전 요인 및 고려사항

2.1 홈 네트워크 개요

(1) 홈 네트워크의 정의

1장에서 우리는 유비쿼터스의 정의, 탄생 배경, 역사, 유사 개념, 그리고 미래에 대해서 알 아보았다. 2장에서는 유비쿼터스로 가기 위한 흐름 중 그 첫 번째로 홈 네트워크에 대해 알아보려고 한다.

제일 먼저 왜 홈 네트워크라고 할까? 라는 의문을 제기해 본다.

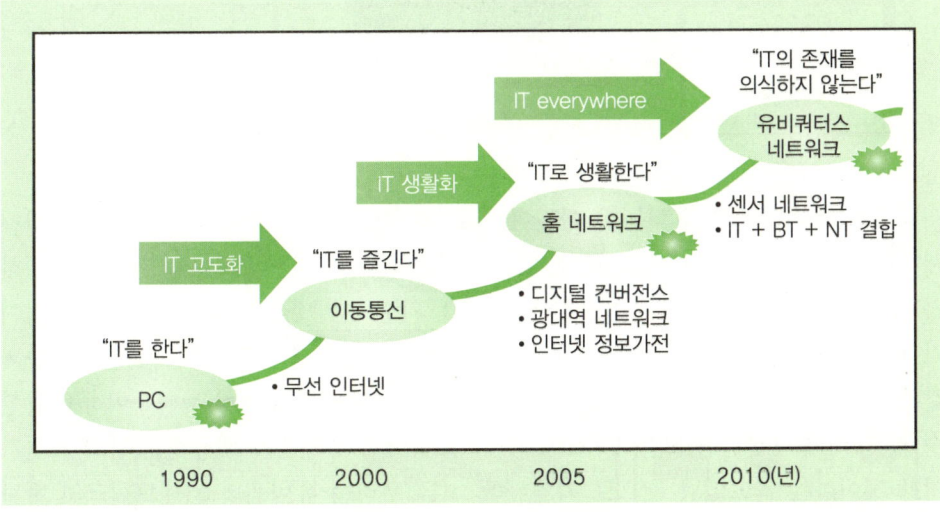

그림 2-1 ● 네트워크의 이동

결론적으로 얘기하면 네트워크의 이동이다.

이 대답은 1990년 PC의 보급에서부터 출발한다. 유비쿼터스의 탄생 배경과 맞물리는 시간이다. PC의 보급이 증가하면서 우리는 "IT를 한다"라고 이야기했다. PC인 개인용 단말기는 그 형태가 다양해져 PDA, 노트북, 휴대폰, 내비게이션으로 이어지는데, 나열한 단말기들의 공통점은 이동성을 보장한다는 점이다.

유선으로 연결되었던 네트워크가 자유를 얻은 셈이다. 무선통신의시대가 열리면서 우리는 "IT를 즐긴다"라고 이야기했다. 이때 우리나라에서도 한 TV 스타가 어느 바(bar)에서 헤드셋을 끼고 음악을 들으면서 춤을 추는데 전화가 울리자, 머리를 옆으로 숙이며 귀에 있는 헤드셋을 어깨로 툭 치며 통화를 하는 광고가 나오기도 했다.

유무선 네트워크를 사용해서 IT를 즐기는 시간을 지나 다음에 나타난 현상은 유무선 네트워크들이 집으로 이동하게 된다. 비로소 "IT가 생활화된다"라고 할 수 있게 된다.

그림 2-2 ● Apple사의 스마트폰

시점으로 보면 2005년쯤 되는데, 이것이 바로 홈 네트워크인 것이다. 다시 말해서 집에서 외부로, 또는 외부에서 집으로 연결되는 네트워크이다. 홈 네트워크 기술을 정의하자면, 집안의 가전기기 및 시스템을 상호 또는 외부 인터넷상의 정보기기와 연결하여 각각의 기기 및 시스템에 대한 원격접근과 제어가 가능하고 음악, 비디오, 데이터 등과 같은 콘텐츠를 사용할 수 있도록 양방향통신 서비스 환경을 구현하는 기술이라고 말할 수 있다. 이때 나왔던 광고는 TV스타가 레스토랑에서 휴대폰을 이용해 집안의 가전기기를 제어하는 광고였던 것으로 기억한다. 지금 우리는 유비쿼터스 네트워크의 바로 직전에 와 있는 것이다.

(2) 홈 네트워크에서의 홈의 종류

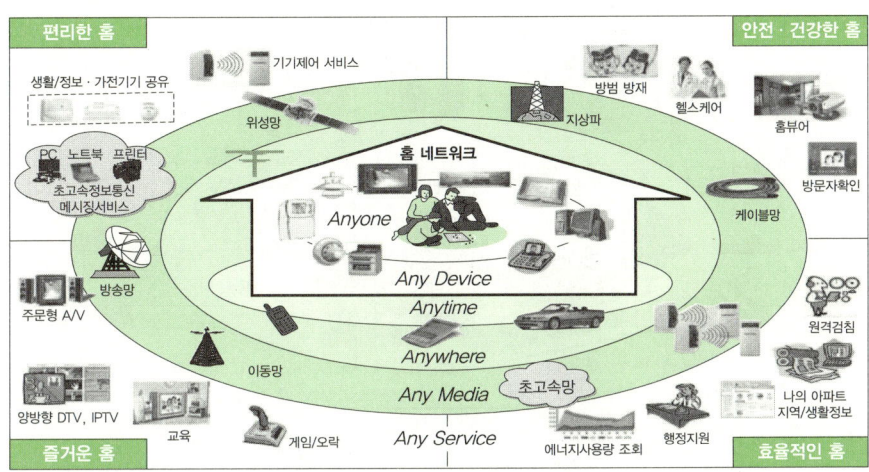

그림 2-3 ● 홈 네트워크의 개념도

가정내 가전기기 및 시스템을 상호 또는 외부의 정보기기와 연결하여 원격접근 및 제어가 가능하고, 음악, 비디오, 데이터 등과 같은 콘텐츠를 사용할 수 있도록 양방향통신 서비스 환경을 구현하는 기술로 유무선 네트워크를 통하여 누구나 기기, 시간, 장소에 구애받지 않고 다양한 서비스를 제공받을 수 있는 기술을 포함하고 있다. 여기서 우리는 홈을 편리한 홈, 안전하고 건강한 홈, 효율적인 홈, 즐거운 홈으로 종류를 분류할 수 있다.

- 편리한 홈: 사용자는 시간과 장소에 구애받지 않고 정보 · 가전기기를 이용하여 다양한 서비스를 제공받을 수 있는 미래지향적인 가정환경이다.
- 안전 · 건강한 홈: 남녀노소 누구나 특별한 교육 없이도 정보 · 가전기기를 통하여 원격교육 및 원격의료 등의 복지 서비스 혜택이 가능한 가정환경이다.
- 효율적인 홈: 통신 인프라 구축의 성과를 극대화한 서비스 활성화 및 국민의 IT 생활화가 구현된 가정환경이다.
- 즐거운 홈: 가정 내 네트워크와 외부의 유무선 네트워크를 통하여 디지털 TV, 지능형로봇 및 디지털 콘텐츠 등 타 산업 분야와 융합된 다양한 서비스를 쉽게 이용할 수 있는 가정환경이다.

2.2 홈 네트워킹 기술

홈 네트워킹 기술은 홈 플랫폼 분야, 홈 네트워킹 분야, 정보가전 분야, 유비쿼터스 홈 컴퓨팅 분야로 나누어 볼 수 있다. 그림 2-4는 홈 네트워킹 기술의 개념도이다.

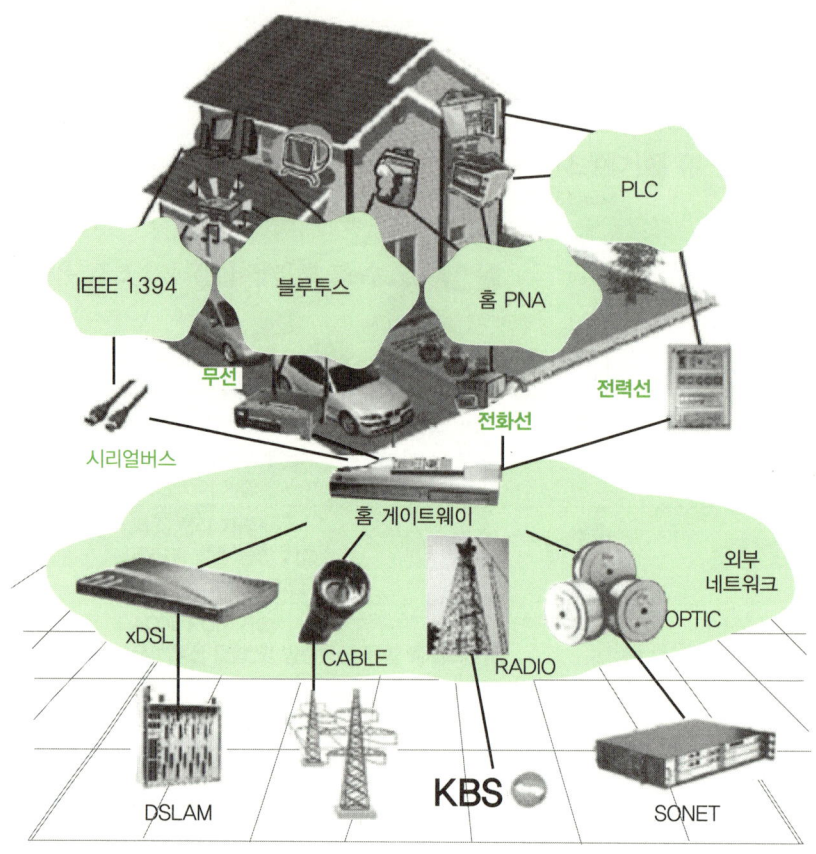

그림 2-4 ● 홈 네트워킹 기술의 개념도

- 홈 플랫폼 분야: 외부망과 가정을 연결하고 가정 내 다양한 서비스를 관장하여 안전한 유/무선 통합 홈 네트워크 환경을 제공하는 홈 게이트웨이 기술, 홈 보안 및 인증 기술, 서비스 및 콘텐츠 관리 기술, 에너지 관리 기술과 공통 기술인 미디어 플랫폼 기술이 포함된다.
- 홈 네트워킹 분야: Ethernet[1], PLC[2], IEEE 1394[3], HomePNA[4], FTTH[5] 등의 유선

[1] 미국의 DEC, 인텔, 제록스 3사가 공동 개발한 구내 정보 통신망(LAN)의 모델로 데이터 단말간의 거리가 약 2.5 km 내에서 최대 1,024개의 데이터 단말 상호 간에 10 Mbps의 전송 속도로 정보를 교환할 수 있는 지역적인 네트워크이다. IEEE 802.3 표준을 구현한 모델의 하나이다.

[2] PLC(전력선통신: Power Line Communication)는 가정에 설치되어 있는 전력선을 통하여 50/60 Hz인 저주파 전력신호에 수백 KHz~수십 MHz 의 고주파 신호를 실어 전송하는 통신 방식이다. 홈 오토메이션을 위한 저속 전력선 통신은 100 KHz~450 KHz 대역을 사용하며 10 Kbps 이하의 속도를 제공하며, 2 MHz~30 MHz 대역을 사용하는 고속 전력선 통신은 댁내 데이터 통신을 위한 1~10 Mbps 속도와 멀티미디어 백본을 위한 수십 ~수백 Mbps 속도를 제공한다.

[3] 디지털 AV 기기가 취급하는 실시간 동영상 데이터를 100 Mbps~3.2 Gbps의 빠른 속도로 전송할 수 있는 시리얼 버스 기술. IEEE 1394는 DTV의 표준 인터페이스로 정의되면서 관심이 집중되고 있으며, AV 기기간 통신 방식으로 중요시되고 있다.

[4] 가정에서 전화선을 이용하여 2대 이상의 컴퓨터를 서로 공유할 수 있도록 하는 네트워킹 솔루션이다. 원래는 미국 3 Com, 루슨트 테크놀로지스, IBM, 휴렛팩커드(HP), 컴팩(Compaq) 등이 참가한 홈 네트워킹 표준화 단체를 의미한다.

홈 네트워킹 기술과 Wireless LAN, Bluetooth[6], WPAN[7], ZigBee[8], UWB[9], Wireless 1394 등의 무선 홈 네트워킹 기술로 구분한다. 그림 2-5 중 왼쪽의 그림은 전화선을 이용한 홈 네트워크 구성도이며, 오른쪽 그림은 전력선을 이용한 홈 네트워크 구성도이다.

- 정보가전 분야: 기존에 존재하던 가전기기나 센서들이 네트워크로 연결되고, 새로운 홈 서비스를 지원하기 위한 다양한 가전기기 제품에 관한 기술 분야로 가정에 존재할 수 있는 멀티미디어 정보가전, IT 정보가전, 홈 제어 정보가전 등 모든 정보가전기기 분야를 포함하는 기술이다.

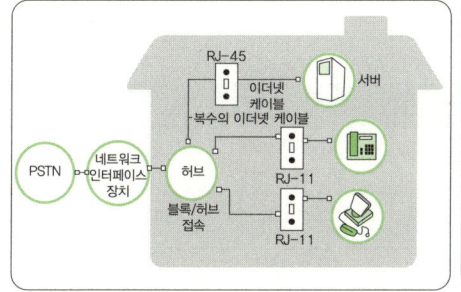 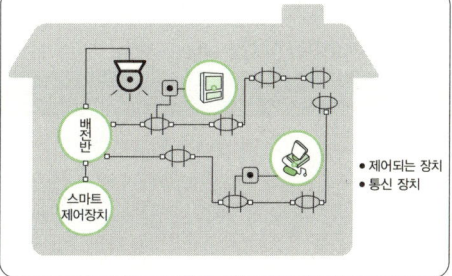

그림 2-5 ● 홈 네트워킹 분야의 유선 기술

- 유비쿼터스 홈 컴퓨팅 분야: 유비쿼터스 홈의 환경을 고려하여 편리한 운용 환경을 제공하는 지능형 미들웨어, 서비스 접근성을 증대시키는 실감/지능형 사용자 인터페이스 및 컨버전스를 통해 신규 서비스 창출을 촉진시키는 유무선 컨버전스 기술이다. 그림 2-6은 양방향 터치 스크린 인터페이스로 지능형 사용자 인터페이스의 한 예이다.

---

[5] FTTH(Fiber to the home)는 '가정 내 광케이블' 혹은 '댁내 광케이블'로 불리는 광케이블 가입자망 방식으로 초고속 인터넷 설비 방식의 한 종류이다. FTTP(Fiber to the premises)라고도 한다.

[6] 무선 통신 기기 간에 근거리에서 저전력으로 무선 통신을 하기 위한 표준이다. 현재 세계적으로 2,400개 이상의 회사가 블루투스 SIG(Special Interest Group)를 형성, 장비 간 상호 운용을 보장하기 위해 협력하고 있다.

[7] WPAN(개인영역무선통신, Wireless Personal Area Network)은 UWB, ZigBee 등 무선 통신으로 이루어진 네트워크로 802.15는 IEEE가 지정한 WPAN 표준이며 PC, PDA, 주변기기, 무선전화기, 호출기, 가전제품 등이 서로 통신하고 상호 작동한다.

[8] 반경 30 m 내에서 20~250 kbps의 속도로 데이터를 전송하는 IEEE 802.15.4(MAC, PHY 계층) 저속 WPAN 표준(2003.5). ZigBee Alliance에서 IEEE 802.15.4 기반으로 Network Layer 및 응용프로파일 표준(2004.12 V1.0)제정하고 있다.

[9] UWB(초광대역 통신, Ultra Wide Band)는 IEEE 802.15.3a에서 표준화하고 있는 무선전송 기술로 3.1~10.6 GHz의 넓은 대역을 활용하여 매우 낮은 전력으로 송수신하므로 기존의 서비스와 주파수를 공유하며 사용할 수 있다. 전송거리가 10 m 안팎으로 짧지만 전송속도가 빨라(100 Mbps~400 Mbps) 홈 네트워킹 시스템이나 유비쿼터스 환경을 구현할 무선통신 기술로 주목하고 있다.

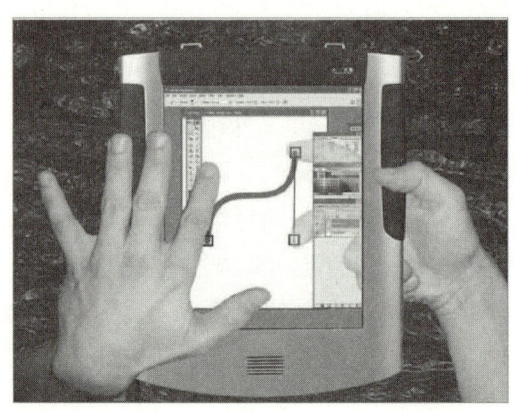

그림 2-6 ● 양방향 터치 스크린 인터페이스

앞의 4가지 기술 분류를 세부 단계로 표시하면 다음 표와 같다.

표 2-1 ● 홈 네트워크 기술 분류

항목		세부 기술
홈 플랫폼 기술		홈 서버 기술 홈 게이트웨이
홈 네트워킹 기술	유선 홈 네트워킹 기술	IEEE 802.3 Ethernet PLC IEEE 1394 Home PNA
	무선 홈 네트워킹 기술	WLAN Wireless 1394 Bluetooth, Zigbee, UWB
정보가전 기술		멀티미디어 정보가전 기술 네트워크 정보가전 기술 기기간 네트워크 연동 및 통합 기술
유비쿼터스 홈 컴퓨팅 기술		지능형 미들웨어 기술

(1) 홈 플랫폼 기술

홈 플랫폼 분야는 통신/방송/게임 융합화 추세에 따라 액세스망과 유/무선 홈 네트워크를 이음새 없이 연결하고 다양한 양방향 디지털 서비스를 안전하고 효율적으로 제공할 수 있는 기술로 구성된다. 홈 서버 기술과 홈 게이트웨이 기술이 대표적일 것이다.

홈 서버 기술

홈 네트워크 서비스를 제공하는 중추 시스템으로 홈 미디어 서버기술, 가정용 인터넷 서버 기술, 홈 오토메이션 컨트롤 서버 기술 등이 요구된다. 말 그대로 집에 있는 가전 기기와 정보기기와 통신기기를 제어하고 관리하는 메인 시스템인 것이다. 최근에는 고품질 멀티미디어를 실시간으로 처리하고 가전기기 특성에 맞게 콘텐츠를 자동으로 변

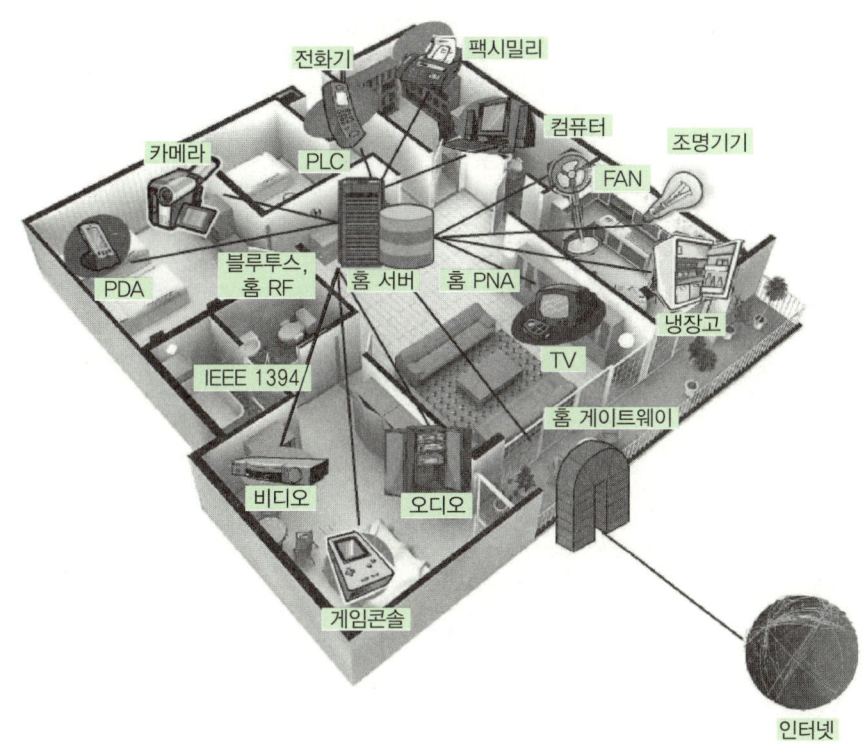

전화기　팩시밀리
컴퓨터　조명기기
카메라　PLC　FAN
블루투스,
홈 RF　홈 서버　홈 PNA
PDA
냉장고
IEEE 1394
TV
홈 게이트웨이
비디오　오디오
게임콘솔
인터넷

그림 2-7 ● 가정에서의 홈 서버와 홈 게이트웨이

환하며 융합하는 서비스를 제공하는 기술이 나오고 있다. 따라서 멀티미디어 콘텐츠를 저장, 관리, 분배, 압축, 복원 기술뿐만 아니라 멀티미디어 콘텐츠 보안 기술까지 포함되고 있다. 기기별 특성에 맞도록 콘텐츠를 변환하는 적응형 콘텐츠 변환 기술은 미래 가정에 제공될 다양한 엔터테인먼트 서비스 제공을 위한 통신/방송/게임 융합화 기술로 새로이 부각되고 있다.

▌홈 게이트웨이 기술

홈 게이트웨이가 홈 네트워크에서 관문 역할을 수행한다. 홈 게이트웨이를 광홈랜(FTTP), 이더넷, WLAN, WAPN/UWB, IEEE1394 등으로 구성되는 가정 내 내부 통신망과 외부 통신망인 xDSL, FTTH, Ethernet(이더넷) 기술 등으로 구성된 가입자 액세스망을 연동시켜준다. 또한 공중망 주소 체계를 홈 네트워크 주소 체계로의 변환 연동 기술로 구성된다.

(2) 홈 네트워킹 기술

▌유선 홈 네트워킹 기술

유선 홈 네트워킹 분야는 가전기기, 정보기기, 통신기기들을 다양한 방식의 유선 홈 네트워크에 연결하고 각종 기기 사이의 다양한 데이터와 명령어 교환을 위한 수단을 제공한다.

초고속 인터넷과 연계한 이더넷, 가전기기 제어를 위한 전력선 통신(PLC), AV 기기를 위한 IEEE 1394 등 유선 기술이 그것이다. 최근 200 Mbps급의 전력선 통신 핵심 칩이 발표되었으며, 미국에서도 가정 내 AV네트워크용 200 Mbps급의 전력선 통신 기술의 표준화 작업이 마무리 단계에 있는 등 고속 전력선 통신 기술개발이 활발히 이루어지고 있다.

표 2-2 ● 유선 홈 네트워킹 기술

종류	표준	전송속도	최대전송거리
Home PNA	Home PNA v 2.0	10 Mbps	150 m
전력선	HNCP(Home Network Control Protocol)	1~2 Mbps	100 m
IEEE 1394	IEEE 1394-1995	100~400 Mbps	72 m
Ethernet	IEEE 802.3	10~100 Mbps	100 m

Home PNA는 전화선을 이용하기 때문에 제일 간단하고 안정적인 특징이 있다. 하지만 전송 속도는 저속이다. 여기서 전력선도 이미 설치가 되어 있는 전력선에 데이터 전송을 하는 것으로 가정 널리 활용될 가능성이 높다. 또한 높은 신뢰성을 확보하고 있다.

IEEE 1394 기술은 실시간 데이터 전송과 멀티미디어 데이터 전송에 최적으로 사용이 용이하다. 여기에 이더넷은 설치가 용이하여 가장 보급이 많이 된 규격으로 알려져 있다.

▌ 무선 홈 네트워킹 기술

무선 홈 네트워킹 기술은 무선통신 기술을 이용하여 가전기기들을 홈 네트워크에 연결하고 다양한 데이터와 명령어를 교환할 수 있는 방법을 제공한다. 이는 가정 내에 통신 회선을 포설할 필요가 없게 하며 기기의 이동성을 보장할 수 있는 기술이다. 광대역 무선 기술인 UWB와 ZigBee 등 위치기반의 저속 센서 기술이 등장하여 앞으로 유선보다는 무선 기술이 시장을 지배할 것으로 전망된다.

표 2-3 ● 유선 홈 네트워킹 기술

종류	표준	전송속도	최대전송거리	활용 분야
Wireless LAN	IEEE 802.11	5.5~11 Mbps	80 m	데이터 통신
Bluetooth	IEEE 802.15.1	1~3 Mbps	10 m	10 m
UWB	IEEE 802.15.3	100~480 Mbps	10 m	10 m
Zigbee	IEEE 802.15.4	250 Kbps	10 m	10 m

Bluetooth 기술의 경우 일대일 통신과 일대다 통신을 지원하며 데이터와 음성 전송이 가능하다. 또한 양방향 전송도 지원 가능하다. WPAN(Wireless Personal Area Network)으로 구분하여 Bluetooth, Zigbee, UWB가 이에 속한다. 그림 2-8은 Bluetooth를 이용한 WPAN을 묘사해 것이다.

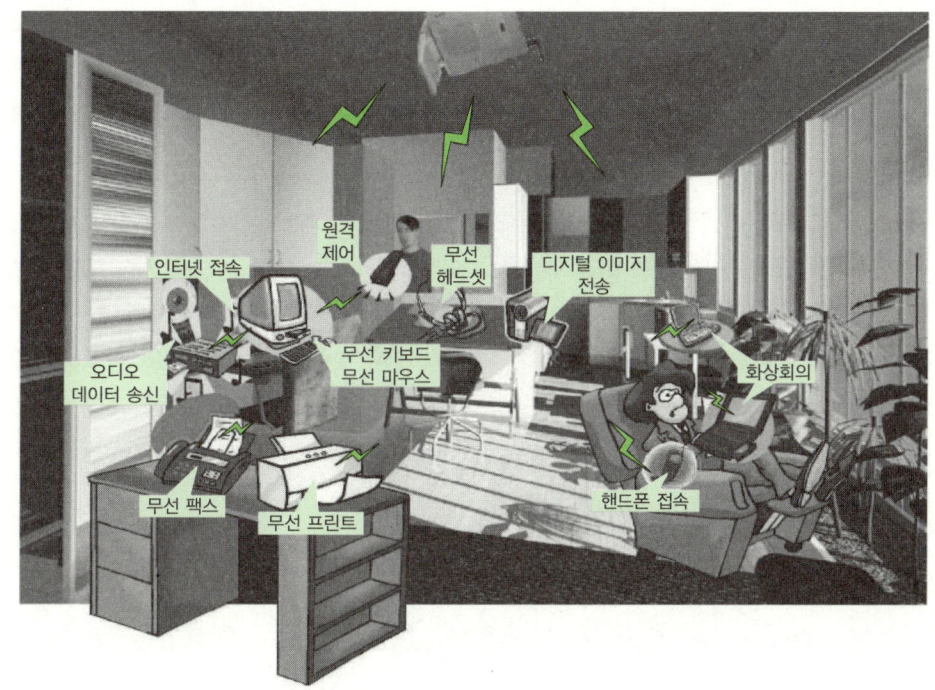

그림 2-8 ● 가정에서의 무선 네트워킹 기술

(3) 정보 가전 기술

국내 산업계를 중심으로 정체된 백색가전 시장을 타개하고, 홈 네트워크 활성화를 위하여 다양한 형태의 정보가전 기기를 선보이고 있다. 멀티미디어 정보가전 분야에서는 IP STB(Set Top Box), Cable STB 형태의 다양한 제품들이 출시되고 있으며, PVR(Personal Video Recorder) 기능을 내장한 IP TV, 미디어 서버와 같이 다양하게 컨버전스 된 제품들이 출시되고 있다.

실제로 집에는 정보 가전뿐만 아니라 컴퓨터나 PAD와 같은 정보기기와 전화기, 휴대폰과 같은 통신기기, 그리고 AV 시스템인 영상/오디오 기기들이 있다. 이중에서 정보기기는 7장 차세대 컴퓨터에서 다룰 예정이며, 통신기기는 4장 차세대 이동통신에서 다루도록 하겠다.

(4) 유비쿼터스 홈 컴퓨팅 기술

유비쿼터스 홈 컴퓨팅 기술의 핵심 기술은 지능형 미들웨어 기술이다. 지능형 미들웨어는 가정에 있는 가전기기, 정보기기, 통신기기들인 이기종 디바이스들을 하나로 통합해 주는 기능을 수행하는 소프트웨어이다. 기기들 간의 인터페이스 사이에 완충 역할을 헤 주는 중간 계층으로 기기간 제어를 담당한다.

▌지능형 미들웨어 기술

지능형 미들웨어 분야는 컴퓨팅과 통신 기능을 갖는 정보가전기기들을 홈 네트워크에 연결하여 자동으로 구성 및 관리하고 주변 환경에 따른 맞춤형 서비스를 가능하게 하는 미들웨어 기술이 있는데, 이 기술은 홈 디지털 서비스 통합 미들웨어 기술과 상황 인식 기반의 지능형 홈 에이전트 기술로 세분화 된다. 그리고 자연스러운 사용자 인터페이스를 위한 멀티모달 인터페이스로 구성된다.

2000년 초반부터 선진기업들이 치열하게 표준화 선점을 위한 경쟁을 전개하면서 다양한 미들웨어에 의한 상호호환성 문제를 보장하고 무선 기반의 기기들을 안전하게 구성 관리하여 홈 네트워크 시장을 확산시킬 수 있는 기술이 이슈로 부상했다. 다양한 AV 기기 간에 원활한 콘텐츠 전송을 보장하기 위해 미디어 포맷에 대한 표준을 정의하고 있으며, 최근에는 다양한 포맷 지원을 위한 포맷 변환 기술과 무선 홈 네트워크를 기반으로 20 Mbps급의 고품질 멀티미디어 데이터 전송을 위한 QoS(Quality of System) 보장 기술에 대한 개념이 정립되고 있다. QoS 기술은 다음 장에서 자세히 다루도록 하겠다.

표 2-4 ● 지능형 미들웨어 기술 분류

기술	주요 내용
홈 디지털 서비스 통합 미들웨어	HAVi[10] ,Jini[11], UPnP[12]와 같은 개별 단체 표준의 상호 운용성을 보장하는 통합 미들웨어 및 표준 API 기술개발
상황 인식 기반 지능형 홈 에이전트	홈 네트워크에 편재된 다양한 센서 정보 및 사용자 기호를 기반으로 지능형 서비스를 제공하는 상황 적응형 홈 에이전트 개발
멀티 모달 인터페이스	가정내의 사용자의 다양한 입력형태를 고려한 데이터의 수집과 이에 대한 인식기술로 각 인식 요소 기술(uni-modal)을 개발하게 된 후 통합적으로 연결(multimodal)하여 사용자에 대한 다중 입력 요소의 작업 및 인식 인터페이스를 이용할 수 있도록 하는 기술

유비쿼터스 환경의 확산에 따라 센서로부터 수집된 가정의 상태 정보와 개인의 취향 및 패턴을 고려하여 개인화되고 맞춤형 서비스를 제공할 수 있는 상황 인식 기술에 대한 기술개발이 활발히 전개되고 있다.

표 2-5 ● 홈 디지털 서비스 미들웨어

종류	전송 매체	추진 기업	응용 제품
UPnP	IP 기반으로 모든 매체 가능	MS	PC 주변 기기 및 홈 오토메이션 기기
JINI	모든 매체 가능	SUN	PC 주변 기기 및 백색 가전
HAVi	IEEE 1394	소니 등 가전사	AV 기기간 접속

---

[10] HAVi (Home Audio/Video Interoperability)는 홈 네트워크 사용자 접속 및 응용 프로그램 구현을 위한 상위 계층 구현방법의 하나로 Sony, Philips, Toshiba, Thom-son, Matsushita, Sharp, Hitachi 등 8개 회사가 제안했다.

[11] Java Intelligent Network Infra-structure로 가정 내 통신망에 접속하는 AV 기기나 컴퓨터용 컴퓨터, 인쇄기 등에 미국 선 마이크로시스템사가 개발한 프로그램 언어인 자바로 작성한 프로그램을 장착하여 각 자바 객체 간의 통신 방법을 정한 것이다.

[12] UPnP(범용 플러그 앤 플레이, Universal Plug and Play)는 PC, 주변장치, 지능형 가전제품, 무선 장비 등과 같은 장치들을 네트워크에 접속시켰을 때, 인터넷과 웹 프로토콜을 사용하여 서로를 자동으로 인식할 수 있도록 해 주는 표준이다. 인텔, 마이크로소프트사 등 컴퓨터 관련 업체가 중심이 되어 홈 네트워크 미들웨어 표준을 정의하게 2000년에 설립된 단체로 모두 700여 개 업체가 참여하고 있다.

2.3 **홈 네트워킹 기술을 이용한 서비스 응용 기술**

홈 네트워킹 기술을 이용한 서비스 응용 기술로는 홈 데이터 네트워크와 홈 엔터테인먼트, 그리고 홈 오토메이션으로 나누어 생각해 볼 수 있다. 홈 데이터 네트워크는 전화와 인터넷 접속을 통한 정보와 커뮤니케이션을 목적으로 한다면, 홈 엔터테인먼트는 엔터테인먼트 활용을 주 목적으로 한다. 마지막으로 홈 오토메이션은 가정 내에서 이용하는 가전기기, 정보기기, 통신 장비들을 연결하여 가정 및 기기의 제어를 목적으로 한다. 제공 가능한 어플리케이션을 정리해 보았다.

표 2-6 ● 서비스 응용 기술

서비스 유형	설명	제공 가능한 어플리케이션
홈 데이터 네트워크	전화와 인터넷 접속을 통한 정보와 커뮤니케이션을 목적으로 한다.	인터넷 접속 공유, 컴퓨터 주변 기기 공유, 비디오 회의, 스트리밍 콘텐츠, 게임, 음악, 디지털 사전 등
홈 엔터테인먼트	엔터테인먼트를 활용을 주요 목적으로 한다.	콘텐츠 활용을 위한 가정내 기기간 공유, 비디오 공유, 멀티유저 온라인 게임, 디지털 저장장치 공유 등
홈 오토메이션	가정내에서 이용하는 각종 기기들을 연결하여 가정 및 기기의 제어를 목적으로 한다.	CCTV 모니터링, 헬스케어 모니터링, 전자 제품 제어 등

홈 엔터테인먼트 분야의 핵심 서비스로 부각되고 있는 IP-TV 및 VOD 서비스의 경우 기관별·사업자별로 존재하는 입장 차이가 통신·방송 융합 서비스 활성화의 중요이슈로 대두되고 있고, 헬스케어 분야의 서비스를 위해서는 의료행위 인정 문제와 관련된 의료법, 약사법의 개정 필요성이 대두되고 있다. 의료 정보의 데이터 구조와 전송 표준을 만들려는 프로젝트나 시도는 있었지만, 프로젝트 수행기관의 국소적인 범위로 의료인과 과학 기술인들의 전체적인 참여와 동의가 절실히 필요한 시점이다.

2.4 **홈 네트워킹 기술의 시장동향**

(1) 홈 네트워킹 기술 국내외 시장동향

2010년 홈 네트워크 장비 세계시장은 총 937억 달러 규모로 전망되며, 이중 홈 플랫폼과 유비쿼터스 컴퓨팅 시장이 연평균 30% 이상의 빠른 속도로 증가할 것으로 예상한다.

표 2-7은 홈 네트워킹 기술을 구분하여 2004년부터 2010년까지 시장동향을 살펴본 표이다.

표 2-7 ● 홈 네트워킹 기술 시장 전망

단위: 백만 달러

구분		2004	2005	2006	2007	2008	2009	2010	CAGR '05~'10
홈 플랫폼	세계	4,554	8,768	13,434	20,946	27,785	31,315	35,133	32.0%
	국내	345	615	954	1,509	2,085	2,505	2,922	36.6%
유무선 홈 네트워킹	세계	3,327	2,935	2,795	2,558	2,582	2,415	2,336	-4.5%
	국내	253	206	197	184	195	192	215	0.9%
정보가전	세계	36,840	44,022	47,873	48,593	48,996	47,558	47,084	1.4%
	국내	5,516	7,008	8,605	8,180	7,615	7,128	7,444	1.2%
유비쿼터스 컴퓨팅	세계	1,754	2,397	3,326	4,542	5,932	7,526	9,139	30.7%
	국내	86	123	170	239	341	475	647	39.4%
총계	세계	46,475	58,122	67,428	76,639	85,295	88,814	93,692	10.0%
	국내	6,200	7,952	9,926	10,112	10,236	10,300	11,228	7.1%

출처: 2005 In-Stat, 2005 Gartner, 2005VDC

2010년 홈 네트워크 장비 국내시장은 총 112억 달러 규모로 전망되며, 세계시장과 마찬가지로 홈 플랫폼과 유비쿼터스 컴퓨팅 시장이 연평균 35% 이상의 빠른 속도로 증가할 것으로 예상하며, 2010년 홈 네트워크 장비 시장 중 정보가전 시장 비중이 세계시장의 50%, 국내시장의 66%로 가장 큰 부분을 차지할 것으로 전망한다. 홈 네트워크 시장이 점차 활성화되고 개별적으로 존재하던 유무선 홈 네트워킹 기능들이 홈 게이트웨이/홈 서버 등에 융합될 것으로 예상됨에 따라 유무선 홈 네트워킹 시장은 점차 감소할 것으로 전망된다.

2.5 홈 네트워킹 기술의 정책동향

(1) 홈 네트워킹 기술의 국외 정책동향

미국은 2003년에 유비쿼터스 컴퓨팅의 중요성을 인식하고 2010년까지 「유비쿼터스 IT 실현」을 목표로 IT R&D 정책을 수립하였다. 2003년에는 네트워크 마이크로 센서 등 소프트웨어 분야에 높은 예산을 책정하고 2004년에는 언제 어디서나 망 연결 통신 기술, 센서 네트워크 기술 및 신뢰성과 안정성을 위한 기술개발을 추진하고 있다. 여기에 무선 네트워킹 기술인 UWB 상용화를 위한 기술기준을 제정하는 등 유비쿼터스 IT 실현을 위한 미래 기술개발에 선도적 입장을 고수하고 있다.

한편 EU는 Home Environment 프로젝트를 수립하고 2006년까지 36억 유로를 투자하여 미래 가정을 위한 테스트베드 운영하고, 관련있는 기술을 개발 중에 있다. IPTS (Institute for Prospective Technological Studies)는 2010년까지 추진할 정보통신 분야의 최우선 과제를 '디지털 홈' 분야로 지목하였다.

그리고 이웃나라 일본은 2005년까지 최첨단 IT 국가로 도약하기 위해 정부차원에서 환경조성 및 관련 법, 제도를 정비하고 차세대 기술개발을 주도하고 있다. 지역간 정보 격차 해소를 위해 2001년 고도정보통신 네트워크 사회 추진전략본부에서 「e-Japan 전략」을 수립하였고, 유비쿼터스 네트워크 사회 조기구현으로 차세대 정보통신분야를 선도하기 위해 「e-Japan 중점계획 2002년」으로 개정했다.

싱가포르, 영국, 스웨덴 등에서는 100가구 내외를 대상으로 원격진료, 홈 오토메이션, 엔터테인먼트 서비스를 실시하고 있다.

(2) 홈 네트워킹 기술의 국내 정책동향

우리나라에서는 홈 네트워크를 위한 초고속 건물 인증을 위한 법, 제도를 마련 중에 있으며, u-City를 위한 인증제도도 마련 중에 있다. 홈 네트워크 사업단을 중심으로 홈 네트워크 사업의 활성화를 위한 움직임도 빠르다. 또한 에너지 관련 공단을 중심으로 대기 전력 1Watt 프로그램과 24시간 가동 장비의 대비 전력을 줄이려는 노력에도 힘을 쏟고 있다.

이에 발 맞추어 정통부 중심의 '디지털 홈'을 산자부 중심의 '스마트 홈'으로 중심을 이동하여 통신 업체, 가전업체, 건설업체들이 유기적인 관계를 유지하고 있으며, 가전업체는 국가 정책에 맞게 관련 정보가전 개발도 함께 진행 중에 있다.

또한 DMB, WiBro, IPTV 등 IT 인프라의 급속한 발전과 단말기의 고성능, 초소형, 지능화 추세에 힘입어 이를 통한 효과적인 미디어 서비스 기술도 개발하고 있다.

2.6 홈 네트워킹 기술의 발전 요인 및 고려사항

홈 네트워킹 기술의 발전 요인을 홈 플랫폼 기술, 홈 네트워킹 기술, 그리고 유비쿼터스 홈 컴퓨팅 기술로 나누어 생각해 보았다.

(1) 홈 플랫폼 기술 발전 요인과 고려 사항

홈 플랫폼 기술의 발전 요인으로는 무선 인터넷 서비스 프레임워크[13]인 WIPI의 개발 및 국제 표준화 시도 경험이 있고, 한발 앞선 홈 네트워크 서비스 적용으로 인한 홈 네트워크 참조 모델 구축의 경험이 크게 작용할 것으로 보인다. 또한 탄탄한 IT 인프라로 항시 접속이 가능한 광대역 액세스 망도 자랑할 만하다. 하지만 여기에 광대역 네트워크 사업을 통한 네트워크의 고도화 기술을 접목시켜야 하며 사용자 취향에 맞는 사용자 중심의 서비스도 고려해야 한다. 또한 점차 실시간 서비스는 기본이 되는 시점에서 특정 회사의 독점 기술을 의존하는 것을 탈피해야 할 것으로 생각된다.

---

[13] 복잡한 문제를 해결하거나 서술하는 데 사용되는 기본 개념 구조이다.

홈 플랫폼 기술의 발전 요인과 고려 사항을 잘 파악한다면, 그림 2-9처럼 홈 서버는 개방형 홈 네트워크 프레임워크로서 가정 내에서는 정보와 홈 미디어 서비스와 홈 오토메이션 서비스, 그리고 엔터테인먼트 서비스를 제공하며, 외부에서도 이런 동작 과정을 휴대폰이나 PDA 등을 통해 볼 수 있는 세상이 올 것이다. 또한 외부 망을 통해서는 원격 검침과 정보가전 관리까지 자동적으로 이루어질 것이다.

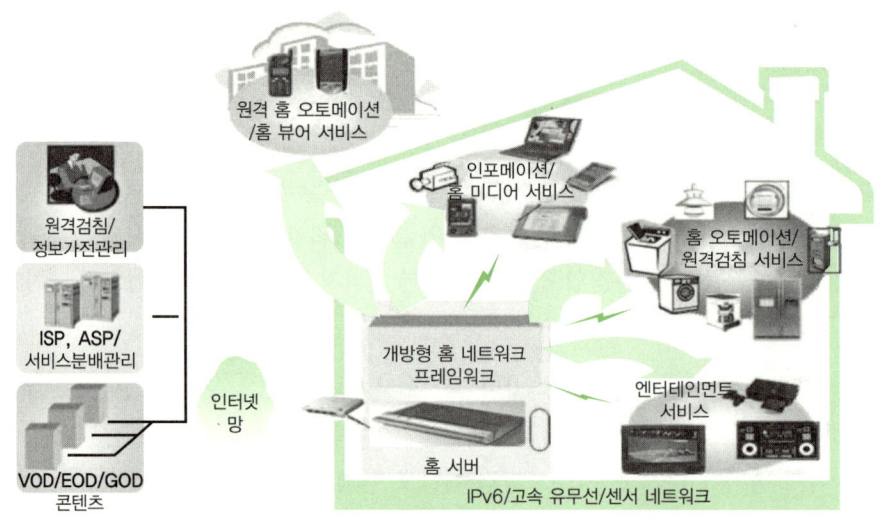

그림 2-9 ● 홈 플랫폼 기술 전망도

(2) 홈 네트워크 기술 발전 요인과 고려 사항

홈 네트워킹 기술의 발전 요인으로는 신축 주택에서는 홈 네트워킹 기술을 전적으로 채택하고 있는 추세이다. 또한 홈 네트워킹 연결 포트 내장 기기가 증가함에 따라 더욱 절실히 요구된다고 볼 수 있다. 여기에 무선 홈 네트워킹 기술개발로 HD급의 비디오 영상 전송도 가능하고, 무선 홈 네트워킹 기술도 가정 내에 쉽게 설치할 수 있다는 점도 간과할 수 없다. 하지만 가입자 망과 아파트 구내 망과 댁내 망의 선로 구성을 고려해야 하며, 신뢰성 또한 반드시 고려해서 구축해야 할 것이다. 마냥 무선 네트워킹 기술이 좋고 편하다고 해서 무선으로 네트워크를 구성했다면, 보안에 있어서 크게 문제가 되어 낭패를 볼 수도 있을 것이다. 이것은 개인정보유출에서부터 사회 문제에서 범죄로 이어질 수 있기 때문이다. 따라서 기술의 검증 절차가 반드시 필요하다. 또한 홈 네트워크 구축 비용이나 서비스 적합성도 고려 대상이다. 시설의 확장이 용이한지, 사용자의 편의성이 높은지를 고려하여 홈 네트워크 기술을 접목시켜야 할 것이다.

(3) 유비쿼터스 홈 컴퓨팅 기술 발전 요인과 고려 사항

홈 네트워크에 연결되는 모든 디바이스의 필수 기술이라고 해도 과언이 아닐 정도로 인식되는 기술로 시장 활성화를 위한 장비와 소프트웨어 업체간의 결속으로 표준 활동이 활발히 진행 중에 있다. 이런 표준 활동을 통해 기기간의 상호 운용성 기술과 유비쿼터스 홈 구축을 위한 상황 적응형 미들웨어를 개발하는 데 아낌없는 노력을 하고 있기 때문에 유비쿼터스 홈 컴퓨팅 기술 부분도 충분히 발전할 수 있다고 단언할 수 있다.

홈 플랫폼 기술, 홈 네트워킹 기술, 그리고 유비쿼터스 홈 컴퓨팅 기술을 잘 접목시켜 미래의 모습을 전망해 볼 때, 단순히 사이버 주택에서 출발했던 가정의 모습이 지능형 주택으로 실세계에 존재하게 될 것이다.

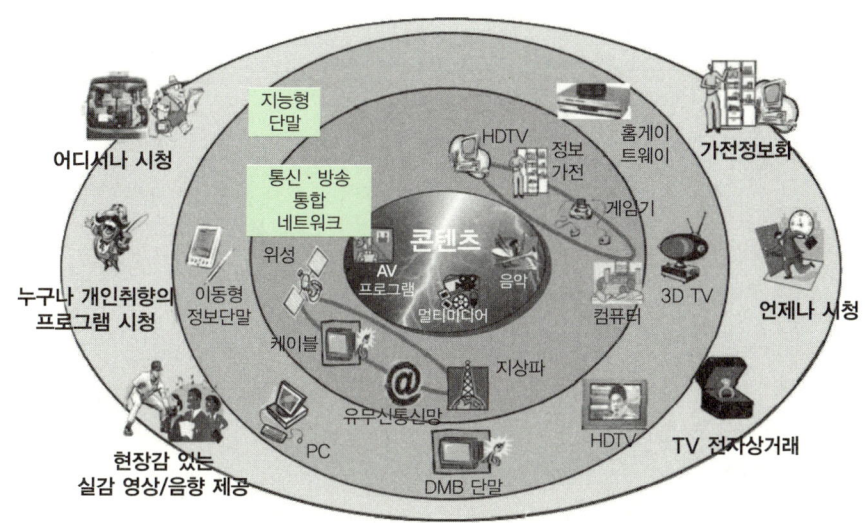

그림 2-10 ● 홈 네트워크 서비스 전망도

참고문헌

[1] 무선홈네트워킹 특허동향, 특허청, 2006.09

[2] 유비쿼터스홈 컴퓨팅 특허동향, 특허청, 2006.09

[3] 유선홈네트워킹 특허동향, 특허청, 2006.09

[4] 정보가전기기 특허동향, 특허청, 2006.09

[5] 홈플랫폼 특허동향, 특허청, 2006.09

[6] 2006년도 정보통신 기술수준 조사 보고서, 정보통신부 정보통신연구진흥원, 2006.07

[7] 2006년도 성장동력 End Product Roadmap, 정보통신연구진흥원, 2006.07

[8] IT839 전략 기술개발 Master Plan, 정보통신부, 2006.06

[9] IT 기술예측 미래사회 TREND, 정보통신연구진흥원, 2006.05

[10] IT 기술예측 주요국의 기술예측(Technology Foresight) 사례, 정보통신연구진흥원, 2006.05

[11] IT 기술예측 미래기술 List, 정보통신연구진흥원, 2006.05

[12] 홈네트워크산업 현황과 비즈니스 전략, 한국홈네트워크산업협회, 2006.05

[13] IT839전략 기술개반 Master Plan 기획보고서-홈네트위크, 정보통신연구진흥원, 2006.03

[14] BcN 장비산업의 현황 및 전망, 한국전자통신연구원, 2006.01

[15] IT839전략 표준화 로드맵 Ver2006 종합보고서 2, 한국정보통신기술협회, 2005.12

[16] IT839 전략 8대 서비스 Master Plan, 정보통신부, 2004.11

[17] Technology Roadmap 스마트 홈, 산업자원부, 2004.06

[18] IT 신성장동력 발전전략, 정보통신부, 2003.08

[19] 국가기술지도 비전 I 정보 · 지식 · 지능화 사회 구현(제3권), 과학기술부, 2002.11

[20] Technology Roadmap 디지털가전, 한국산업기술평가원, 2001.08

유비쿼터스 네트워크 BcN

원활한 유비쿼터스 서비스를 위해서는 다양한 종류의 컴퓨터가 사람, 사물, 환경 속에 내재되어 있고 이들이 서로 연결되어 사용자가 필요한 곳에서 원하는 서비스를 받을 수 있어야 한다. 이러기 위해서는 네트워크가 광대역이어야 하는데, 이 장에서는 유비쿼터스 기반 기술 중 BcN 네트워크 기술에 대해 알아본다.

3.1   유비쿼터스 네트워크 BcN 개요

(1) 정의

유비쿼터스 네트워크인 BcN(Broadband Convergence Network)에 대해 정의를 내리면, 통신/방송/인터넷이 융합된 품질 보장형 광대역 네트워크라고 말할 수 있다. BcN을 통해서 멀티미디어 서비스를 언제 어디서나 끊김 없이 안전하게 이용할 수 있는 차세대 통합 네트워크로서 기본 개념은 다음 그림과 같다.

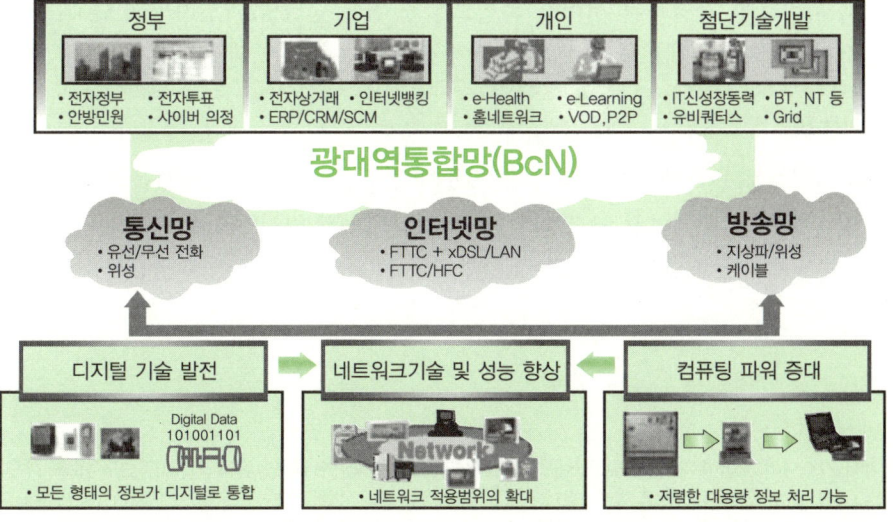

그림 3-1 ● BcN 개념도

홈 단말에서 시작하여 광대역 무선, 유선, 그리고 지상파와 위성까지 연결된 외부 네트워크를 통해 멀티미디어 서비스를 언제 어디서나 편리하게 이용할 수 있는 통신망인 것이다. 여기서 처리하는 데이터는 음성, 문자 데이터를 통합하여 방송 데이터까지 자유자재로 제어하여 서비스를 받을 수 있다. 또한 다양한 서비스를 쉽게 창출하여 제공할 수 있는 개방형 서비스(Open API: Open Application Programming Interface) 플랫폼[1] 기반의 통신망인 것이다.

API란 응용 프로그램과 연결되는 매개체이다. 모든 개발자들이 이 API를 이용하는 이유는 프로그래밍에서 사용할 수 있는 기능들을 라이브러리 형태로 모아 놓아 간단하게 불러서 사용하기만 하면 되기 때문이다. 개발 시간이 단축될 뿐만 아니라 라이브러리 형태는 표준화되어 있기 때문에 그대로 가져와 사용할 수 있다.

그렇다면 Open API는 무엇인가? API를 개방하여 외부에서 쉽게 가져다가 쓸 수 있도록 한 것이다.

(2) 차세대 통합 네트워크 BcN의 특징

▌융합형 서비스: 통합/융합화

음성/문자 데이터의 통합, 유 · 무선의 통합, 통신과 방송의 융합형 서비스를 제공한다.

▌광대역화

고화질의 동영상 멀티미디어 서비스가 가능하도록 50~100 Mbps 이상의 대역폭을 가입자에 제공한다.

▌품질보장화

이용자, 서비스별 차별화된 서비스 품질보장을 위한 전달망/가입자망의 QoS 보장 기능과 서비스 제어 및 네트워크 제어 계층의 품질보장 서비스 관리 기술을 적용했다.

▌고기능화

다양한 서비스를 용이하게 제공할 수 있도록 개방형 플랫폼(Open API)을 기반으로 네트워크 및 단말기에 구애받지 않고 다양한 서비스를 끊김 없이(Seamless) 이용할 수 있는 유비쿼터스 서비스 환경을 지원한다.

---

[1] 컴퓨터 시스템의 기반이 되는 하드웨어나 소프트웨어. 컴퓨터는 맨 아래층인 집적 회로(IC) 칩 수준의 하드웨어 층, 그 다음 층인 펌웨어와 운영 체계(OS)층, 맨 위층인 응용 프로그램층으로 구성되는 계층화된 장치인데, 이 장치의 맨 아래층만을 흔히 플랫폼이라고 한다. 그러나 응용 프로그램의 설계자들은 하드웨어와 소프트웨어를 모두 플랫폼이라고 하는데, 그 이유는 하드웨어와 소프트웨어가 응용에 대한 지원을 제공하기 때문이다. 요즘은 웹 기반 프로그램이 대부분이기 때문에 웹도 플랫폼 범주에 포함이 된다.

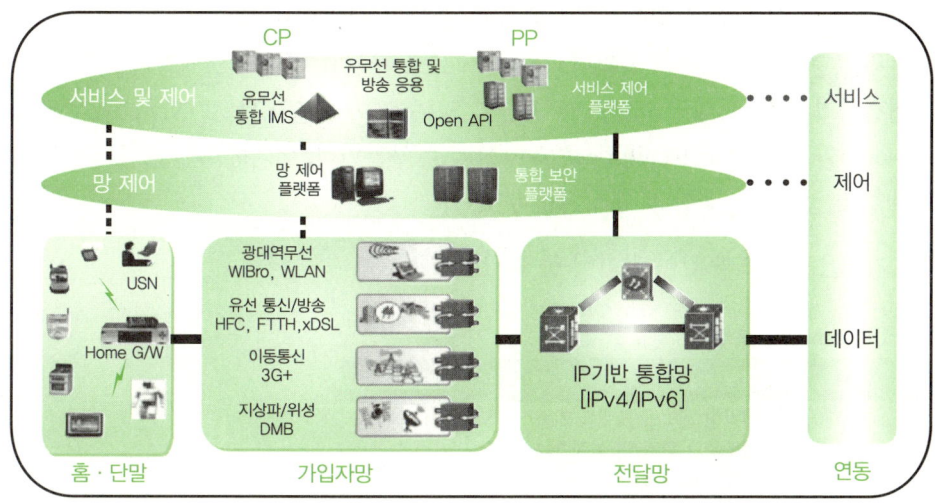

그림 3-2 ● 차세대 BcN 특징

3.2 BcN 기술

BcN의 기술은 서비스 및 제어 분야와 전달망 분야, 그리고 가입자망 분야로 나누어 볼 수 있다.

먼저 서비스 및 제어 분야에서는 BcN 망을 최적의 상태로 유지·관리하고 이용자가 원하는 BcN 서비스를 실시간으로 제공하기 위하여 이용자 요구 정보와 서비스 정보 및 망 정보를 결합하여 처리하는 OSS(Operation Support System)[2]/BSS(Business Support System)[3]로 나누는, 개방형 서비스 플랫폼 기술이 있다. 이것이 통합 네트워크/서비스 제어 기술인 것이다.

두 번째로 전달망 분야는 전달되는 트래픽의 특성에 맞추어 차별화된 품질을 보장하고, 차세대 인터넷 주소체계인 IPv6를 이용한다. 또한 이동성 및 멀티캐스트[4] 기능을 제공함으로써 유·무선 통합 서비스, 통신·방송 융합 서비스, 유비쿼터스 서비스의 기반이 되는 인프라 네트워크 기술이 포함된다. 인프라 네트워크 기술을 세부화하면, 패킷 처리 기술, 통신과 방송 융합 기술, 그리고 광 전송 및 제어 기술로 나눠 볼 수 있다.

---

[2] 네트워크 관리 분야의 시스템

[3] 과금, 고객 관리, 위험 요소 관리 분야의 시스템

[4] 구내 정보통신망(LAN)이나 인터넷에 접속되어 있는 일부 사용자 내에서 한 사람이 몇 사람에게 정보를 송신하고 그것을 수신한 몇 사람이 같은 내용을 버킷 릴레이(bucket relay)식으로 복수의 사람에게 송신함으로써 정보를 전파하는 특정 다수인에 대한 전송하는 것을 뜻한다. 특정 1인에게 송신하는 유니캐스트(Unicast)나 불특정 다수인에게 송신하는 애니캐스트(Anycast) 방송과는 달리 특정의 다수 단말에만 정보를 송신하는 것이 멀티캐스트(Multicast)이다. IPv4를 사용하는 인터넷상에서는 클래스 D라고 하는 IP 주소 체계를 사용하여 멀티캐스트를 실행하는데 이것을 IP 멀티캐스트라고 한다. IP 멀티캐스트는 인터넷에 접속한 시점에서 복수의 상대를 선택한다. IP 멀티캐스트의 특정인 동보성을 이용하여 연주회 등의 생중계를 지원하거나 동화와 음성을 사용하는 회의 시스템을 지원하는 가상망이 엠본(MBONE)이다.

마지막으로 가입자망 분야에는 가입자가 BcN 서비스를 실시간으로 제공받을 수 있도록 이용자 단말 장치로부터 기간망의 서비스 노드 장치까지 가장 경제적이고 효율적으로 연결시켜 주는 광대역 액세스망 기술이 있는데, 이 기술에는 AON(Active Optical Network)와 PON(Passive Optical Network)로 구분한다. 여기에 유·무선 통합 액세스 기술 및 통신방송 융합 액세스 기술이 있다.

세부 기술은 표 3-1과 같이 정리해 볼 수 있다.

표 3-1 ● BcN 기술 분류

항목	세부 기술
서비스 및 제어	개방형 서비스 플랫폼 기술 네트워크 관리 및 설계 기술 QoS 제어 기술
전달망	패킷 처리 기술 통신과 방송 융합 기술 광 전송 및 제어 기술
가입자망	AON, PON 기술 유·무선 통합 및 방송통신 융합 액세스 기술

(1) 서비스 및 제어 분야

QoS 제어 기술

QoS의 개념

IETF(Internet Engineering Task Force)[5]에서는 QoS의 보장을 위해 패킷 분류 및 차별화 서비스 방식의 가이드 라인을 두었는데, 이는 네트워크 자원을 이용하여 다양한 애플리케이션을 제공하기 위한 차등화된 서비스 제공을 목적으로 하고 있다. 사용자와 서버 또는 사용자와 사용자 사이에 존재하는 애플리케이션의 세션에서의 품질 보증인 셈이다. 예를 들어 FTP를 사용해서 파일을 전송하는 경우 파일이 전송되는 동안 하나의 세션이 존재하게 되고 이러한 세션을 통해 전달되는 데이터를 트래픽이라고 한다. 각각의 플로우에 대해 QoS를 보장한다는 것은 각 Flow가 요구하는 트래픽 특성, 즉 대역폭이나 지연, 지터, 패킷 손실과 같은 성능기준을 만족시켜 준다는 것을 의미한다. 이를 위해서는 사용자와 서버 사이에 여러 개의 스위칭/라우팅 노드가 존재할지라도 네트워크 환경의 변화에 상관없이 특정 플로우에 대해 일관된 성능을 유지해 준다는 것을 의미한다.

QoS 구조적 모델

QoS의 구조적 모델은 IntServ(Integrated Services)와 DiffServ(Differentiated Ser-

---

[5] 인터넷의 원활한 사용을 위한 인터넷 표준규격을 개발하고 있는 미국 IAB(In-ternet Architecture Board)의 조사 위원회이다.

vices)로 나뉜다.

먼저 IntServ 모델의 경우 패킷 단위로 QoS 보장형 서비스와 비보장 서비스를 구분하여 서비스를 한다. QoS를 보장해 주어야 할 서비스에 대해서는 자원예약 프로토콜인 RSVP(Resource reSerVation Protocol)[6] 신호 프로토콜을 이용하여 사전에 연결 수락 제어와 자원예약을 수행하여 원하는 품질의 서비스를 제공한다. 이 때 라우터에서는 트래픽 플로우마다 자원 예약을 해주기 위한 신호 처리를 해줘야 하고 이와 관련된 상태정보를 유지해야 한다.

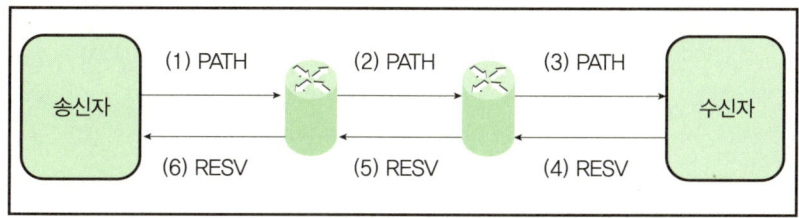

그림 3-3 ● IntServ 개념도

(1), (2), (3) 플로우의 경우, 송신자는 트래픽 특성을 명시한 PATH 메시지를 통해서 자신의 트래픽 특성을 수신자에게 알려준다. 이때의 경로는 IP 유니캐스트 혹은 멀티캐스트 라우팅 프로토콜에 의해 결정되고, PATH 메시지가 지나가는 경로의 네트워크 노드는 경로상태를 기록하게 된다.

(4), (5), (6) 플로우의 경우, PATH 메시지를 받은 수신자는 송신자가 보내고자 하는 흐름의 특성(flowspec)을 보고 자신이 원하는 대역폭을 결정하여 RESV(Reservation request, 자원요청) 메시지를 통해 전달한다. RESV 메시지에는 수신자가 원하는 서비스 요청사항이 실리게 되고 전달된 경로의 반대방향으로 전달된다. 수신자로부터 RESV메시지를 받은 네트워크 노드는 메시지에 기록된 서비스 요구사항에 따라서 요구한 서비스가 가능한지를 결정하게 되는데 이것이 바로 연결수락제어이다. 만약 요구를 수락한다면 네트워크 노드는 패킷 스케줄과 패킷 구분을 수행하여 패킷을 링크 계층으로 전달한다. 만약 RESV 요청이 거절되면 거절한 라우터는 오류 메시지를 수신자에게 전송하고 신호과정은 종료된다. 요청이 수락되면 해당 플로우를 위한 링크 대역폭과 버퍼 공간이 할당되며 관련 플로우의 상태정보가 라우터에서 유지된다.

IntServ모델에서는 트래픽 플로우들의 QoS지원을 위해 모든 자원을 예약하고, 모든 트래픽 플로우를 관리해야 하기 때문에 네트워크 규모가 커지게 되면 확장성 문제에 직면하게 된다. 이 문제를 해결하기 위해 DiffServ 모델이 제안되었다. DiffServ는 개별 플로우가 아닌 다수의 플로우들을 묶어서 하나의 집약된 플로우를 구상함으로써 QoS

---

[6] RSVP는 IP 멀티캐스트 서비스를 주 대상으로 만들었기 때문에 단방향 모드로 동작하고 수신자 측에서 자원에 대한 자원 할당을 수행한다.

제어를 위한 플로우의 수를 줄여 확장성 문제를 해결하였다.

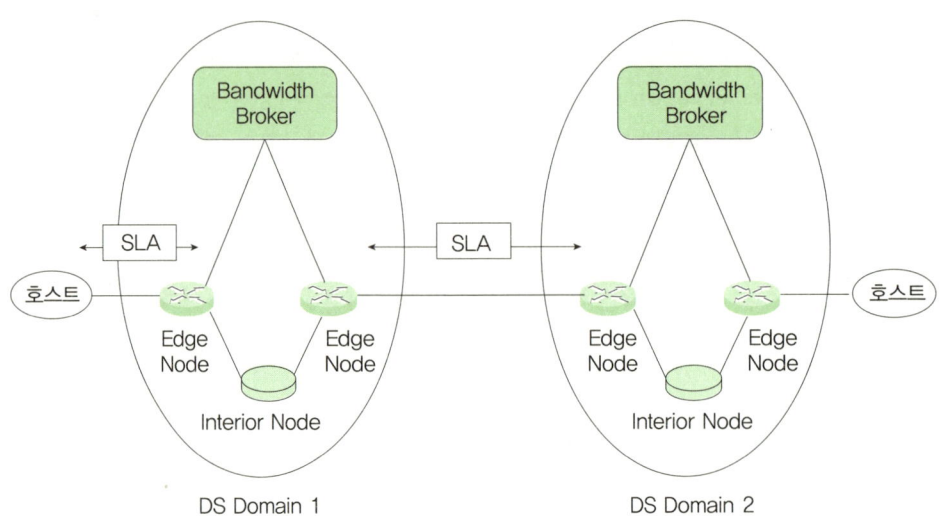

그림 3-4 ● DiffServ 개념도

DiffServ 네트워크의 사용자는 먼저 네트워크의 관리자와 서비스 사용을 위한 협약을 맺는다. 이것이 SLA(Service Level Agreement)이다. 사용자는 이러한 SLA에 의해서 DiffServ 네트워크를 통해 전달하고자 하는 패킷 흐름의 집합체(도메인, Domain)를 정의하게 되고, 네트워크의 경계 라우터는 이와 같이 정의된 패킷 흐름의 도메인에 트래픽 분류와 조절 기능(패킷의 mark, meter, shaping, policing 등)을 수행한다. DiffServ 네트워크의 내부 라우터에서는 경계 라우터에 의해서 표시된 코드에 따라 단순히 패킷을 전달하게 된다. 이러한 내부 라우터에서의 패킷 전달 기능(Per-Hop Behavior)을 사용하고 있다. 따라서 DiffServ 모델은 패킷에 우선 순위 필드를 주고 우선 순위에 따라 차등 처리하여 SLA 기능을 부여한다. 트래픽을 조절할 때 DiffServ을 도메인의 경계에서만 하도록 함으로써 DiffServ 도메인 내에서 개별 플로우별 상태관리와 홉당 신호 처리를 하지 않게 되는 것이다.

표 3-2 ● QoS 모델 비교표

항목	IntServ	DiffServ
서비스 단위	단일 플로우	플로우 집합
서비스 범위	종단간	도메인
특징	모든 노드에서 자원 예약 RSVP 이용	SLA 기반 제어
패킷 분류	모든 라우터	경계 라우터
장점	대역폭 보장 소규모 네트워크	적용, 확장 용이 대규모 네트워크
단점	적용 어려움	대역폭 최저 보장

(2) 전달망

IPv6

▌IPv6의 개념

IPv6는 인터넷 프로토콜 스택 중 네트워크 계층의 프로토콜로서 version 6 Internet Protocol로 제정된 차세대 인터넷 프로토콜을 말한다. 인터넷은 IPv4 프로토콜로 구축 되어 왔으나 IPv4 프로토콜의 한계점으로 인해 지속적인 인터넷 발전에 문제가 예상되 어 이에 대한 대안으로써 IPv6 프로토콜을 제정하였다. 현재 IPv4의 43억 개 주소 가운 데 약 40%인 17억 개의 주소만이 남아 있으며, 대한민국에서 할당받은 34,081,024개의 IPv4 주소 가운데 99.69%인 33,974,528개가 사용되고 있다. IPv4 주소는 빠른 속도로 고갈되어 가고 있으며, 인터넷에 접속된 컴퓨터는 기하급수적인 속도로 증가하고 있다. 또한 모자라는 주소를 더 많은 네트워크에 할당하기 위해 네트워크 프래그멘테이션 (Network Fragmentation)[7]은 지속적으로 증가하여 라우터에 많은 부담을 주고 있다. 그러므로 인터넷의 주소 고갈과 네트워크 프래그멘테이션 문제를 해결하고 인터넷에 확장성과 데이터 보안을 강화하기 위해 IPv6가 제안되었다. IPv6는 Xerox 팔로 알토 연 구소에서 개발하고, 1994년 IETF가 채택하였다. 처음에는 IP Next Generation (IPNG) 라고 불렀다.

IPv4와 IPv6를 간단히 비교해 보았다.

IPv4는 32비트의 주소공간을 제공함에 반해, IPv6는 128비트의 주소공간을 제공한다.

표 3-3 ● IPv4와 IPv6의 비교표

구분	IPv4	IPv6
주소길이	32비트	128비트
표시방법	8비트씩 4부분으로 10진수로 표시 예) 203.24.78.63	16비트씩 8부분으로 16진수로 표시 예)2001:0230:abod:ffff:oooo:oooo:ffff:1111
주소개수	약 43억 개	약 43억 × 43억 × 43억 × 43억 개 (거의 무한대)
주소할당	A, B, C, D 등 class 단위의 비순차적 할당(비효율적)	네트워크 규모 및 단말기 수에 따른 순차적 할당(효율적)
품질제어	Best Effort 방식으로 품질 보장이 곤란 (Type of Service에 의한 QoS 일부 지원)	등급별, 서비스 별로 패킷을 구분할 수 있어 품질보장이 용이(Traffic Class, Flow Label 에 의한 QoS 지원)
보안 기능	IPsec 프로토콜 별도 설치	확장 기능에서 기본으로 제공
Plug & Play	없음	있음(자동 네트워킹 가능)
Mobile IP	상당히 곤란(비효율적)	용이(효율적)
웹 캐스팅	곤란	용이(Scope Field 증가)

---

[7] 단편화는 기억 공간에서 자료가 여러 개의 조각으로 나뉘거나 빈 공간으로 돼버리는 현상을 말한다. 이 현상은 기 억 공간의 사용 가능한 공간을 줄이거나, 읽기와 쓰기의 수행속도를 늦추는 문제점을 야기한다.

이는 IPv4 주소에 비해 IPv6 주소는 그 표현 bit 수가 128 bit로 IPv4의 32 bit에 비해 4 배가 되었지만, 생성되는 IPv6 주소공간 영역은 IPv4 주소공간에 비해 296배의 크기를 갖는다. IPv6 주소공간은 향후 인터넷에 등장할 대량의 유비쿼터스 통신장치들이 상호 통신을 할 수 있는 주소공간을 제공할 수 있다. 냉장고, TV, AV 스피커, DVD 플레이어, 홈 보안장치, 전화기 등 각 요소 장비들이 지능화하면서 동시에 무선 인터넷 등을 통해 상호 통신할 수 있도록 각 장치에 IP 주소를 제공할 수 있다. 이로 인해 각 단말기의 이동 시, 기존의 IP를 그대로 사용하여 자동적으로 설정이 가능한 자동 네트워킹 기능을 포함하고 있다고 말할 수 있다.

그림 3-5는 IPv4와 Ipv6의 헤더이다. 그림을 봐도 알 수 있듯이 IPv4에서의 복잡한 헤더형식을 IPv6에서는 단순화하였다. 중요하지 않은 필드와 옵션 필드를 IPv6 헤더 다음에 있는 확장헤드로 옮겨 오버헤드를 최소화하도록 하였다.

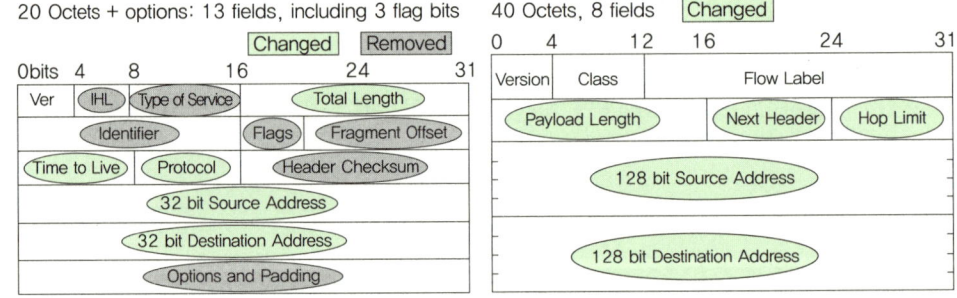

그림 3-5 ● IPv4 헤더와 IPv6 헤더

또한 IPv6에서는 Flow Label 필드로 트래픽 처리 및 확인이 가능한데, QoS의 지원을 위해 IP패킷의 연속적인 흐름을 Flow로 정의하고 이것을 IPv6 패킷 헤더의 Flow Label 필드로 식별하게 한다. 이 필드는 IPv6를 통하여 보내는 데이터의 속성에 대한 정보를 담고 있는데, 이를 통하여 서비스의 수준을 조정할 수 있다. 즉 송신자가 실시간 서비스와 특별한 품질의 서비스를 원할 때, 그 Flow에 속해 있는 패킷에 Label을 붙이면 상대편에서 패킷을 분석하면서 서비스의 수준에 맞는 반응을 하게 된다.

실제로 IPv6 자체가 IPv4보다 더 나은 QoS를 지원한다고는 할 수 없다. 그러나 IPv6가 IPv4보다 QoS를 좀더 쉽게 수용할 수 있다는 것은 분명하다.

보안 부분에 있어서도 IPv6는 IPv4에 비하여 강화된 기능을 보여주고 있다. IPv6에서 인증/암호화와 관련된 헤더는 AH(Authentication Header: 인증헤더) 및 ESP(Encapsulating Security Payload) 헤더가 정의되어 있는데, 이는 IPv6의 기본적인 헤더로 정의되고 있다. IPv4의 경우에도 보안과 관련된 헤더가 정의되어 있으나 이는 선택적인 항목이기 때문에 기본적으로 보안 헤더를 제공하는 IPv6에 비하여 보안성이 떨어진다고 볼 수 있다.

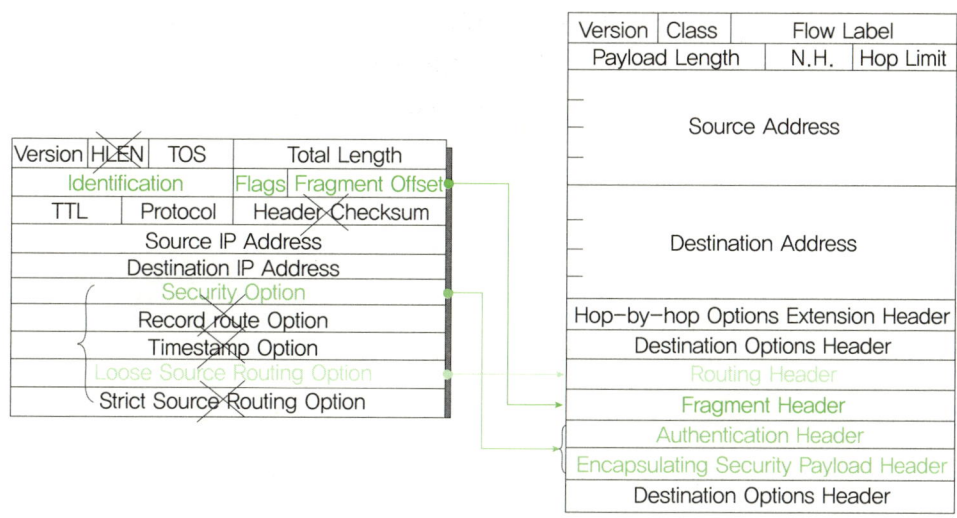

그림 3-6 ● IPv6 확장 헤더

IPv6의 기술

IPv6 기술에는 세 가지 세부 기술이 있다. 먼저 아래 그림과 같이 스택 구조를 보면, 듀얼 스택 구조를 갖는다. 듀얼 스택 구조는 하나의 시스템(호스트 또는 라우터)에서 IPv4와 IPv6 프로토콜을 동시에 처리할 수 있는 구조이다. 따라서 듀얼스택 기술을 지원하는 시스템은 물리적으로 하나의 시스템이지만 논리적으로 IPv4와 IPv6를 지원하는 두 개의 시스템이 있는 것처럼 볼 수 있다.

두 번째 기술은 변환 기술로서 IPv4 망과 IPv6 망 사이의 연동 기술인데, IPv6 클라이언트가 IPv4 서버에 접속할 때 또는 IPv4 클라이언트가 IPv6 서버에 접속할 때 사용되며, IPv4/IPv6 네트워크 간의 게이트웨이에 사용하는 기술이다.

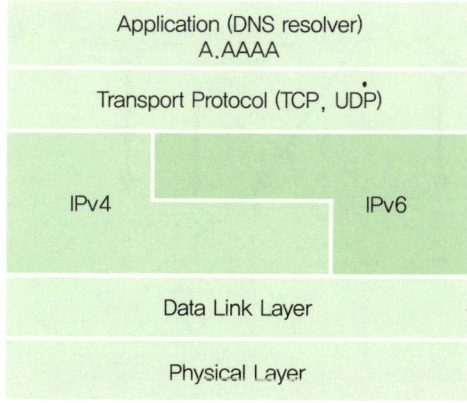

그림 3-7 ● IPv6 스택 구조

변환 기술은 세부적으로 IPv6 패킷 헤더를 IPv4 패킷 헤더로 또는 그 반대로 변환하는 헤더 변환 방식과 TCP, UDP/IPv4 세션과 TCP, UDP/ IPv6 세션을 중간에서 릴레이 하는 수송 계층 릴레이 방식이 있으며, 마지막으로 응용 계층에서의 응용 계층 게이트 웨이 방식이 있다. 그림 3-8에 정리해 보았다.

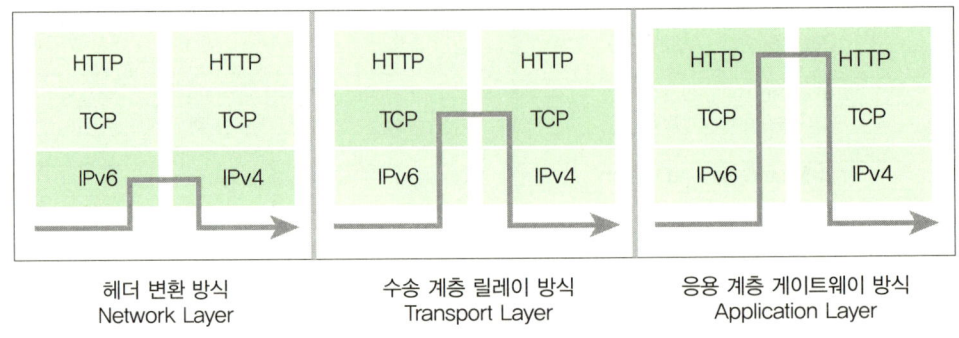

헤더 변환 방식
Network Layer

수송 계층 릴레이 방식
Transport Layer

응용 계층 게이트웨이 방식
Application Layer

그림 3-8 ● IPv6 변환 방식

세 번째 기술은 터널링 기술이다. 터널링 기술은 말이 의미하는 바와 같이 IPv6 망에서 IPv4 망을 거쳐서 IPv6 망으로 이동할 때, IPv4 망에 터널을 만들어 IPv6 패킷이 지나갈 수 있도록 하는 개념이다. 터널링 기술은 크게 설정 터널링(Configured Tunneling)과 자동 터널링(Automatic Tunneling)으로 구분한다.

설정 터널링 기술은 실제 통신이 일어나기 전에 터널 종단간의 라우터를 미리 설정하는 방식으로 발신 호스트에서 생성된 IPv6 패킷의 목적지 주소는 최종 목적지의 IPv6 호스트 주소를 포함하고 있다.

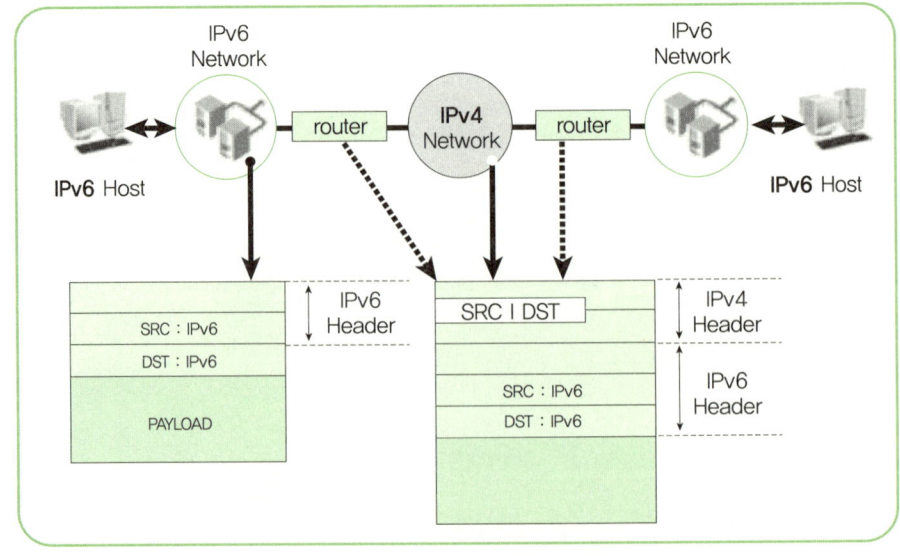

그림 3-9 ● IPv6 설정 터널링

자동 터널링은 설정 터널링과 달리 실제 통신이 일어나면 자동으로 터널 종단을 설정하는 방식으로 이때 발신 호스트에서 생성된 IPv6 패킷은 IPv4 주소를 포함하는 IPv4 호환의 IPv6 주소 패킷을 사용한다.

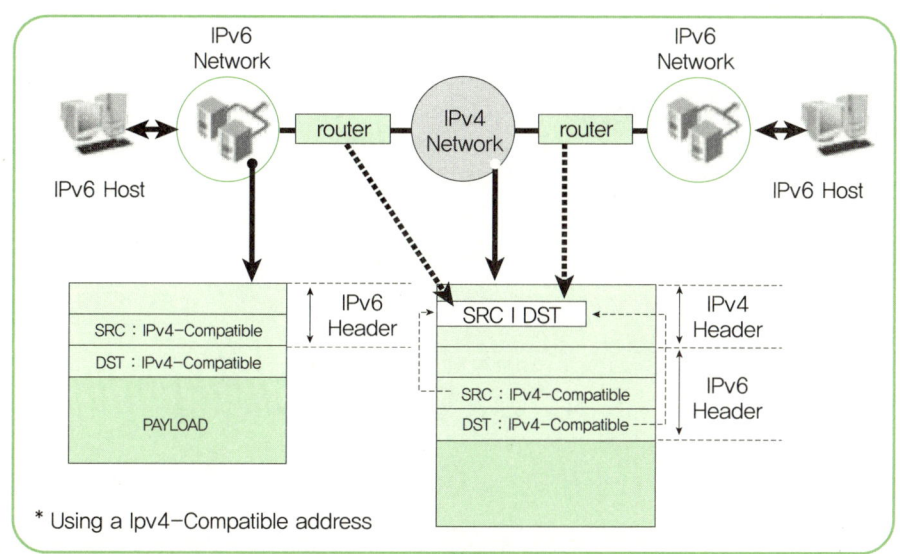

그림 3-10 ● IPv6 자동 터널링

(3) 가입자망

BcN에서의 대표적인 가입자망은 FTTH로 볼 수 있다. 이 FTTH를 세분화하면 AON과 PON으로 나누어 볼 수 있다.

AON 방식

AON(Active Optive Network)은 가입자 지역 내의 적절한 위치에 이더넷 스위칭 기능이 가능한 능동소자를 가진 RN(Remote Node)[8]을 배치하고, 이곳으로부터 각 가입자들에게 광케이블을 통해 연결하는 방식이다.

이 방식은 IEEE802.3 표준에서 정의한 이더넷통신 기술을 사용하며, 광케이블 특성은 100B-FX 또는 100/1000B-LX를 사용할 수 있다.

개념도(그림 3-11)에서 보는 바와 같이, 데이터의 전송 선로의 구분 없이 데이트를 전송하는 구조이다.

[8] PON의 경우 Passive Splitter, AON의 경우는 이더넷 스위치로 하나의 광케이블이 스플리터를 통해 분기하여 최대 64개의 ONU와 연결된다. ONV는(Optical Network Unit): 차세대 통신망을 구성하는 광가입자계 시스템에 접속하기 위한 망 종단 장치이다. 가입자 댁내에 설치되는 장치로, 협대역 종합 정보통신망(N-ISDN)의 사용자-망 인터페이스, 광대역 종합 정보통신망(B-ISDN)의 사용자-망 인터페이스 등 통신용 인터페이스나 영상 신호 인터페이스를 변환하여 광섬유망에 접속한다.

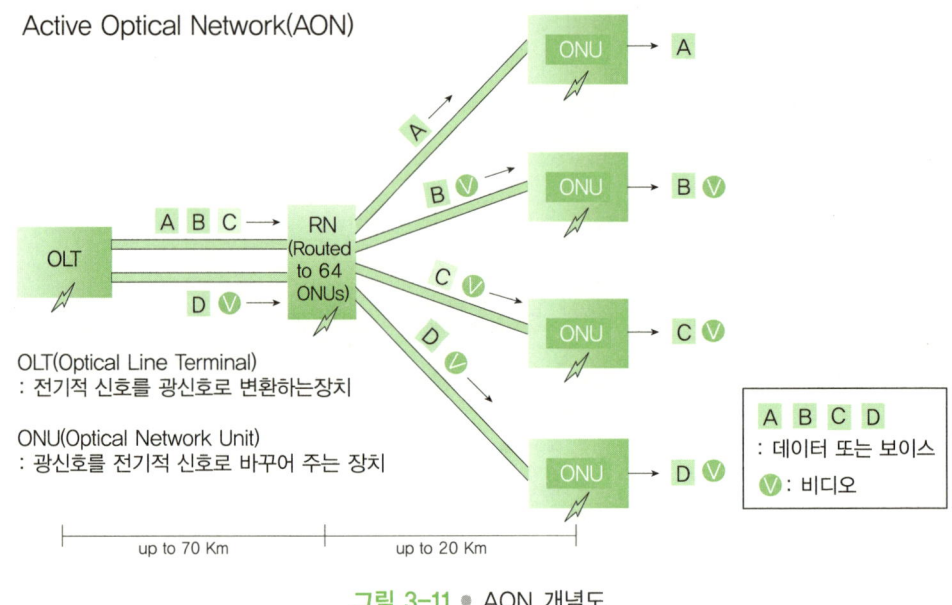

그림 3-11 ● AON 개념도

표 3-4 ● AON 방식

사용 광케이블	100B-FX, 100/1000B LX
특징	IEEE 802.3 표준 이더넷통신 기술 사용 이더넷 패킷 스위칭, 스위칭 노드간 점대점 MAC 기능을 수행 이더넷통신 기술 사용으로 별도의 FTTH 기술개발 소요가 없음 저렴한 가격에 구축이 가능 RN(Remote Node)에 의해 전송신호가 재생
단점	외부환경에 장비가 설치되므로 관리운용적 측면에서 어려움 장애 발생시 즉각적인 조치가 힘들며 추가적인 관리비용발생

이 구조는 기존 이더넷 기술을 그대로 채용하기 때문에 비교적 저렴한 기술이라 할 수 있다. 능동소자를 사용하기 때문에 송신 측에서 가입자까지의 거리가 멀어도 전송 신호 크기를 RN에서 재생시키므로 전송에 문제가 없으나, 외부환경에 능동 소자를 두기 때문에 RN 전원 공급문제와 RN 설치를 위한 상면을 확보해야 하는 문제가 있다.

또한 외부 환경에 RN이 설치돼 있기 때문에 장애 고장에 대처하기 위한 운용관리 사항이 많아 운영비 상승 요인으로 작용한다.

▌PON 방식

외부 환경에 능동소자 대신 전원이 필요하지 않은 수동 광 소자를 사용해 송신 측에서 RN까지 연결되는 단일 광케이블을 분기시켜 가입자들에게 연결하는 방식이다.

PON 개념도에서는 데이터 전송 선로에 스플리터(splitter)가 있어 데이터 전송 선로가 정확히 구분된다.

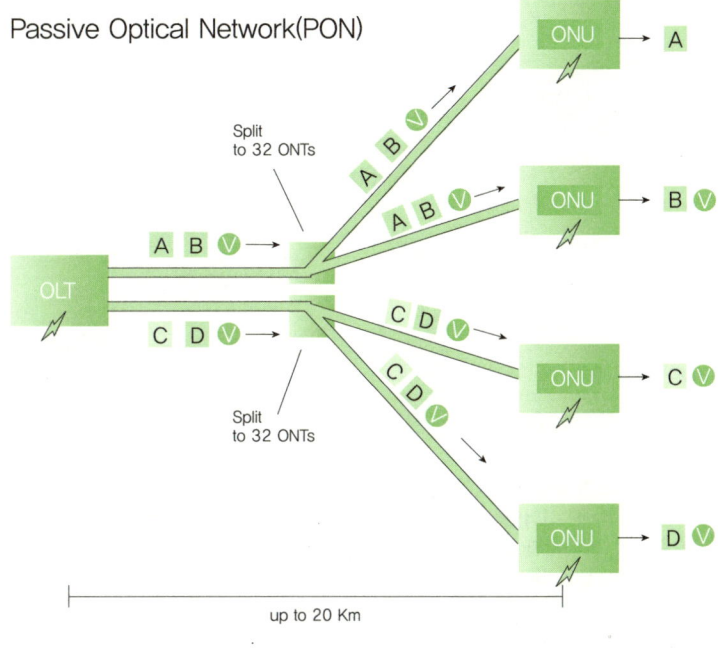

그림 3-12 ● PON 개념도

PON 방식(Passive Optical Network)은 크게 E-PON(TDMA[9]: Time Division Multiple Access) 방식과 WDM-PON(WDMA: Wavelength Division Multiple Access) 방식으로 분류될 수 있다.

표 3-5 ● PON 기술 분류

특징	수동 광 소자 사용, 하나의 OLT가 여러 ONU로 접속 광케이블 소요 억제 외부환경 능동소자 제거
단점	TDM(A)-PON/WDM-PON 방식간 공방이 진행 중 초기 가설 비용이 높음

▎ E-PON 방식

하향으로 모든 데이터들을 브로드캐스팅하고, 상향으로는 각 가입자 데이터들을 TDMA(Time Division Multiple Access)함으로써 데이터 충돌 없이 고속의 서비스를 제공하는데, 브로드캐스트되는 데이터에 대해서는 보안 기능이 필요하다. 현재 상용화된 장비들

---

[9] 데이터의 전송효율을 극대화하는 방법이 다중화 기법이 있다. 다중화 기법은 여러 개의 저속 신호 채널들을 결합하여 하나의 고속 링크로 전송하여 수신측에서 본래의 신호채널로 분리하여 전달하는 방식이다. 다중화 기법에 하나의 회선을 다수의 주파수 대역으로 분할하는 주파수 분할 다중 방식(FDM: Frequency Division Multiplexing)과 하나의 회선을 시간간격(time slot)으로 분할하는 시분할 다중 방식(TDM: Time Division Multiplexing), 그리고, 확산 대역(spread spectrum)을 이용하여 다중화하는 코드분할 다중 방식(CDM: Code Division Multiplexing)이 있다.

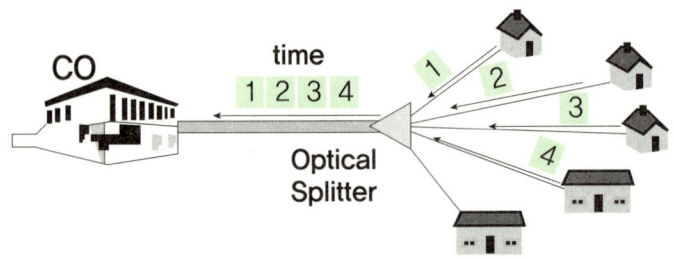

그림 3-13 ● TDMA-PON 개념도

표 3-6 ● E-PON 기술 분류

방식	시분할다중 방식으로 TDMA-PON이라고도 함
특징	전송속도는 1 Gbps 간단한 망구조로 효율적인 운용이 가능 적은 비용으로 광 IP 이더넷 망 유지보수로 비용 절감 재생기, 증폭기, 레이저와 같은 능동 소자를 사용하지 않음 장비가 복잡하지 않고 옥외 장치가 필요 없기 때문에 망에 쉽게 적용
단점	복잡한 프로토콜 사용, 상향 트래픽의 효율 제한, 확장성과 양방향성에 약점 하향 트래픽이 모든 가입자에게 전달, 보안상 취약함

은 상하향 최대 1 Gbps까지의 속도를 지원할 수 있도록 구현돼 있다.

이 기술은 점 대 다점 형태로 통신이 이뤄지기 때문에 상향 데이터들에 대해 데이터 충돌을 방지해 주는 TDMA 기능과 가입자들이 상향 대역폭을 효율적으로 사용할 수 있도록 DBA(Dynamic Bandwidth Allocation) 기능이 제공된다.

단일 스플리터를 통해 연결 가능한 가입자는 최대 32가입자가 된다. E-PON은 EFM 표준화 그룹을 통해 표준화가 완료됨으로써 현재는 IEEE802.3ah으로 제정된 상태이다.

▌WDM-PON 방식

광케이블에 연결되는 토폴로지로 단일 파장을 가입자들이 공유하고 있는 TDMA-PON과는 달리 가입자당 고유의 광 파장을 할당해 각 파장을 통해 가입자와 송신 측간에 논리적으로 점 대 점의 전용채널을 형성한다. 가입자당 고유의 광 파장을 사용하기 때문에 지금까지 나온 기술에 비해 가장 높은 속도를 제공할 수 있다.

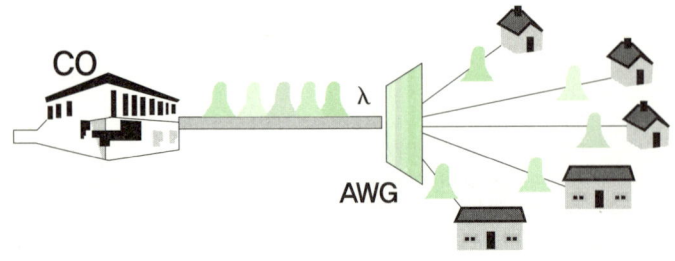

그림 3-14 ● WDM-PON 개념도

표 3-7 ● WDM-PON 기술 분류

방식	파장분할다중 방식
특징	다른 파장을 사용하므로 양방향 대칭형 서비스를 보장 독립적으로 대역폭을 할당, 동시 사용자 수에 의해 대역폭 변동이 발생하지 않음 각 가입자가 서로 다른 파장을 사용, 양방향 대칭형 서비스를 완벽히 보장 서로 다른 파장의 신호를 해당 가입자만 수신하여 보안성이 우수 파장별로 서로 다른 프로토콜을 수용, 가입자별로 서로 다른 서비스를 제공 동시 사용자 수에 의해 대역폭 변동이 발생하지 않으므로 IP 기반의 멀티미디어 서비스(IP TV/On-demand) 제공에 적합
단점	국산화 및 현장설치를 통한 기술검증 미비 상대적으로 높은 비용

지금 현재 상용화된 가입자당 상하향 100 Mbps의 대역을 제공함으로써 총 4 Gbps의 대칭 속도를 제공하게 된다. 또한 물리적으로 완전히 분리된 파장 대역을 사용함으로써 보안성이 탁월하다.

이 때 중앙에 광파장 분배기(AWG: Arrayed Waveguide Grating)를 두어 다채널의 WDM 입력광을 채널별로 파장을 분배시켜준다.

초고속 정보통신건물 인증제도로 공동주택뿐만 아니라 단독 주택에서도 PON 기술이 AON 기술을 제치고 주요 FTTH 구축 기술로 급부상할 전망이며, 국내 원천 기술 WDM-PON 기술에 주목하게 되는 상황이다. 하지만 문제가 되는 부문은 경제성으로 GE-PON이나 WDM-PON 모두 새로 통신 시스템을 구축해야 하는 통신사업자로서는 큰 부담이 되고 있는데, 특히 WDM-PON은 투자비 부담이 더 큰 상황이어서 상용화에 어려움이 예상은 되나, 2010년에는 모든 가입자 망이 FTTH로 변화될 전망이다. FTTH

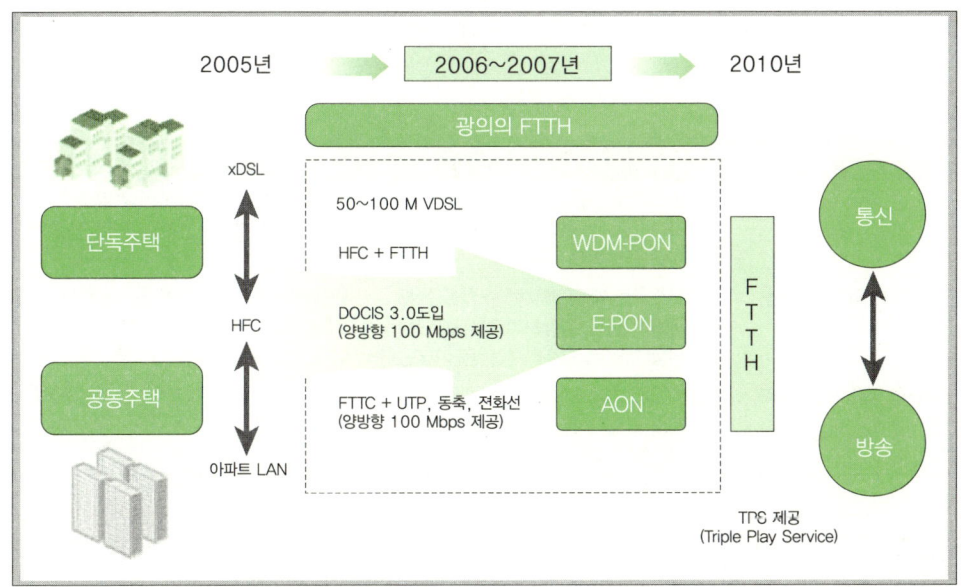

그림 3-15 ● 향후 가입자 망 전망도

는 TPS(Triple Play Service)가 제공이 되는데, 이는 한 번에 주자 3명을 아웃시키는 야구 용어에서 착안해 만들어진 말로 방송과 초고속인터넷, 유선전화의 세 가지 서비스를 한꺼번에 묶어 한 사업자가 모두 제공하는 것을 의미한다. 요즘은 QPS(Quadruple Play Service)라고 TPS 1 이동통신 서비스 네 가지를 한꺼번에 묶어 한 사업자가 모두 제공하는 서비스가 나오고 있는 시점이다.

3.3 BcN 응용 기술

BcN 응용 기술을 서비스 유형별로 분류해 보면, 통신과 방송 융합 네트워크와 표준화된 제어 플랫폼, 그리고 대규모 제어 네트워크로 나누어 살펴볼 수 있다.

통신과 방송 융합 네트워크는 신규로 융합되는 서비스를 제공할 수 있는 통합 제어 플랫폼을 구축하는 것을 목적으로 하고 있다. 이 통신과 방송 융합 네트워크를 통해 IPTV를 이용한 온라인 커뮤니티, 시청자 참여 방송, 그리고 온라인 가상 게임을 할 수 있을 것이다.

표준화된 제어 플랫폼은 표준화된 제어 플랫폼 개발을 통해 개발 비용을 절감하자는 목적이 크다. 이를 통해서 사이버 기업이나 다자간 컨퍼런스, 원격 교육, 원격 진로와 같이 비용이 많이 드는 시스템을 저비용으로 구축하여 이용할 수 있다.

대규모 제어 네트워크는 특등급 초고속 정보통신 건물 인증 제도를 도입하여 FTTH 시장 기반을 조성하고자 하는 목적이 크다. 이것을 통해서 대규모 공장 자동화 제어 및 U-City 건설에 초석이 될 것이다.

표 3-8에 제공 가능한 어플리케이션을 정리해 보았다.

표 3-8 ● 서비스 응용 기술

서비스 유형	설명	제공 가능한 어플리케이션
통신과 방송 융합 네트워크	통신과 방송을 신규로 융합하여 서비스를 제공할 수 있는 통합 제어 플랫폼을 구축한다.	IPTV를 이용한 온라인 커뮤니티, 시청자 참여 방송, 온라인 가상 게임
표준화된 제어 플랫폼	표준화된 제어 플랫폼 개발을 통해 개발 비용을 절감하고 경쟁력 있는 제품 개발로 고수익 창출을 기대한다.	사이버 기업, 다자간 컨퍼런스, 원격 교육, 원격 진료
대규모 제어 네트워크	특등급 초고속 정보통신 건물 인증 제도 도입을 통한 FTTH 시장 기반을 조성한다.	대규모 공장 자동화 제어, 선박용 제어, U-city 건설

홈 네트워크 분야에서와 마찬가지로 특히 IPTV를 이용한 온라인 커뮤니티가 크게 활성화될 것으로 사료되나, 방송 분야에서는 통신 업체와 방송기관과의 입장 차이가 존

재하기 때문에 통신·방송 융합 서비스를 어떻게 활성화시킬 것인지 중요한 이슈로 대두되고 있다. 특히 원격 진료 분야에서는 온라인 서비스를 위해서는 의료행위 인정 문제와 관련된 의료법, 약사법의 개정 필요성이 대두되고 있다.

3.4 BcN 기술 시장동향

(1) BcN 장비 시장동향

세계 BcN 장비 시장은 2006년에 1,802억 달러에서 연평균 2.9% 성장하여 2012년에는 2,139억 달러 규모에 이를 전망이다. 2006년부터 2012년까지 시장 동향을 살펴보면 다음과 같다.

표 3-9 ● BcN 기술 시장 전망

구분	2006	2007	2008	2009	2010	2011	2012	CAGR ('06~'12)
유선장비	130,927	136,535	143,299	150,430	154,939	161,601	168,549	4.30%
서비스 및 제어 계층	33,307	35,143	37,472	39,775	41,742	44,165	46,730	5.81%
전달망 계층	27,905	29,793	32,129	34,634	36,190	38,620	41,214	6.72%
가입자망 계층	69,715	71,599	73,698	76,021	77,007	78,946	80,934	2.52%
무선장비	49,281	48,358	47,629	46,573	46,425	45,868	45,317	−1.39%
합계	180,208	184,893	190,928	197,003	201,364	207,469	213,867	2.90%

출처: Gartner, Forecast: Global Telecommunications Market Take, July 2006.

유선장비 시장에서는 규모가 상대적으로 큰 가입자망 계층의 성장이 연평균 2.52%에 그침에 따라, 2012년까지 연평균 4.3%의 성장률을 보일 것이며 1,685억 달러의 시장 규모를 보일 전망이고, 2006년까지 성장세를 보이던 무선장비 시장은 기지국과 상호 접속을 위한 센터의 수요가 줄어들면서 2012년까지 −1.39%의 성장을 보일 것이며 453억 달러 규모에 그칠 전망이다.

그림 3-16은 세계 유선 장비 시장과 무선 장비 시장을 비교한 그래프이다.

그리고 전달망 분야는 장거리 네트워크에서 스위칭 노드를 연결해주는 고용량 광전송 시스템의 수요가 늘어남에 따라 2012년까지 연평균 6.72%의 성장률을 보일 것이며 412억 달러의 시장규모를 보일 전망이다. 서비스 및 제어 분야에서는 과금, 고객 관리, 위험요소 관리 등의 BSS(Business Support Systems)와 네트워크 관리를 위한 OSS(Operational Support Systems)의 중요성이 커짐에 따라 2012년까지 5.81%의 성장률을 보일 전망이다. 가입자망 분야에서는 xDSL, FTTH 등 광대역 접속장비와 LAN장비의 성장이 전망되지만, 기존의 PSTN에 대한 기업용 장비의 수요가 줄면서 2012년까지 연평균 2.52%의 성장률을 보이며 809억 달러의 시장규모를 보일 전망이다.

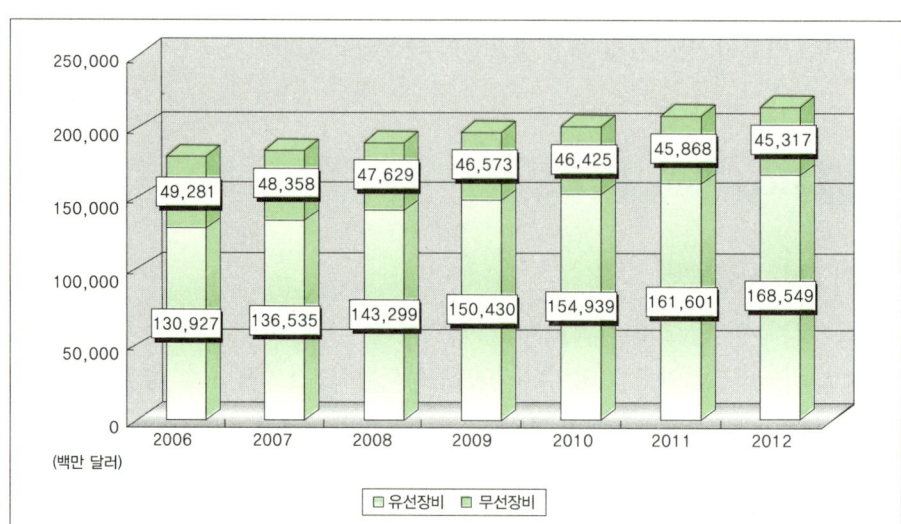

그림 3-16 ● 세계 BcN 장비 시장 전망

그림 3-17은 서비스 및 제어 계측, 전달망 계층, 그리고 가입자망 계층을 비교한 그래프이다.

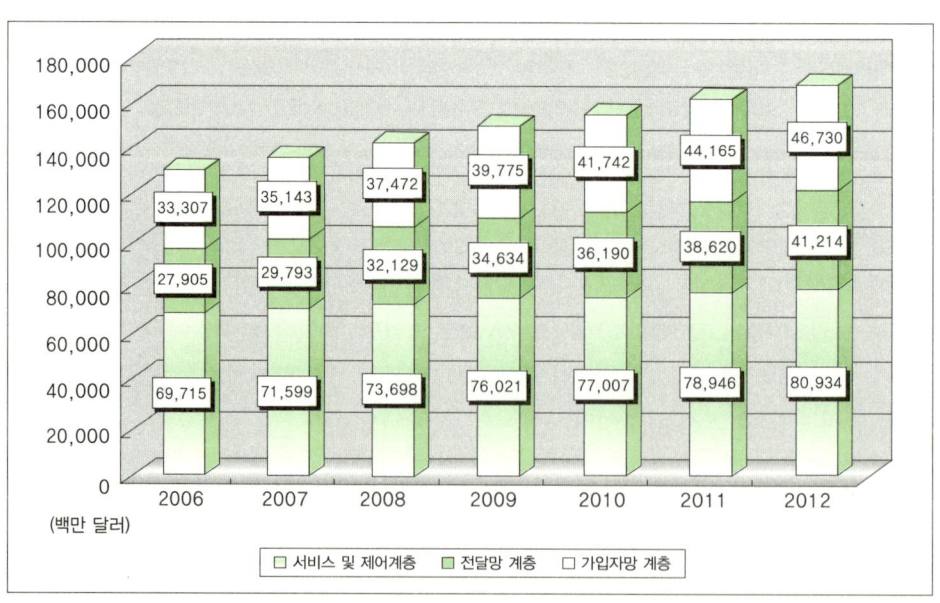

그림 3-17 ● 계층별 세계 BcN 장비 시장 전망

(2) BcN 국내 시장 전망

국내 BcN 장비 시장은 2006년에 6조 7,458억 원에서 연평균 8.39% 성장하여 2012년에는 10조 9,372억 원 규모에 이를 전망이다. 그 중 유선장비 시장은 BcN망 구축에 따른 장비 수요 증가로 인해 2012년까지 연평균 성장률 7.5%를 기록할 전망이고, Wibro[10], HSDPA(High Speed Downlink Packet Access)[11] 등 신규 투자로 인해 무선장비시장 역시 7.84%의 높은 성장률을 기록할 것으로 보인다.

표 3-10 ● BcN 국내 시장 전망
단위: 억 원

구분	2006	2007	2008	2009	2010	2011	2012	CAGR ('06~'12)
유선장비	45,983	49,709	53,299	56,805	62,439	66,560	70,953	7.50%
서비스 및 제어	11,698	12,795	13,937	15,020	16,822	18,191	19,671	9.05%
전달망	9,801	10,847	11,950	13,078	14,584	15,907	17,349	9.99%
가입자망	24,485	26,067	27,411	28,707	31,033	32,516	34,070	5.66%
무선장비	13,715	14,845	15,974	17,120	18,984	20,237	21,573	7.84%
방송장비	7,760	9,408	11,450	11,811	13,551	15,109	16,847	13.79%
합계	67,458	73,962	80,723	85,736	94,974	101,906	109,372	8.39%

주 1: 국책연구소 u-IT전략연구팀(2005.12)의 자료를 인용하여 2012년까지 추정
주 2: 2011~2012년도의 전망은 2005~2010년의 연평균 성장률을 적용
주 3: 유선장비의 계층별 시장 전망은 세계 시장 계층별 비중을 적용

분야별 국내 시장 전망을 살펴보면, 통신방송 융합 서비스의 증가는 다양한 서비스 제어와 가입자 관리 기술 등에 대한 수요로 이어질 전망이다. 따라서 서비스 및 제어 분야는 연평균 9.05%의 성장률을 보이며 2012년에는 1조 9,671억 원의 시장규모에 달할 전망이다.

향후 BcN 망에서는 백본에 대한 장비 수요증가로 인해 WDM(Wavelenth Devision Multiplexing) 광전송 장비, 광스위칭 장비 등의 성장이 예상되며, 전달망 분야는 2012년까지 연평균 9.99%의 성장을 보이면서 1조 7,349억 원의 시장규모를 보일 전망이다.

마지막으로 가입자망 분야에서는 xDSL 등의 초고속 인터넷 접속장비 수요가 포화상태이지만, FTTH(Fiber to the Home) 등의 새로운 광접속 기술로 인한 성장이 예상되는데, 가입자망 분야는 2012년까지 5.66%의 연평균 성장률을 보이면서 3조 4,070억 원의 시장규모를 보일 전망이다.

---

[10] 와이브로(휴대인터넷)는 유선에 이동성을 보장하고, 인터넷 중심의 데이터 위주 서비스를 제공하는 기술이다.

[11] HSDPA(High Speed Downlink Packet Access: 고속하향패킷접속)은 WCDMA의 속도를 더욱 개선한 기술로 화상통화, 고속 데이터 등을 제공하는 3세대 이동통신 즉 휴대전화가 진보된 기술이다. 우리나라 이동전화는 아날로그(1세대)에서 CDMA 방식의 디지털(2세대)로, 그리고 동영상 서비스인 JUNE(SK텔레콤), fimm(KTF) 등을 제공하는 CDMA 1x-EVDO(3세대)로 발전해 왔다.

항목	1xEVDO	WCDMA	HSDPA/HSUPA	와이브로
제공 서비스	DATA only	음성과 데이터	음성과 데이터	데이터 위주
순방향 속도	2.4 Mbps	2 Mbps	14.4 Mbps	18 Mbps
역방향 속도	153.6 Mbps	2 Mbps	5.76 Mbps	6 Mbps
이동 속도	~ 250 Km/h	~ 60 Km/h		

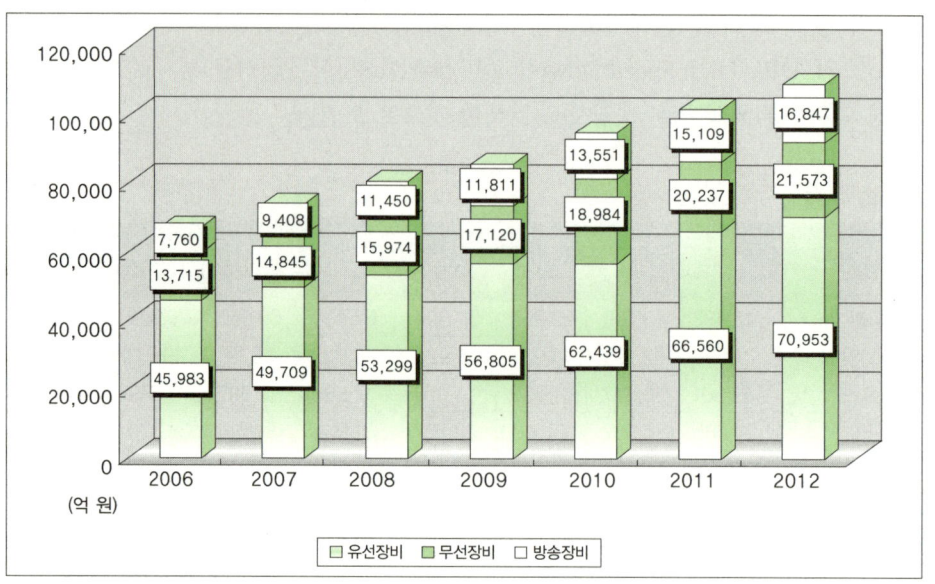

그림 3-18 ● 국내 BcN 장비 시장 전망

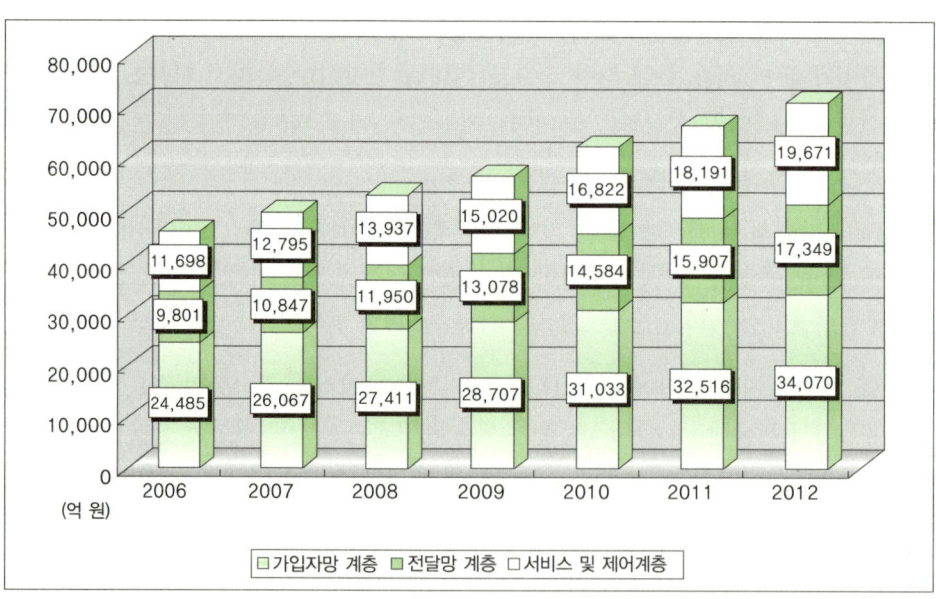

그림 3-19 ● 계층별 국내 BcN 장비 시장 전망

여러 가지 통신 기술은 바로 4장에서 자세히 다룰 예정이다.

3.5 BcN 기술 개발동향

(1) BcN 기술 개발동향

▌서비스 및 제어 분야 대상 기술

서비스 및 제어 분야 중 네트워크 관리 기술 관련하여 해외의 경우, 서비스 통합 및 융합을 위한 전체 네트워크 통합 관리 기술에 투자를 집중하고 있다. 네트워크 설계 기술 관련으로 유럽의 IST(Information Society Technologies)는 품질 보장형 차세대 인터넷 환경 하에서의 품질보장 구조 및 방법 연구를 다양한 프로젝트를 통하여 지속적으로 수행하고 있으며, 대표적 프로젝트로는 AQUILA, TEQUILA, CADENUS, MESCAL 등이 있으며, 이들 연구를 기반으로 2004~2009년까지 종단간 QoS 아키텍처연구를 위한 EuQoS 프로젝트를 추진 중에 있다.

국내의 네트워크 관리 기술을 살펴보면, 서비스별 독립적으로 개발 운용되던 기술에서 다양한 서비스를 통합 관리할 수 있는 기술로 진화하고 있다. 뿐만 아니라 네트워크 설계 기술에서도 통방융합을 위한 가입자 및 서비스 관리기술의 경우, All IP 기반의 패킷통신망을 기반으로 하는 차세대 네트워크 아키텍처 연구 분야는 시작 단계에 있다. 또한 종단간 서비스 품질을 보장할 수 있는 QoS 보장 라우터 기술은 개발 중에 있다. 네트워크 설계는 네트워크 번호 체계와 밀접한 관계를 가지기 때문에 BcN에서의 번호 체계에 대한 연구가 시작되었으며, 현재의 네트워크는 모두 IP 네트워크를 지향하고 있으나, Beyond IP를 고려한 네트워크 엔지니어링 기술 연구가 필요한 시점이다.

▌전달망 분야 대상 기술

전달망 분야 중 멀티미디어 융합 기술 관련하여 해외의 경우, Polycom, Nokia 등은 차세대 휴대폰 및 IP 단말, 게임기 등에 사용할 수 있는 멀티미디어 컨버전스 코덱 개발을 진행하고 있고, FransTelecom 등은 NGN(Next Generation Network)[12]을 향한 ALL-IP 기반의 멀티미디어 서비스를 위한 핵심원천기술로 멀티미디어 컨버전스 코덱 기술을 개발하고 있다. 뿐만 아니라 일본의 Hitachi Cable은 4세대 이동 서비스를 위한 메트로 서비스 브리지 개발을 완료하고 NTT 시범 서비스망에 적용하였다.

국내의 전달망 분야 중 멀티미디어 융합 기술과 관련하여 KT, LG데이콤 등 통신사업자들은 광대역 기반의 인터넷 전화서비스, e-러닝 및 멀티미디어 칼라링 서비스 개발을 하고 있다.

---

[12] 최근 정보통신환경은 유·무선/통신/방송이 모두 통합되고, 지능화, 광대역화되어 멀티미디어 서비스가 기본 서비스로 제공되고 있다. 이를 위하여 통신망은 통합 네트워크는 물론, 다양한 서비스 제공, 표준화된 개방형 네트워크 구조로 외국에서는 NGN, 국내에서는 BcN이란 브랜드 네임을 가지고 종합적인 추진계획을 수립하고 있다.

정통부가 기존에 추진해 온 차세대 통합 네트워크(NGcN)의 개념을 광대역통합망(BcN: Broad-band convergence Network)으로 확대 추진하는 것은 새로운 디지털융합 환경에 적절히 대응 가능한 통합적인 정보인프라 고도화의 의지를 반영했다는 점에서 의미가 깊다.

LG전자는 통신 시스템 및 가전기기의 멀티미디어 컨버전스 시장에 대처하기 위해 코덱 개발 조직을 신설하고 음성 오디오 통합 서비스를 위한 기술개발에 힘을 쏟고 있다.

뿐만 아니라 한국 이더넷 포럼을 중심으로 산학연은 이더넷 미디어에서 IPTV 스트림을 효율적으로 전송하기 위한 연구 및 국제 표준화 지원 및 셀룰러 이더넷 신기술 연구 등 이더넷 기반 유·무선, 방송·융합 기술개발을 활발히 진행하고 있다.

▋ 가입자망 대상 기술

가입자망 분야 중 광대역 액세스 망 기술 관련하여 해외에서는 Cisco, Vitesse, Lucent, IBM, AMCC, Motorola, EZchip 등에서는 기가 비트 이더넷용 핵심으로 한 AON 기술을 보유하고 있고, B-PON 기술은 AFC, Alcatel 등을 출시하였으며, WDM-PON 기술은 FSAN에서 표준화를 계획하고 있다.

국내에서도 이에 발맞춰, ATM-PON 기술개발에 이어 초고속 광 가입자 망 사업을 통해 1Giga E-PON 기술을 개발하여 현재 광주에서 실험사업 중이며 양방향 1.25 Gbps, 16채널 급 WDM-PON 기술개발도 진행 중에 있다.

3.6 BcN 기술 정책동향

(1) BcN 기술의 국외 정책 동향

미국은 상무성 산하의 기관으로 대통령의 통신 및 정보 정책에 관한 보좌역할을 수행하는 NTIA(The National Telecommunications and Information Administration)가 브로드밴드 분야의 세금감면, 규제완화 및 경쟁확대를 통하여 세계 10위 수준에 불과한 브로드밴드 보급률을 2007년까지 세계 최고의 수준으로 향상시키려는 정책을 폈다. 경쟁 확대를 위한 새로운 브로드밴드 기술로 전력선 통신, 3G 이동통신, UWB 등의 확산을 위하여 전력선 분야의 각종 규제를 철폐하고, 정부가 사용하는 스펙트럼의 민간 이전을 용이하게 하는 정책이었다. 지방이나 빈곤 지역, 학교 및 공립도서관 등을 대상으로 통신과 인터넷 장비 및 서비스를 20~90% 할인된 가격으로 구매할 수 있도록 지원하는 프로그램인 E-rate 프로그램을 1998년부터 지금까지 지속적으로 실시하고 있다.

한편 EU는 정보화 사회 및 미디어 산업에서의 고용 및 성장을 촉진하기 위하여 "i2010: Europe Information Society 2010" 전략을 2005년 6월에 채택하였으며, 이 전략은 디지털 경제의 발전을 촉진하기 위하여 유럽 정책의 현대화를 위한 포괄적인 전략으로 유럽에서 풍부하고 다양한 컨텐츠를 제공하는 초고속 브로드 밴드의 촉진에 초점을 맞추고 있다. eEurope 2005의 성공적 실행으로 인하여 유럽 지역의 브로드밴드 보급률은 급격히 증가하여 2002년 7월 900만이었던 브로드 밴드 가입자가 2005년 1월에는 4,000만으로 350% 이상의 증가를 보였다.

영국정부는 정부·기업·개인의 정보화 활용을 촉진하기 위한 국가적 전략인 UK Online 전략을 갱신하면서, G7 중 영국을 가장 경쟁력 있는 브로드밴드 시장으로 만든다는 목표를 설정하고, 모든 학교에 브로드밴드가 2006년까지 설치될 것을 목표로 하였고, 시장경제가 잘 형성되지 않는 농촌 지역, 관공서, 병원 등의 브로드밴드 보급에 정부 지원을 확대하였다.

그리고 이웃나라 일본은 e-Japan 전략으로 브로드 밴드로의 이행이 진행되었고, 이를 바탕으로 유비쿼터스 사회에의 진입을 위한 u-Japan전략을 2006년부터 2010년까지 실행할 예정이다. 이 전략은 모든 기기의 네트워크 대응 기능 부가와 접속되는 단말 등의 수량·종류의 비약적 증가, 뿐만 아니라 정보 시스템의 모듈화·컴퍼넌트화·오픈화하여 타 업종간에 있어서의 네트워크의 상호 접속·상호 운용의 진전을 실현하는 등의 세부 전략을 가지고 있다. 이로서 일본 ICT(Information and Communications Tech-nology) 산업의 성장의 촉진을 자극하고 있다.

(2) BcN 기술의 국내 정책 동향

정보통신부는 2004년 2월 '광대역통합망 구축 기본계획', 2006년 2월 '광대역통합망 구축 기본계획 II' 등을 통하여 2010년까지 2,000만 유·무선 가입자에게 50~100 Mbps급 광대역통합망 제공 계획을 가지고 있다. 이 정책은 부처의 통폐합으로 산업자원부와 지식경제부가 인수하여 진행 중에 있다.

참고문헌

 [1] 광대역통합망(BcN) 구축 기본계획 II(MIC, 2006.3)

 [2] BcN 동향 2005(한국전산원, 2005.12)

 [3] BcN 장비산업의 현황 및 전망(2006.1, ETRI 김주성, 남대경 외)

 [4] 기술정책팀-352 '07년도 정보통신연구개발기본계획 수립·통보(MIC, 2006.9)

 [5] 미래기술 TREND(IITA, 2006.5)

 [6] 미리기술 List(IITA, 2006.5)

 [7] 주요국의 기술예측(Technology Foresight) 사례(IITA, 2006.5)

 [8] 정보통신 기술역량 및 경쟁력 분석(IITA, 2006.3)

 [9] IT839 전략기술개발 Master Plan 기획보고서(IITA, 2006.3)

[10] IT839 전략기술개발 Master Plan(IITA, 2006.6)

[11] 세계 10대 BcN 통신장비 업체의 시장 및 사업전략 분석(2005.6, ETRI 김주성 외)

[12] IPv6 Technical Summit 2005 in Japan(2005.12)

[13] 신성장동력 End Product Roadmap(IITA, 2005.5)

[14] "Forecast: Global Telecommunications Market Take, July 2006"(Gartner, 2006.8)

유비쿼터스 환경의 차세대 이동통신

개인용 컴퓨터가 일상생활에서는 TV, 냉장고, 세탁기, 전자레인지 같은 가전제품으로 녹아들고 있다. 뿐만 아니라 휴대폰, PDA 등도 진화하고 있는데, 이 장에서는 유비쿼터스 기반 기술 중 급격히 변화하고 있는 차세대 이동통신에 대해 알아본다.

4.1 유비쿼터스 환경의 차세대 이동통신 개요   4.2 차세대 이동통신 기술
4.3 차세대 이동통신 응용분야   4.4 차세대 이동통신 시장동향
4.5 차세대 이동통신 기술동향

4.1   유비쿼터스 환경의 차세대 이동통신 개요

(1) 유비쿼터스 환경의 통신의 정의

통신이 어느덧 4세대까지 이어져 오고 있는데, 우선 통신의 개념부터 잡고 넘어가 보자.

통신이란 무엇인가?

통신을 하기 위해서는 송신자와 수신자가 있어야 한다. 따라서 통신 시스템이라고 하면 송신 시스템과 수신 시스템이 있는 것이고, 그림으로 표현하면 다음과 같다.

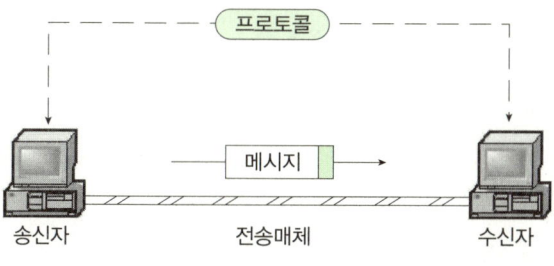

그림 4-1 ● 통신 시스템

위의 그림에서 주로 우리가 사용하는 객체를 컴퓨터로 생각한 통신 시스템이지만, 그 객체는 휴대폰이나 내비게이션이 될 수도 있다. 결론을 내리자면 쌍방간의 메시지를 주고 받는 시스템을 통신 시스템이라고 할 수 있는 것이다.

시스템의 본질적인 의미에 대해서는 후반부의 임베디드 시스템에서 다루도록 하겠다.

여기서 통신은 분류 관점에 따라 부르는 이름이 다양하다.

표 4-1 ● 분류 관점에 따른 통신의 종류

분류관점	통신의 종류
전송 매체 유무여부	유선통신, 무선통신
송수신자의 이동여부	고정통신, 이동통신
신호 형태	아날로그통신, 디지털통신
전송매체의 종류	전기통신, 광통신
이용 대상	공중통신(Public), 전용통신
정보의 표현 형태	음성통신, 데이터통신, 화상통신, 영상통신, 멀티미디어통신

표에서도 알 수 있듯이 전송 매체가 눈에 보이면 유선통신이라고 부르는 것이고, 전송 매체가 눈에 보이지 않으면 무선통신이라고 부르게 된다. 또 전송 매체를 전화선을 이용하는 경우는 전기통신이 기본이고, 광섬유를 이용하는 경우는 광통신이라고 부르는 것이다. 여기서 우리는 송수신자의 이동성을 보장하는 이동통신에 관점을 맞추어 보도록 하자.

(2) 유비쿼터스 환경의 이동통신의 분류

이동통신은 크게 무선 LAN, 휴대인터넷망, 지상이동통신망, 위성 IMT-2000망으로 나뉜다. 개념도는 다음 그림과 같다.

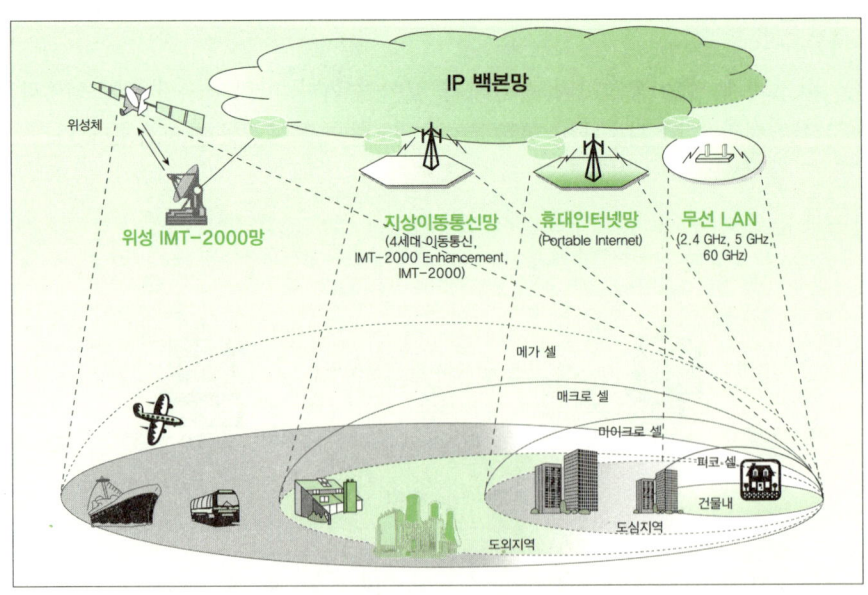

그림 4-2 ● 이동통신 개념도

무선 LAN은 피코 셀, 휴대인터넷은 마이크로 셀[1], 지상이동통신(Enhanced IMT-2000, 4

---

[1] 이동통신 방식의 일종으로, 하나의 통신 가능 구역의 반경 400 m 이하인 방식이다. 이때의 통신 가능 구역을 좁은 구역을 셀(Cell)이라고 하고, 셀 커버리지에 따라 반경 100 m 이하를 피코 셀, 반경 1 km 이하를 매크로 셀이라고 한다.

세대 이동통신)은 매크로 셀, 위성통신은 메가 셀로 구축되며 복합단말기 및 IP망을 통해 상호 연동된다.

흔히 1세대 이동통신을 아날로그 이동통신이라 하고, 2세대 이동통신은 디지털 이동통신으로 채널 대역폭이 1.25 MHz로 최대 전송 가능한 데이터의 양은 64 Kbps였다. 이때 전송 효율을 높이기 위해서 우리나라는 1996년 CDMA(Code Division Multiple access)[2]를 채택하여 이동통신의 강국이 된다. 이어 PCS(Personal Communication Service)라는 서비스가 2.5세대 이동통신 기술로 포장되어 CDMA 서비스 확대를 이룬다.

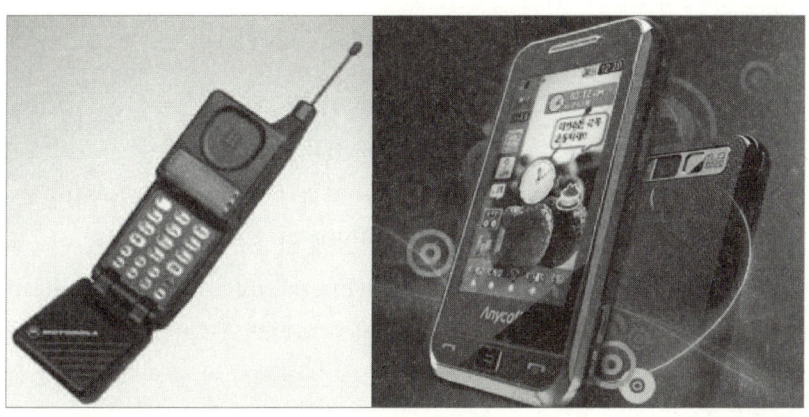

그림 4-3 ● 휴대전화

왼쪽의 그림은 구형 휴대폰이다. 그림에서와 같이 두껍고 투박하며, 액정 표시부분도 디지트 숫자만 표시되는 정도였다. 그런데 지금의 휴대폰은 세련되고 슬림하며, 액정화면 자체가 터치스크린이다. 사진이며 동영상, 스케줄까지 입력가능하고, 영상을 보면서 통화를 한다. 뿐만 아니라 사진기 기능은 기본적으로 내장된다. 이렇게 휴대폰만 보더라도 차이가 난다.

이동통신의 세대별 분류는 그림 4-4와 같다.

2세대 이동통신에서 사용하는 주파수 대역 및 방식이 국가마다 다르므로 범세계적 로밍이 불가능했다. 이런 단점을 극복한 것이 3세대 이동통신으로 IMT-2000[3]이라 한다. 기존 전화망(ISDN)과 같은 고정통신망 서비스에 하나 이상의 무선 링크를 사용하여 접속하도록 하는 이동통신 시스템으로서, 기존 통신 시스템의 가장 큰 문제점인 단말기의 이동성과 전송속도의 한계를 극복하며 지구상의 어떤 곳, 즉 사막이나 바다 한가운데서도 다양한 정보를 빠른 속도로 주고 받을 수 있도록 하는 통신 시스템이었다.

---

[2] 미국의 퀄컴(Qualcomm)이 개발한 확산대역기술을 채택한 디지털 이동통신 방식으로 코드분할다중접속이라고도 한다.

[3] 지상이나 위성에서 음성, 고속 데이터, 영상 등의 멀티미디어 서비스를 제공하고, 글로벌 로밍 서비스를 제공하는 유·무선 통합 통신 서비스이다.

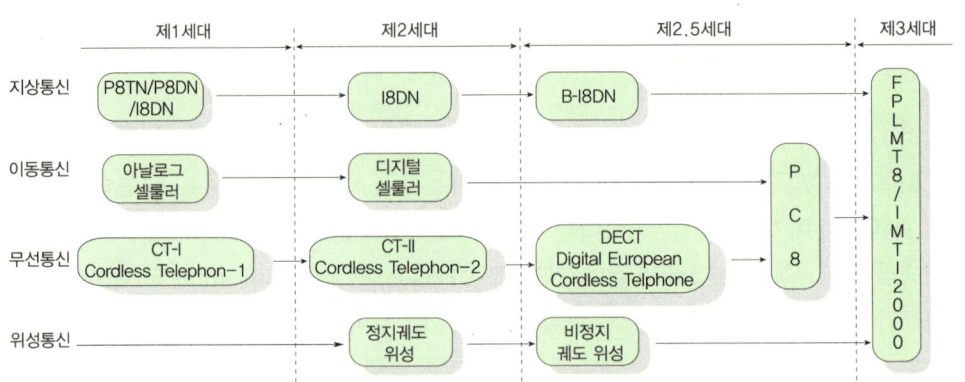

그림 4-4 ● 이동통신 세대별 분류

사용 주파수 대역은 1, 885 MHz에서 2,200 MHz로 기존의 통신 시스템에 의해 제공되던 서비스를 제공할 뿐만 아니라 보다 향상된 기술에 의한 차원 높은 서비스도 제공할 수 있는 이동통신 시스템으로 지상망 또는 위성망에 연결될 수 있어 세계 어느 나라에 가든 통신이 가능한 기술이었다. 이 기술은 ITU(International Telecommunication Union)에서 전 세계 동일한 주파수를 채택하여 전 세계 하나의 통화권역이 되게 하였다. 1978년 이동통신의 단일 표준화를 연구과제로 삼은 프로젝트의 코드명이 FPLMTS(Future Public Land Mobile Telecommunication System, 프림스)였는데, 발음하기가 어렵고 기억하기가 어려워 1996년 IMT-2000으로 이름을 바꾸어 사용하였다.

우리나라에서는 1998년 동기식 IMT-2000 시스템을 개발완료하였고, 1999년 중에 비동기식도 개발에 성공했다.

이때 나왔던 광고는 외국에서 휴대폰으로 국내에 있는 친구에게 화상 전화통화를 하면서, "나는 한국인인 게 자랑스럽다."라고 얘기했던 카피가 생각이 난다.

하지만 이 기술은 단일 표준 도출에 실패하고 만다. 유럽과 일본이 주도한 비동기 방식의 W-CDMA(Wideband CDMA)와 미국이 주도한 동기 방식의 CDMA2000으로 양분화되어 진행된다.

3세대 IMT-2000보다도 최대 전송속도가 10배 이상이나 빠르고, 동영상·인터넷방송 등 대용량 데이터 역시 수백 Mbps 속도로 보낼 수 있는 4세대 이동통신이 등장한다.

4세대 이동통신은 3세대 이동통신이 데이터 위주의 고품질 음성 서비스이자 이동면에서 불완전한 글로벌 로밍 시스템인 반면, 3차원 영상데이터를 통해 현장감 있는 통화가 가능하고, 글로벌 로밍도 완전하다.

하나의 단말기를 통해 위성망·무선랜·인터넷 등을 모두 사용할 수 있는 서비스로 이동전화 하나로 음성·화상·멀티미디어·인터넷·음성메일·인스턴트메시지 등의 모든 서비스를 해결할 수 있다.

표 4-2 ● 2세대 이동통신과 3세대 이동통신의 비교

구분	디지털 이동통신	PCS	IMT-2000
세대	2세대	2.5세대	3세대
서비스	음성위주의 저속데이터		데이터 위주의 고속데이터
시장활성화요인	단말기 가격, 서비스영역 확대		다양한 콘텐츠 제공
주파수 대역	824~849 MHz 869~894 MHz	1.75~1.78 GHz 1.84~1.87 GHz	1.885~2.025 GHz 2.110~2.2 GHz
채널당 대역폭	1.25 MHz		5/10/20 MHz
채널당 데이터 전송속도	9.6~64 Kbps	14.4~128 Kbps	이동: 144~384 Kbps 실내: ~2 Mbps
제공 서비스	음성, 저속데이터		고속 멀티미디어
로밍 범위	국가, 지역적		범세계적

(3) 유비쿼터스 환경의 차세대 이동통신의 정의

그럼 차세대 이동통신은 무엇일까?

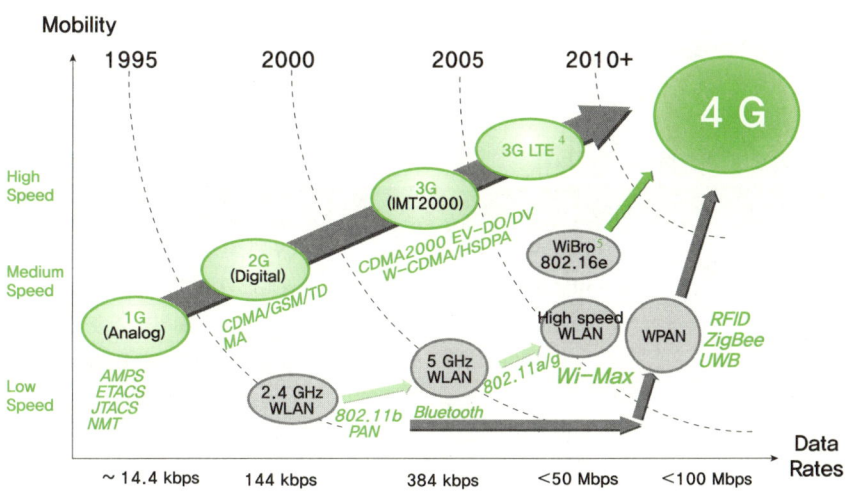

그림 4-5 ● 이동통신 진화 방향

차세대 이동통신의 정의를 내리면, 정지 및 이동 중에 다양한 형태의 멀티미디어 정보를 이동통신망, 위성통신망 등을 이용하여 고속·고품질로 송수신하는 기술이다.

ITU-R[6]에서는 4세대 이동통신, 휴대인터넷, Enhanced IMT-2000 및 초고속 무선 LAN

---

[4] 3GPP(http://www.3gpp.org)에서는 기존의 WCDMA 기반의 3세대 이동통신 시스템의 기술적 한계를 극복하기 위해 2004년 말에 3rd Generation Long Term Evolution(3G LTE) Plan을 발표했다.

[5] 우리나라가 개발한 무선 광대역 인터넷 기술이다.

[6] 국제전기통신연합(ITU)의 조직을 개편한 1992년 헌장 및 협약에 따라 전파통신에 관한 기술 및 운용상의 문제점에 대한 연구를 수행하고 그 결론을 권고로 공표하는 것을 주 임무로 하는 ITU의 상설 기관인 국제무선통신자문위원회(CCIR)는 폐지되고 그 기능을 신설된 국제전기통신연합 전파통신 부문(ITU-R)이 계승하였다. 종전의 CCIR 권고는 계속 유효하지만 기구 개편(1993. 3. 1) 이후에는 ITU-R 권고로 명칭이 변경되어 발간되고 있다.

을 포함하는 전송속도는 고속 이동할 때 100 Mbps 이상, 노마딕 환경에서는 1 Gbps 이상을 목표로 차세대 이동통신 서비스가 2012년경 제공될 것으로 예상하고 있으나, 지금 생각대로 쇼를 하면 된다.

4.2 ## 차세대 이동통신 기술

차세대 이동통신을 크게 이동통신 서비스 기술, 이동통신 시스템 기술, 그리고 휴대 단말 기술로 나누어 볼 수 있다.

그 중 첫 번째 이동통신 서비스 기술에는 위치 및 상황 인식 기술과 3G 영상폰에 내장되어 있는 UICC 기반의 SIM 기술이 있다.

두 번째 이동통신 시스템 기술에는 Ad-hoc 네트워크 기술과 HSDPA(High Speed Downlink Packet Access) / HSUPA(High Speed Uplink Packet Access) 시스템 기술이 있으며, 마지막으로 휴대 단말 기술에는 융합 단말 기술과 생체 인식 기술을 이용한 지능형 멀티미디어 단말 기술로 세부화할 수 있다.

표 4-3 ● 차세대 이동통신 기술 분류

항목	소분류	요소기술
이동통신 서비스 기술	응용 서비스 기술	위치 및 상황 인식 기술
	이동성 지원 서비스 기술	UICC 기반 SIM기술
이동통신 시스템기술	4세대 이동통신 시스템기술	Ad-hoc 네트워크 기술
	IMT-2000 고도화 시스템 기술	HSDPA/HSUPA 시스템 기술
휴대 단말 기술	융합 단말 기술	유·무선 융합 단말 기술
		통신·방송 융합 단말 기술
		통신·금융 융합 단말 기술
	지능형 멀티미디어 단말 기술	생체 인식 기술

(1) 이동통신 서비스 기술

UICC(Universal IC Card) 기반의 SIM(Subscriber Identity Module) 기술

▍UICC 기반의 SIM 기술의 정의

마이크로 프로세서(CPU)와 메모리(EEPROM)를 내장하고 있어 카드내부에서 정보의 저장, 연산, 처리가 가능한 플라스틱 카드로 접촉식, 비접촉식, 콤비식 등이 있고, 스마트카드의 규격을 정의하고 있는 ISO/IEC-7816 규격에 의해 가입자인증모듈(SIM)과 사용자인증모듈(UIM: User Identity Module) 스마트카드로 나뉜다. 별도로 스마트카드는 다음 장에서 RFID와 비교하면서 자세히 다루도록 하겠다.

UICC 기반의 SIM 스마트카드의 내부구조

마이크로 프로세서, 메모리, 운영체제와 필요한 프로그램이 들어있는 ROM, 마이크로
프로세서의 작업공간인 RAM으로 구성되고, 데이터의 노출 없이 내부 연산만으로 처
리가능하다. 뿐만 아니라 필요한 정보를 계속적으로 저장 가능하며 휴대가 간편하다.

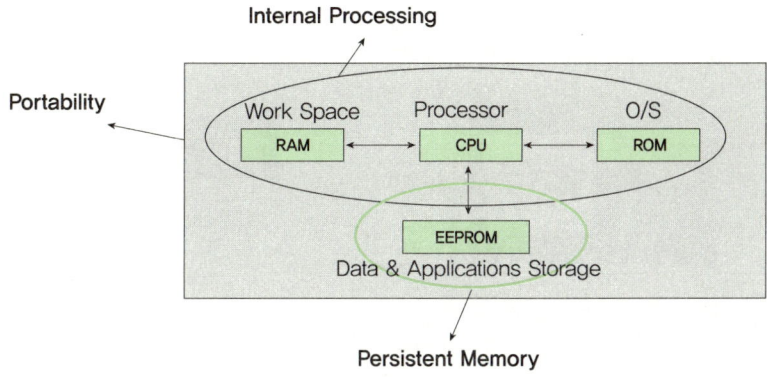

그림 4-6 ● SIM 스마트카드의 내부구조

SIM카드와 UIM카드는 각각 GSM(Global System for Mobile communications)[7]과
CDMA 방식의 표준화 기구에서 독자적으로 표준화가 진행되었고, UIM카드가 2세대,
3G 시스템을 모두 고려하여 표준화를 진행한 것과 달리 GSM사업자들이 3G서비스를
위해 USIM카드의 표준화를 진행하고 있다.

표 4-4 ● 이동통신 방식에 따른 가입자 모듈

이동통신 방식	가입자 모듈	표준화 기구
GSM	SIM	ETSI SMG9
W-CDMA	USIM	EP SCP/3GPP TSG-T
CDMA	UIM	3GPP2

USIM(User Subscriber Identity Module) 개념

80년대 후반 유럽통신기구인 ETSI가 표준으로 제시한 SIM카드의 발전된 형태로 통신
사업자, 사용자비밀번호, 로밍정보, 사용자 관련 전화번호, 통신사업자 및 콘텐츠 사업자
의 부가적인 이동통신 서비스 등을 저장한다. USIM카드를 장착한 휴대폰으로 국제 로
밍을 비롯한 음성, 데이터 통화가 가능하고 텍스트나 브라우저 중심의 M-Commerce 서
비스 구현도 가능하다. 따라서 기존 SIM 카드에 금융 기능을 결합한 원칩카드를 휴대폰

[7] 종합정보통신망과 연결해서 모뎀을 사용하지 않고도 전화 단말기와 팩시밀리, 등에 직접 접속하여 이동데이터 서
비스를 받을 수 있는 유럽식 디지털 이동통신 방식이다.

에 장착한 후 무선인터넷을 이용하여 간단하게 모바일상거래가 가능하기 때문에 모바일상거래(M-Commerce) 시장이 상당히 뜨겁게 달궈져 있다. 원칩카드가 금융(EMV)과 2세대(SIM), 3세대(USIM) 통신 기반의 다양한 서비스를 모두 수용할 수 있도록 스마트카드 국제표준(UICC) 제정 활동에도 적극적으로 나서고 있고, 3G 휴대폰은 3G에 연결하기 위해서 USIM을 의무적으로 구입해야 한다.

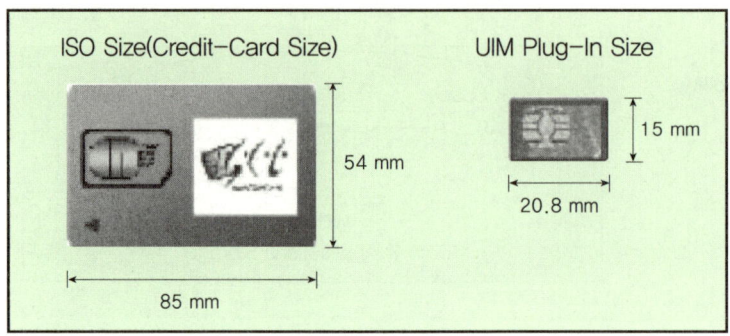

그림 4-7 ● USIM

USIM은 Plug-in 카드 타입과 ID-1 카드로 나뉜다. Plug-in 카드는 폭 25 mm, 높이 15 mm이고, ID-1 카드인 경우는 물리적 규격 및 구성은 ISO7816에 구성된 접촉식 IC카드와 동일하며, 휴대폰에 카드를 삽입하는 방향을 나타내는 화살표를 반드시 카드 표면에 인쇄해야 한다.

(2) 이동통신 시스템 기술

Ad-hoc 네트워크 기술

▌ Ad-hoc 네트워크의 정의

우선 무선 네트워크를 토폴로지(Topology)[8]로 구분하면 2가지 방법으로 구분할 수 있다.

첫 번째는 인프라기반 네트워크이고, 나머지 하나는 Ad-hoc 네트워크이다.

인프라기반 네트워크는 말 그대로 기반 인프라를 이용하여 무선 네트워크를 구성하는 것을 의미한다. 그럼 Ad-hoc 네트워크라는 것은 무엇일까?

사람들은 개인적, 혹은 직업적 필요에 의해, 노트북 컴퓨터나 휴대폰, PDA, MP3 플레이어와 같은 휴대용 기기들을 들고 다닌다. 대체로 이들 기기는 독립적으로 사용된다. 그런데 만약 직접 연동이 된다면 어떨까?

---

[8] 네트워킹 구조내에서의 네트워크 노드와 미디어의 물리적 구성이다.

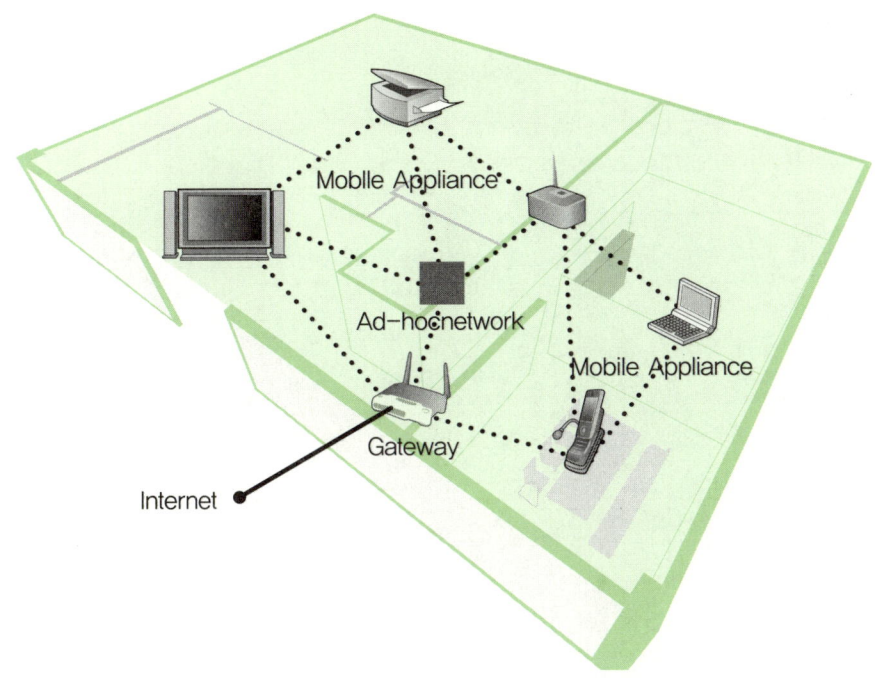

그림 4-8 ● Ad-hoc 네트워크 개념도

통신기기간 특별한 무선통신을 'Ad-hoc 네트워크'라고 하는데, Ad-hoc 네트워크는 기반 인프라가 없다. 즉 중앙 시스템의 도움 없이 노드들에 의해 자율적으로 언제, 어디서나 기기간 통신을 자체적으로 라우팅하여 연결하는 무선 네트워크 토폴로지이다. 가정에서도 가전 기기들이 블루투스와 같은 통신 모듈만 내장되어 있다면, 무선 네트워크 구축은 간단하게 된다.

Ad-hoc 네트워크는 독립적으로 존재할 수도 있고, 기간 망과 연동하는 경우가 있는데, 기간 망에 연결하고자 할때는 위의 그림처럼 게이트웨이를 통해 연결하면 된다.

▌ Ad-hoc 네트워크의 특징

분산 운영 기능
노드 일부나 전체가 무선인 네트워크 환경과 같은 다이나믹한 환경에서 노드가 갑자기 사라지거나 나타날 수 있기 때문에 네트워크 기능이 분산 방식으로 작동한다.

동적 네트워킹
노드가 무선이기 때문에 네트워크 형태가 다양해진다. 한 노드가 통신이 단절이 되면, 다른 노드로 동적으로 네트워크를 구성하는 자동 네트워킹 기능과 자가 치유 기능을 포함하고 있다.

Peer-to-peer 통신
이동 컴퓨터 능력의 호스트이자 Ad-hoc 라우팅 기능을 가진 이동 노드들간의 무선 인

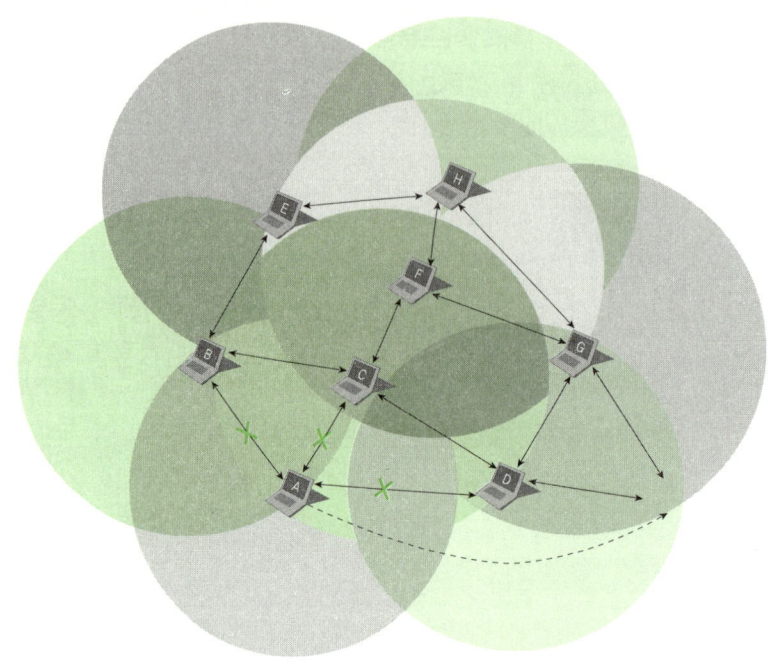

그림 4-9 ● Ad-hoc 네트워크 동적 구성도

터페이스를 사용하여 통신한다.

▌ 네트워킹 프로토콜

네트워크에 연결된 장치들은 전송 매체를 공유하게 되는데, 매체의 전송 능력을 공유
하기 위해서는 전송 매체에 대한 접근을 제어하는 방법이 필요하게 되며, 이러한 방법
을 규정한 것이 매체접근제어 프로토콜(MAC)이다. 이 프로토콜은 공통 데이터 전송
채널을 공유하는 각 네트워크의 노드가 데이터를 손실 없이 효과적으로 송, 수신하기
위해 사용하는 방법이다.

유선 네트워크에서는 매체접근제어로 CSMA/CD(Carrier Sense Multiple Access with
Collision Detection) 방식을 사용하고, 무선 네트워크에서는 매체접근제어로 CSMA/CA
(Carrier Sense Multiple Access/Collision Avoidance) 방식을 사용한다.

CSMA/CD 방식은 모든 노드에 자유 경쟁으로 채널을 접속할 수 있는 권한이 부여된
방식으로 노드간에 충돌을 허용한다. 주로 버스형 LAN에 적용되는 방식이다. 1972년
미국 제록스사에서 처음 이더넷에 처음으로 채택된 매체 접근 방법이며 1983년 IEEE
802.3 표준이 되었으며, 모든 종류의 이더넷에 적용되고 있다.

동작원리는 어떤 노드가 전송 매체를 사용하는 도중에 다른 노드도 전송 매체에 데이터를
내보내면 전송 오류가 발생한다. 이러한 오류 가능성을 줄이기 위해, 먼저 데이터 전송을
요구할 때 채널 상태를 감시한다. 다른 노드가 사용중인지를 확인하고(Carrier Sensing),

회선을 사용하지 않으면, 프레임[9]을 전송한다. 만약 거의 동시에 프레임을 전송하는 노드가 두 개 이상이면 노드간의 충돌이 발생한다. 그러므로 노드는 데이터 전송 도중에도 항상 채널의 상태를 감시(Listening)하고 있어야 한다. 충돌이 감지되는 순간 (Collision Detecting) 프레임 전송을 중단하고 어느 정도의 시간을 기다린 후 다시 송출한다.

무선 환경에서는 CSMA/CD를 변형하여 CSMA/CA라는 방식의 매체 제어를 고안했다.

CSMA/CD는 물리적 회선으로 케이블을 사용하고 모든 스테이션에게 신호가 전달되므로 회선의 신호레벨 측정 후 데이터의 충돌 여부를 확인하고 이에 대처할 수 있다. 하지만 무선 환경에서는 전파의 전송거리에 한계가 있으므로 충돌을 감지하는 데 어려움이 있어 충돌을 미리 회피하는 방식으로 충돌에 대비하였다. 그것이 CSMA/CA 방식이다.

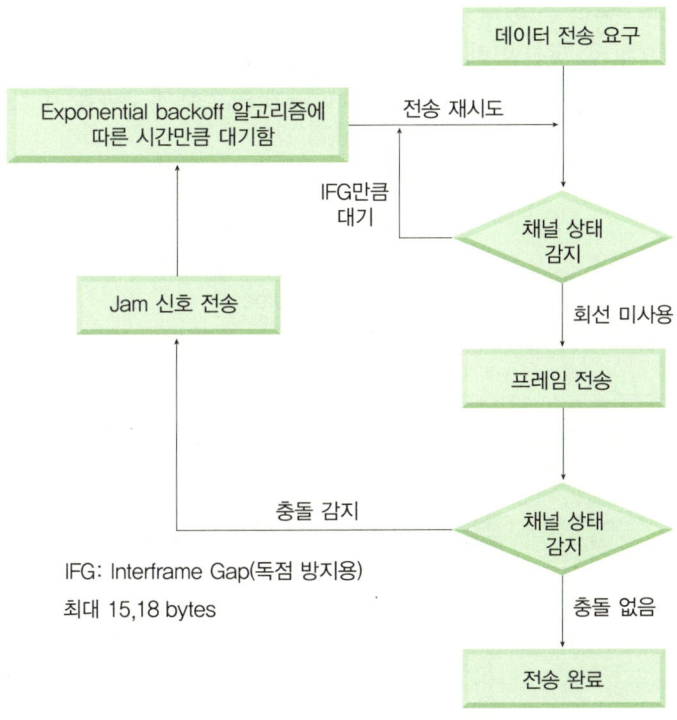

그림 4-10 ● CSMA/CD 동작 방식

라우팅 프로토콜

(1) Proactive 라우팅

이 라우팅 기법은 테이블 기반(Table-driven) 라우팅 기법이라고도 하는데, 모든 이동

---

[9] 표준화된 네트워크 구조인 OSI 7계층에서 보면, 4계층인 전송계층 이상에서는 메시지라고 부르고, 3계층인 네트워크 계층에서는 패킷이라고 한다. 이것을 2계층인 데이터 링크 계층에서는 프레임이라고 하고, 제일 말단 계층인 물리 계층에서는 데이터 비트라고 한다.

노드들이 주기적 또는 네트워크의 토폴로지의 변경이 있을 때마다 갱신하여 항상 최신의 라우팅 정보를 유지한다. 이는 토폴로지의 변경이 심할 경우 대역폭의 낭비가 생기게 되지만, 항상 최신의 라우팅 정보를 유지하기 때문에 전송 데이터에는 지연이 없다. 또한 항상 최적의 라우팅 경로만 이용하게 된다.

여기에는 대표적으로 DSDV(Destination Sequenced Distance Vector) 라우팅 프로토콜이 있다.

DSDV는 유선 네트워크에서 사용되고 있는 Bellman-Ford 라우팅 방식에 기초하고 있으며, 목적지 순차 번호(destination sequence number)를 사용하여 토폴로지 변화에 의한 라우팅 루프의 발생을 방지하였고, 각 노드는 다른 모든 노드로의 루트 정보를 라우팅 테이블에 유지한다. 라우팅 테이블의 갱신은 full dump와 incremental dump 형태로 이루어진다. Full dump는 노드 자신이 가진 모든 라우팅 정보를 다른 노드로 브로드캐스팅하는 방식으로서, 갱신할 라우팅 정보가 많을 경우에 사용되고, incremental dump는 라우팅 정보의 변경이 있을 경우에 새로 변경된 라우팅 정보만을 브로드캐스팅하는 방식이다.

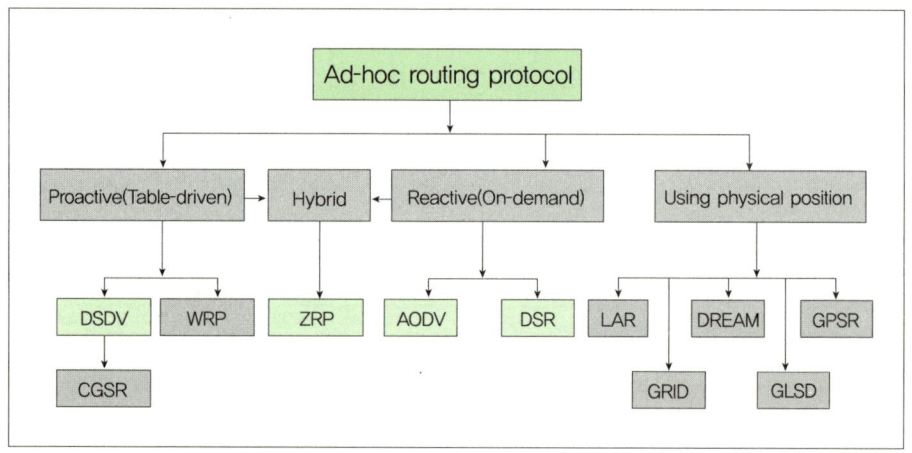

그림 4-11 ● 라우팅 프로토콜 종류

(2) Reactive 라우팅

테이블 기반 라우팅 기법의 반대 개념으로 요구 기반(On-demand) 라우팅은 트래픽이 발생하는 시점에서 라우팅을 탐색한다. 일정 시간 동안 라우팅 정보를 사용하지 않으면 제거하는 방식으로 라우팅 메시지에 의한 오버헤드를 감소시켰다. 하지만 라우팅 탐색에 의한 추가 시간 소요되며, 데이터 전송시 지연될 수도 있다.

여기에는 대표적으로 DSR(Dynamic Source Routing) 라우팅 프로토콜이 있다.

DSR은 소스 라우팅 방식에 기초하고 있으며 모든 노드는 루트 캐쉬를 유지한다. 루트 탐색 절차와 루트 관리 절차로 이루어져 있는데, 루트 탐색 절차는 패킷 데이터 발생 시 목적 노드로의 루트 정보가 존재하지 않을 경우 루트 정보 획득을 위해 Route Request(RREQ) 메시지를 이웃 노드로 브로드캐스팅한다. RREQ 메시지를 수신한 중간 노드가 목적 노드로의 루트 정보를 루트 캐쉬에 가지고 있지 않을 경우 자신의 주소를 RREQ에 추가하여 이웃 노드로 다시 브로드캐스팅한다. RREQ 메시지를 수신한 중간 노드가 목적 노드로의 루트 정보를 루트 캐쉬에 저장하고 있을 경우, 목적 노드로의 루트 정보를 RREP 메시지에 추가하여 소스 노드로 전달하고, 루트 상의 링크 오류 발생시 Route Error(RERR) 메시지를 생성하여 소스 노드로 전달한다. RERR을 수신한 노드는 자신의 루트 캐쉬에서 해당 오류 발생 링크 정보를 삭제하며, 다른 우회 루트가 있을 경우 이를 이용하여 데이터 전달을 계속하며, 그렇지 않을 경우 RERR 메시지를 소스 노드로 전달한다.

또 다른 라우팅 프로토콜 중에 AODV(Ad-hoc On-demand Distance Vector) 방식이 있다. 동작 과정은 다음과 같다.

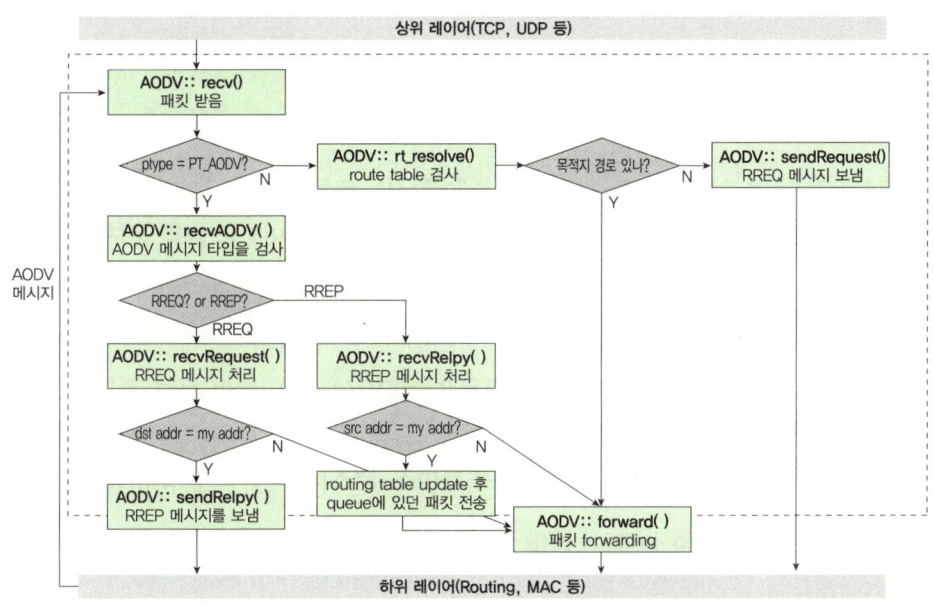

그림 4-12 ● AODV 동작과정

AODV는 DSDV와 같이 목적지 순차 번호를 사용하여 라우팅 루프를 방지하며, DSR과 유사한 루트 탐색 절차를 사용한다. 루트 탐색이 필요한 경우 RREQ 메시지가 생성되어 이웃 노드로 브로드캐스팅되며, 목적 노드로의 루트 정보를 가진 중간 노드 또는 목적 노드가 RREQ 메시지를 수신하면 RREP 메시지로서 응답한다. 중간 노드가 목적 노드로의 루트 정보를 가지고 있지 않을 경우 RREQ 메시지를 이웃 노드로 다시 브로드캐스팅한다. RREP 메시지는 RREQ 메시지가 전달된 루트의 반대 방향으로 유니캐스팅된다. RREQ 메시지를 수신한 노드는 역방향 루트 정보를 생성하여 저장하며 RREP 메시지를 수신한 노드는 순방향 루트 정보를 생성하여 저장한다. 하나의 노드가 동일한 RREQ 메시지를 중복적으로 수신한 경우 최초로 수신된 것만 사용한다. 루트 내의 특정 링크에서 오류가 발생한 경우 지역적인 루트 재탐색 절차를 수행하거나, 또는 RERR 메시지가 생성 소스 노드로 전달하여 소스 노드로 하여금 루트 재탐색 절차를 시작하게 한다. RERR을 수신한 노드는 오류가 발생한 링크와 관련된 루트 정보를 삭제한다.

(3) 휴대 단말 기술

휴대 단말 기술에는 융합 단말 기술과 생체 인식 기술이 있는데, 생체 인식 기술은 정보 보호 부분에서 자세히 다루도록 하겠다.

4.3 차세대 이동통신 응용분야

차세대 이동통신 응용 분야를 분류해 보면, 먼저 이동통신 서비스 분야에서는 유비쿼터스 핵심 기술인 위칙 인식 시장을 손꼽을 수 있다. 또한 이동통신 시스템 분야는 4세대 이동통신 시스템과 WiBro 시스템, IMT-2000 고도화 시스템, 그리고 무선 LAN 시스템으로 나누어 응용 분야를 세분화할 수 있다. 마지막으로 휴대단말은 유 · 무선 통합 서비스를 지원하는 단말기와 멀티 모드 단말기로 응용할 수 있다.

표 4-5 ● 차세대 이동통신 응용 분야

구분		응용분야
이동통신 서비스		위치인식 등 이동데이터 시장 이동통신 기지국 이동통신 단말기
이동통신 시스템	4세대 이동통신 시스템	4세대 이동통신 모뎀 등 핵심기술 시장 4세대 이동통신 기지국/ 단말기
	WiBro 시스템	WiBro 시스템, 단말기 WiBro 모뎀 초고속인터넷 인프라가 빈약한 국가의 기간망 활용
	IMT-2000 고도화 시스템	IMT-2000 Evolution 지원 시스템, 단말기
	무선 LAN 시스템	무선 LAN 카드(NIC) Access Point(AP) Switch/Controller VoIP 송수신 장비
휴대 단말		유 · 무선 통합 서비스 지원 단말기 멀티모드 단말기 등 이동통신 서비스의 보안 및 안정성 제공

4.4 차세대 이동통신 시장동향

(1) 이동통신 서비스 기술

차세대 이동통신 서비스 면에서 내수 시장은 포화 상태에 있다. 다른 국내 이동통신 가입자 시장은 완만한 성장세를 보이고 있으며, 2005년 말 3,834만 명의 가입자 시장을 형성한 상태이다. 서비스 매출은 2004년 14.5조원에서 2005년 15.5조원으로 약 7% 성장했다. 2005년 서비스 매출 중 음성은 12.4조원, 데이터 매출은 3.1조원으로 데이터 매출의 비중이 2004년 16.7%에서 2005년 20.2%로 상승하였다.

(2) 이동통신 시스템 기술

이동통신 시스템의 세계 시장 점유 현황은 다음과 같다.

표 4-6 ● 이동통신 시스템의 세계 시장 점유 현황

기업시장			개인시장		
제조업체	매출액 (백만 달러)	점유율 (%)	제조업체	매출액 (백만 달러)	점유율 (%)
Cisco	727	63.2	Linksys	1,086	31.5
Symbol	108	9.3	Dlink	692	20.1
Aruba	67	5.8	NETGEAR	625	18.1
3Com	19	1.6	Belkin	247	7.2
Buffalo	21	1.8	Buffalo	175	5.1
Other	211	18.3	Other	624	18.1
합계	1,151	100.0	14,472	3,449	100.0

특히 2005년 기업 무선 LAN 시장에서는 Cisco가, 개인 시장에서는 Linksys가 각각 1위를 기록하였다. Cisco는 60%가 넘는 시장점유율을 보이며 압도적인 1위를 지키고 있으며, 개인 시장에서는 Dlink와 NETGEAR는 2, 3위를 놓고 치열하고 다투고 있다.

여기서 우리나라 기술인 **WiBro 시스템**은 2006년 6월 30일, KT와 SKT가 세계에서 최초로 상용 서비스를 개시했고, 2008년 미국을 비롯한 20여 개 국가에서 상용서비스를 개시할 예정이어서 그 귀추가 주목되고 있다.

(3) 휴대 단말 기술

휴대 단말 국내 시장을 보면, 2005년 국내 이동통신단말기 시장은 2004년 대비 출하대수 기준으로는 약 9%로 감소한 1,529만 대, 매출액 기준으로는 8.5% 감소한 5.2조 원의 시장을 형성하고 있다. 2004년에 번호이동성제도 실시로 인해 상대적으로 수요가 많이 발생한 것으로 보인다. 한편 내수 시장에서 삼성, LG, 팬택 계열 등 국내 업체가 차지하는 비중은 87%이며, 모토로라 등 외국업체가 13%의 시장을 점유하고 있다(2005년 기준).

표 4-7 ● 국내 이동통신 단말 제조업체 순위

구분	시장점유율(%)
삼성	49.5
팬택 계열	19.0
LG	18.4
기타	13.1
합계	100.0

2005년 휴대 단말 세계 시장 중 세계 이동통신단말기 시장은 판매대수 기준 약 8.2억대 규모로 2004년 대비 약 21%로 성장하였다. 1,2위 업체인 Nokia와 Motorola가 시장점유율을 더욱 확대한 가운데, 10위권 내 업체 중 Siemens의 급락이 눈에 띄고 있다(2005년 기준).

표 4-8 ● 국외 이동통신 단말 제조업체 순위

제조업체	'05년 판매대수(천대)	'05년 점유율(%)	'04년 판매대수(천대)	'04년 점유율(%)
Nokia	265,615	32.5	207,231	30.7
Motorola	144,920	17.7	104,124	15.4
삼성전자	103,754	12.7	85,238	12.6
LG전자	54,925	6.7	42,277	6.3
Sony Ericsson	51,774	6.3	42,032	6.2
Siemens	28,591	3.5	48,456	7.2
Sagem	16,327	2.0	14,472	2.1
Panasonic	11,802	1.4	15,389	2.3
BenQ Mobile	11,102	1.4	NA	NA
Sanyo	10,690	1.3	9,179	1.4
기타	117,065	14.5	105,604	15.8
합계	816,563	100.0	674,002	100.0

표 4-9 ● 세계 이동통신 단말 제조업체 시장 점유율

구분	2002	2003	2004	2005
시장점유 업체 Top 5 (시장점유율)	Nokia, Motorola, 삼성전자, Siemens, Sony Ericsson (75%)	Nokia, Motorola, 삼성전자, Siemens, Sony Ericsson LG전자 (73%)	Nokia, Motorola, 삼성전자, Siemens, LG전자 (71%)	Nokia, Motorola, 삼성전자, LG전자, Sony Ericsson (76%)
삼성, LG의 시장점유율	12.9%	15.5%	18.9%	19.4%

출처: Gartner의 각 분기별 발표 자료
※ 업체 순위는 판매량 기준임

세계 이동통신 단말기 시장에서 대형 제조업체가 차지하는 시장점유율은 지속적으로 증가하고 있으며, 삼성과 LG가 Top 5를 유지하고 있고, 삼성전자와 LG전자의 시장점유율은 지속적으로 상승하여 2005년 말 기준 19.4%에 달했다.

(4) 시장규모 전망 및 예측

세계 이동통신 가입자는 2005~2020년 동안 연평균 9.8% 성장하여 2010년에는 33.8억 명에 이를 전망이다. 1, 2세대 이동통신에서 3세대 이동통신으로의 가입자 전환이 이루어지면서, W-CDMA와 CDMA2000 시장은 각각 연평균 51%, 15%의 성장을 예상하고 있다.

W-CDMA 방식의 경우, Hutchison 3G와 Vodafone을 필두로 한 유럽 시장과 NTT DoCoMo가 이끄는 일본 시장을 중심으로 시장이 확산되고 있으며, 2006년 6월 기준

표 4-10 ● 시장 규모 전망 및 예측

구분		2005	2006	2007	2008	2009	2010	CAGR ('05~'10)
이동통신 가입자	세계 (백 만명)	2,119	2,482	2,795	3,038	3,223	3,378	9.8%
	국내 (천 명)	38,342	39,612	40,794	41,754	42,585	43,345	2.5%
이동통신 서비스	세계 (백만 달러)	497,102	529,616	556,303	581,665	609,664	639,139	5.2%
	국내 (십억 원)	18,349	8,967	19,663	20,336	21,030	21,839	3.5%
이동통신 시스템	세계 (백만 달러)	47,942	48,001	47,442	46,521	46,593	46,665	−0.5%
	국내 (백만달러)	893	960	1,044	1,117	1,211	1,314	8.0%
WiBro가 입자	세계 (백만 명)	–	0.25	2.04	7.81	16.52	26.93	–
	국내 (만 명)	–	24.5	124.3	330.8	580.0	797.3	–
WiBro 장비	세계 (백만 달러)	26	561	1,757	3,256	2,115	2,409	147%
	국내 (억 원)	261	5,607	5,926	7,634	6,673	7,974	98%
무선LAN 장비	세계 (백만 달러)	1,779	1,820	1,846	1,884	1,824	1,766	−0.1%
	국내 (십억 원)	40	46	52	56	58	59	8.1%
휴대단말	세계 (백만 대)	821	955	1,058	1,123	1,164	1,193	7.8%
	국내 (천 대)	15,287	16,021	16,349	16,669	16,669	16,404	1.4%

표 4-11 ● 이동통신 서비스 가입자 전망 (단위: 백만 명)

구분	2005	2006	2007	2008	2009	2010	CAGR ('05~'10)
1G/기타	29	46	64	69	69	69	19.1%
2G	1,467	1,485	1,398	1,276	1,130	966	−8.0%
GSM	1,277	1,349	1,310	1,217	1,078	919	−6.4%
2.5G	343	565	814	1,043	1,283	1,514	34.6%
3G	280	387	518	650	742	830	24.2%
1×계열	234	292	347	404	436	463	14.7%
W−CDMA	47	94	171	246	305	367	51.1%
합계	2,119	2,482	2,795	3,038	3,223	3,378	9.8%

출처: OVUM, Technology split, 2006.4

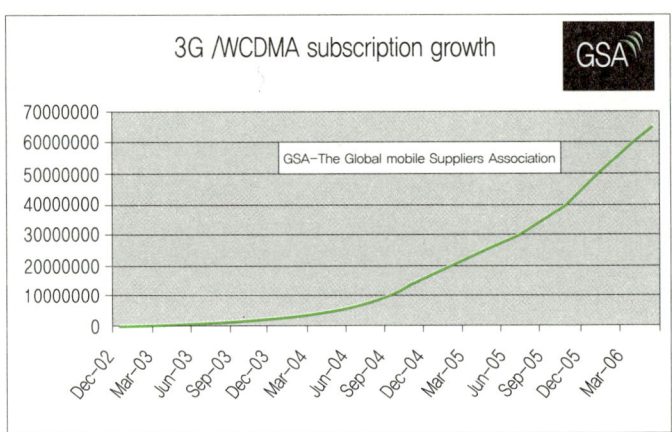

그림 4-13 ● 세계 W-CDMA 가입자 현황 (출처: www.gsacom.com(원자료: Informa), 2006년 6월)

49개국 112개 사업자가 상용 서비스를 제공 중이며, 2006년 5월 기준으로 6,500만 명의 가입자를 확보해 초기의 부진에서 벗어나 급격한 성장세를 보이고 있다.

표 4-12 ● 이동통신 서비스 시장 전망 (단위: 백만 달러)

구분	2005	2006	2007	2008	2009	2010	CAGR ('05~'10)
이동통신 서비스 시장	497,102	529,616	556,303	581,665	609,664	639,139	5.2%
전년대비 성장률(%)	−	6.5%	5.0%	4.6%	4.8%	4.8%	−
세계통신 서비스 시장	1,166,704	1,213,423	1,255,835	1,294,152	1,333,248	1,370,468	3.3%
전년대비 성장률(%)	−	4.0%	3.5%	3.1%	3.0%	2.8%	−

출처: IDC, Worldwide telecom 2006~2010 forecast, 2006년 4월.

세계 통신 서비스 시장에서 이동통신 서비스가 차지하는 비중은 2005년 43%에서 2010년 47% 수준으로 성장하고 있다. 2005년 1조 1,700억 달러를 기록한 세계 통신 서비스 시장은 매년 3.3%의 성장을 통해 2010년에는 1조 3,700억 달러의 시장을 형성할 것으로 전망하고 있고, 이동통신 서비스 시장은 2006년 5,000억 달러를 넘어서, 2010년에는 6,400억 달러 시장을 형성할 전망이다.

데이터 서비스에 대한 수요 증가와 이동통신의 세대 전환에 따라 3세대 이동통신 단말기 시장이 2005년에서 2010년까지 연평균 20.9% 성장하여, 2010년에는 전체 단말기 시장의 44%를 차지할 것으로 전망하고, W-CDMA 가입자의 지속적인 증대로, W-CDMA 단말 시장은 2005~2010년 사이 연평균 48% 성장할 것으로 전망하고 있다. 단말 기술이 발전함에 전체 단말기 시장에서 카메라 기능을 탑재한 단말기의 비중이 2004년 40.1%에서 2009년에는 73.5%까지 늘어날 전망이며, 멀티미디어형 서비스 제공 및 개인의 일정관리 기능 등을 탑재한 복합형 단말기(Smart Phone)는 연평균(2005~2009년) 36.6%의 성장을 통해 2009년에는 1억 9천만대 규모의 시장이 형성될 전망이다.

표 4-13 ● 유형별 단말기 생산량   (단위: 백만 대)

구분	2004	2005	2006	2007	2008	2009	CAGR ('05~'10)
이동통신 단말기[1]	674	779	848	914	981	1,042	7.5%
Camera Phone[2]	270 (40.1%)	456 (47.8%)	561 (57.3%)	651 (64.8%)	723 (70.2%)	781 (73.5%)	19.7%
Smart Phone[2] (복합형단말기)	22	54	89	117	151	188	36.6%

[1] Gartner Dataquest, 2005년 7월.
[2] IDC, Worldwide Mobile Phone 2005~2009 Forecast and Analysis, 2005년 4월.
※ 전체 이동통신 단말기 시장 규모는 Gartner의 데이터이며, Camera Phone과 Smart Phone 규모는 IDC의 자료를 참고

표 4-14 ● 세계 이동통신 단말기 시장구조

구분	2001	2002	2003	2004	2005
시장점유 Top 5 업체 (시장점유율)	Nokia, Motorola, Siemens, 삼성전자, Sony Ericsson (72%)	Nokia, Motorola, 삼성전자, Siemens, Sony Ericsson (75%)	Nokia, Motorola, 삼성전자, Siemens, Sony Ericcson LG전자 (73%)	Nokia, Motorola, 삼성전자, Siemens, LG전자 (72%)	Nokia, Motorola, 삼성전자, LG전자, Sony Ericsson (75%)
삼성, LG의 시장점유율	10.0%	12.9%	15.5%	18.9%	19.2%

출처: 2001년, 2005년은 IDC(2006)
2002년~2004년은 Gartner의 각 분기별 발표 자료
※ 업체 순위는 출하량 기준임

세계 이동통신 단말기 시장에서 대형 제조업체가 차지하는 시장 점유율은 지속적으로 증가하고 있다. Nokia, Motorola 등 연도별 Top 5 제조업체의 2001~2005년 시장점유율이 72%, 75%, 73%, 72%, 75%로 5년간 평균 70% 이상의 점유율을 기록하고 있으며, 단말기의 고기능화, 복합화 추세에 따른 단말 기술의 복잡도 증가는 대형제조업체 중심의 시장구조를 더욱 굳건히 하는 요인으로 작용하고 있다.

세계 이동통신 단말기 시장 Top 5 안에 우리나라 삼성전자와 LG전자가 랭크되어 있어 정말 자랑스럽다.

4.5 차세대 이동통신 기술동향

(1) 이동통신 서비스 기술

국내 기술개발 현황을 먼저 살펴보면, 서울대에서는 Pseudo GPS, GPS 신호 릴레이를 통한 실내 위치인식을 연구하고 있고, 국내 연구소인 ETRI에서는 RF+초음파 센서 네트워크를 이용한 위치인식, RFID를 이용한 위치인식, 단말 내장 카메라를 이용한 위치인식에 대한 연구를 활발히 진행 중에 있다.

국외 기술개발 현황은 Olivetti Research Lab에서 Active Badge, 적외선을 이용한 실내 측위 기술을 연구 중에 있으며, AT&T사는 Active BAT, RF와 초음파를 이용한 네트워크 기반 실내 측위 기술을 연구하고 있다. MIT에서도 Cricket, RF와 초음파를 이용한 핸드셋 기반 실내 측위 기술을 연구하고 있다. MIT 대학 홈페이지는 한 번 방문할 만하다. 세계의 신기술을 홈페이지를 통해서 직접 볼 수 있어서 좋다.

(2) 이동통신 시스템 기술

▎국내 WiBro 시스템 기술개발 현황

2006년 현재 삼성전자는 WiBro 시스템 및 단말을 KT와 SKT에 공급하고 있다.

POSDATA는 MIMO와 BF 기술이 도입된 시스템과 단말을 2006년 하반기에 출시했고, LG-Nortel은 현재 WiBro 시스템을 개발했으며 LG는 2006년 8월경 단말기를 출시했다.

KT, ETRI, 삼성은 2008년도 서비스 예정인 WiBro Evolution 시스템 개발을 목표로 현재 과제를 추진 중에 있으며, 마무리 단계이다.

▎국외 WiBro 시스템 기술개발 현황

Nortel과 Intel은 각각 기지국과 단말기를 맡아 Mobile WiMAX 기술개발을 위한 전략적 제휴를 맺은 상태이다.

Beceem/Runcom은 현재 KT 및 SKT에 WiBro 단말 모뎀 칩을 공급하고 있으며, 프랑스 Alcatel사는 현재 Mobile WiMAX 시스템을 개발 중에 있다.

NTT 도코모가 미국에 설립한 DoCoMo Capital사는 Mobile WiMAX용 칩을 개발하는 미국 Beceem Communications사에 출자하였다. 또한 TI사는 2006년 2월 27일, 모바일 WiMAX 기지국을 위한 모듈의 개발에 관한 미 Mercury Computer Systems사와의 제휴할 것을 밝혔다.

(3) 휴대 단말 기술

▌국내 지능형 단말 기술개발 현황

유선 망 연동을 위한 IPv6 기반의 다양한 단말 및 장비들이 개발되고 있으며 휴대 단말을 위한 IPv6 스택 기술을 개발 중에 있다. IPv6를 탑재하는 휴대 단말 플랫폼에 대한 연구를 계획하고 있고, 휴대 단말을 위한 멀티미디어 브라우저 기술들이 출시되어 있다.

저전력 SoC 및 인터페이스 기술이 휴대 단말의 주요 요소기술로 부각되고 있고, 음성 인식 시스템의 성능개선, 지문 및 홍채 인식률 향상을 위한 기술이 활발히 연구되고 있다. 그리고 기본적인 음성인식 명령을 처리할 수 있는 휴대 단말이 출시되어 있다.

▌국외 WiBro 시스템 기술

유선 망을 위한 IPv6 단말 및 장비들의 개발에 비해 휴대 단말을 위한 IPv6 기술은 실험적인 수준이고, 통신, 방송, 정보 융합형 복합 단말기가 스마트폰 형태로 개발되고 있다.

휴대단말에 유선 망의 다양한 멀티미디어 콘텐츠 활용을 위한 브라우저 기술로 Web 2.0 Browsing 기술이 도입되고 있다.

이동 단말과 방송 기술 및 웹 기술은 뒷부분에서 자세히 다룰 예정이다.

참고문헌

[1] 정보통신부, 정보통신연구진흥원 "IT839 전략기술개발 Master Plan 기획보고서(차세대 이동통신)," 2006.3.

[2] OVUM, "Technology Split", 2006.4.

[3] OVUM, "Devices", 2006.5.

[4] IDC, "Worldwide telecom 2006-2010 forecast", 2006.4.

[5] IDC, "Worldwide Mobile Phone 2005-2009 Forecast and Analysis", 2005.4.

[6] IDC, "Korea WLAN Service and Equipment 2005-2009 Forecast and Analysis: 2004 Year-End Review", 2005.4.

[7] IDC, "Korea Telecom Equipment 2005-2009 Forecast Update, 2006.3.

[8] IDC, "Korea ICT 2006-2010 Forecast Update: 2005 Year-End Review", 2006.4.

[9] Gartner, "Forecast Mobile Network Infrastructure 2004-2009", 2005.7.

[10] Gartner, "Forecast: Wireless LAN Equipment, Worldwide, 2002-2009", 2005.1.

[11] In-Stat, "Riding the Growth Curve: Annual Mobile Handset Forecast", 2004.7.

[12] 2005 SDR Forum by Jim Gunn Consultancy, "SDR Market Opportunity: Terminals and Infrastructure", 2005.9.

[13] www.gsacom.com, "3G/WCDMA subscription growth", 2006.6.

[14] 정보통신부, 정보통신연구진흥원, "2006년도 정보통신 기술수준 조사보고서", 2006.7.

[15] 특허청, "차세대 이동통신기술 특허분석(WiBro 기술)", 2005.12.

유비쿼터스 환경의 RFID/USN

CHAPTER

05

유비쿼터스 환경이라면 컴퓨터의 본체에서부터 일상의 물건들까지 모두 연결하여 사용이 가능할 것이다. 또한 이러한 기반 기술을 이용하여 새로운 수준의 스마트 서비스와 상거래를 자유롭게 할 것이다. 이 개념을 실현시켜 줄 수 있는 핵심이 바로 RFID/USN이다. 이 장에서는 RFID와 USN의 기본 개념과 핵심 기술에 대해 알아본다.

5.1 RFID/USN 개요
5.2 RFID/USN 기술
5.3 RFID/USN 시장동향
5.4 RFID/USN 기술동향
5.5 RFID/USN 정책동향

5.1 RFID/USN 개요

(1) RFID/USN 개념

RFID(Radio Frequency Identification)/USN(Ubiquitous Sensor Network)은 모든 사물에 부착된 RFID 태그 또는 센서를 초소형 무선장치에 접목하여 이들 간의 네트워킹과 통신으로 실시간으로 정보를 획득, 처리, 활용하는 네트워크 시스템이다. 유비쿼터스의 핵심이라고 해도 과언이 아니다.

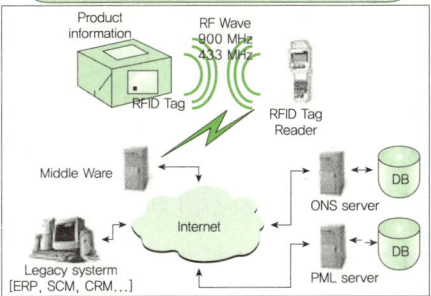

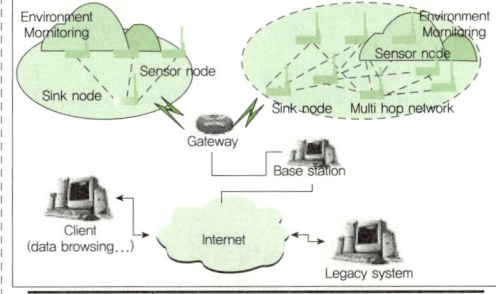

그림 5-1 ● RFID & USN 개요

RFID/USN은 어느 곳에나 부착된 태그와 센서 노드로부터 사물 및 환경 정보를 감지·저장·가공·통합하고 상황 인식 정보 및 지식 콘텐츠 생성을 통하여 언제, 어디서, 누구나 원하는 맞춤형 지식 서비스를 자유로이 이용할 수 있는 첨단 지능형 사회의 기반 인프라이다. 여기서 발전하여 RFID/USN에서는 사물의 이력정보뿐만 아니라 사물을 둘러싸고 변화하는 물리 환경계의 다양한 정보를 획득하여 생산성, 안전성 및 인간 생활수준의 고도화를 실현하는 것을 목표로 하고 있다.

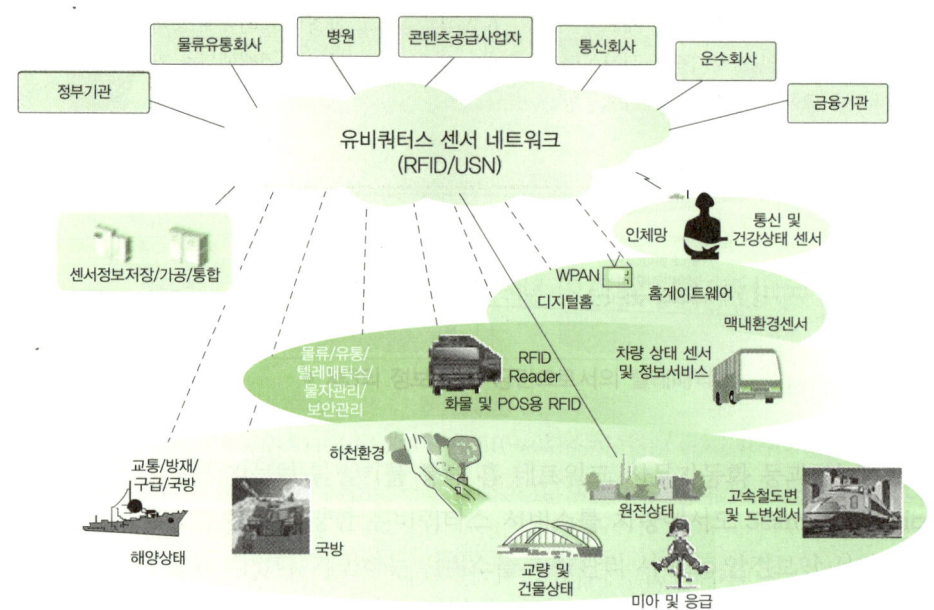

그림 5-2 ● USN 개념

RFID/USN 기술은 기존의 사람 중심에서 사물까지 정보화의 지평을 확대하는 새로운 패러다임의 유비쿼터스 IT 기술인 것이다. RFID/USN은 먼저 인식정보를 제공하는 RFID를 중심으로 발전하고 이에 Sensing 기능이 추가되어 이들 간의 네트워크가 구축되는 USN 형태로 발전하고 있다.

(2) RFID/USN 용어 정의

 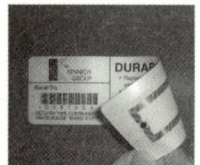

• RFID 태그: 사물의 유일 식별 코드나 정보를 저장하여 리더의 요청에 의하거나 또는 상황에 따라 외부에 자신의 정보를 리더로 전송하는 장치이다. 태그 종류로는 전지가 없는 수동형 태그부터 박막의 전지 및 트랜시버를 갖춘

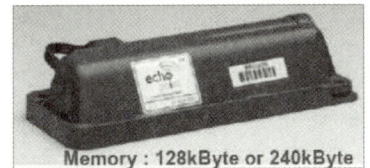

Memory : 128kByte or 240kByte

능동형 태그까지 다양하다. 특히 능동형 태그는 SAL(Smart Active Label)이라고 부른다. 이 태그는 기존 수동형 RFID 태그에 센서와 배터리를 부가한 배터리 지원 센서 태그이다.

- RFID 리더: 사물에 부착된 태그의 정보를 인식한 후, 수집된 정보를 미들웨어에 제공하는 장치이다. 태그와 리더는 라디오 주파수를 통해 정보를 전달하게 된다.

- 센서: 물리 또는 환경계의 현상을 정량적으로 측정하는 소자이다. 반도체 기술을 바탕으로 하는 MEMS(Microelectromechanical Systems)[1] 기술이 기존의 기계식 센서를 일괄생산할 수 있는 공정이 가능한 초소형, 초경량 전자식 반도체 센서로 대체되고 있다. USN의 다양한 응용 영역에 따라 조도, 열, 습도, 가속도/지진강도, 음향, 지자기, 위치 등과 같은 다양한 센서를 통합하여 사용하고 있다.

- 센서 노드: 환경, 물리계에서 센싱된 정보 또는 센서에 관련된 특정 이벤트를 유무선통신 기술 기반으로 하여 전달하거나 컴퓨팅을 수행하는 센서, 프로세서, 통신소자, 전지 등으로 구성되는 시스템이다. 데이터 처리, 통신경로 설정, 미들웨어 처리 등을 수행하며, 하드웨어/소프트웨어적 역량 면에서 다양한 등급으로 정의될 수 있다.

- 싱크 노드: 감지된 센싱 정보를 취합하거나, 이벤트 성질의 데이터를 센서 네트워크 외부로 연계하고 관련 센서 네트워크를 관리하는 시스템으로 '베이스 스테이션'으로 불리기도 하며, 대체로 하드웨어/소프트웨어적으로 센서 노드보다 역량

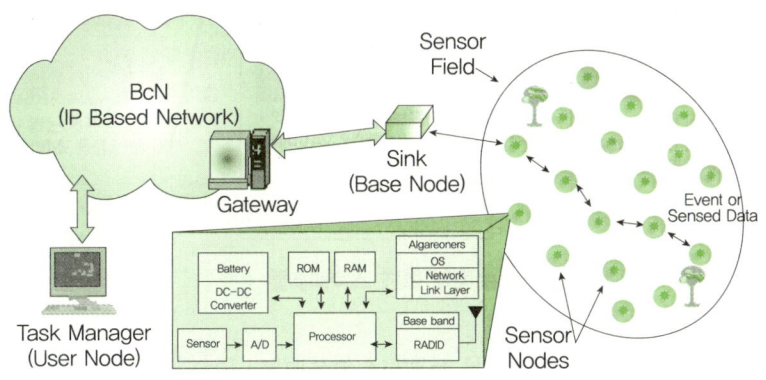

그림 5-3 ● 센서 노드, 싱크 노드, USN 게이트웨이

---

[1] MEMS는 미세 기술로서 기계 부품, 센서, 액츄에이터, 전자 회로를 하나의 실리콘 기판 위에 집적화 한 장치를 가리킨다. 주로 반도체 집적회로 제작 기술을 이용해 제작되지만 반도체 집적회로에서 평면을 가공하는 프로세스로 제작할 때 입체 형상을 만들어야 하므로 반도체 집적회로의 제작에는 쓰이지 않는다. 에칭이라 불리는 제작 프로세스가 포함된다.

현재 제품으로서 시판되고 있는 것으로는 잉크젯 프린터의 헤드, 압력 센서, 가속도 센서, 자이로스코프, 프로젝터 등이 있다. 응용 분야가 다방면에 걸쳐 있기 때문에 시장 규모가 확대되고 있다. 이 때문에 제2의 DRAM이라고도 말하고 있다.

이 큰 시스템을 뜻한다.

- USN 게이트웨이: IP 기반으로 액세스할 수 있는 다양한 네트워크(LAN, WLAN, CDMA, WiBro 등)를 통하여 USN 서비스를 제공할 수 있도록 IP 기반 네트워크와 센서 네트워크를 연계하는 시스템으로, 싱크 노드와 기존의 서비스 네트워크 사이에 위치하며 필요에 따라 싱크 노드가 게이트웨이 내에 구현되기도 한다.

- 센서 네트워킹: 센서 네트워크를 형성하는 다수의 센서 노드들과 싱크 노드, 센서 게이트웨이로 형성되는 자가 구성된 네트워크로서 크게 센서 노드들과 싱크(Sink) 노드 간의 네트워크 형성과 싱크 노드와 센서 게이트웨이 간의 네트워크 형성으로 크게 구분된다.

- 센서 네트워크 미들웨어: 다양한 센서 응용 소프트웨어와 운영체제 및 네트워크 기능 사이에 존재하며, 유지/보수, 설치/배포, 응용 수행에 필요한 제반 사항을 지원하는 소프트웨어이다. 센서 네트워크 미들웨어 기능은 다양하다. 먼저 센서 노드 및 싱크 노드에 탑재되어 센서 네트워크의 프로그램 갱신을 담당하고, 응용 변화에 따른 프로그래밍 조정, 전력 관리 등의 센서 네트워크의 변화 및 센서 노드와 싱크 노드에서 센싱되는 센서 데이터에 대한 데이터베이스(Sensor DB)을 가지고 있다. 이 데이터베이스 시스템을 이용해서 데이터 보관 관리, 다양한 응용에 적합한 데이터 운용, 처리(데이터 융합, Aggregation) 기능과 데이터 융합과 저전력 소모의 통신을 위한 클러스터링 기능을 수행한다.

표 5-1 ● RFID/USN 기술 분류

항목	소분류	요소기술
RFID 기술	태그	안테나 및 RF 기술
		SAL(smart active label) 기술
	리더	저전력 모뎀 기술
		간섭회피 기술
	RFID 데이터 이벤트 처리 기술 RFID 미들웨어	(RFID 데이터 처리 기술(ALE 표준))
		객체정보 관리 기술
	모바일 RFID	모바일 리더 SoC 칩
		모바일 기기 연동 기술
		내장형 안테나
센서 네트워크	센서네트워크 노드 (센서/싱크/USN 게이트웨이)	센서 기술
		초소형 운영체제 기술
		SiP/SoC 기술
		센싱 정보 전달망 엑세스 기술
		TCP/IPv6 적용 기술
	센서 네트워킹	저전력 기술
		네트워크 동기 기술
		Self-organizing 기술
		저전력 네트워킹 기술

(계속)

표 5-1 ● RFID/USN 기술 분류(계속)

항목	소분류	요소기술
USN 플랫폼	센서 정보 통합 관리	센서 데이터 처리 기술
		센서 이벤트 처리 기술
	상황 인식(Context Aware)	상황 정보 관리 기술
		상황 정보 추론 기술
		상황 정보 학습 기술
	지능화 요소 기술	지능형 에이전트 기술
		자율화 기술
	개방형 상호 운용 기술	응용 동적 (재)구성 기술
		서비스 관리 기술
		서비스 검색 기술
		상황 정보 상호 운용 기술
	USN 네트워크 운용 기술	센서네트워크 노드 관리 기술
		망 연동 기술

5.2 RFID/USN 기술

RFID/USN의 기술을 분류하면 RFID 기술, 센서 네트워크 기술, 그리고 USN 플랫폼 기술로 분류할 수 있다. 세부 기술 분류는 다음과 같다.

위의 분류에 RFID 기술 보안, 센서 네트워크 보안, USN 플랫폼 보안 부분이 각각 포함되어야 하는데, 보안 기술은 태그와 리더, 미들웨어, RFID 응용 서비스, 모바일 RFID 등의 RFID 구성 요소 및 RFID 응용 환경에 적합한 암호화 및 인증, 키 관리, 프라이버시 보호 등을 통하여 안전하고 신뢰성 있는 RFID 서비스를 가능하게 하는 기술로서 유비쿼터스 정보 보호 부분에서 자세히 다룰 예정이어서 기술 분류에서는 제외시켰다.

(1) RFID 기술

RFID 기본 기술

RFID 기술은 태그에 내장된 정보를 무선주파수를 이용하여 리더가 비접촉식으로 읽어내는 기술이 있다. RFID 태그와 리더는 앞 절의 용어정리 부분을 참고하고, RFID의 구성 요소에 따른 RFID 동작 원리는 그림 5-4와 같다.

다음은 RFID 미들웨어를 살펴보자.

미들웨어는 RFID 리더에서 수집된 정보를 처리하여 비즈니스 어플리케이션에 연계시키며, 리더에 대한 제어 및 모니터링 기능, 데이터 이벤트 처리 기능, ID와 사물 정보 관리 기능을 제공하게 된다.

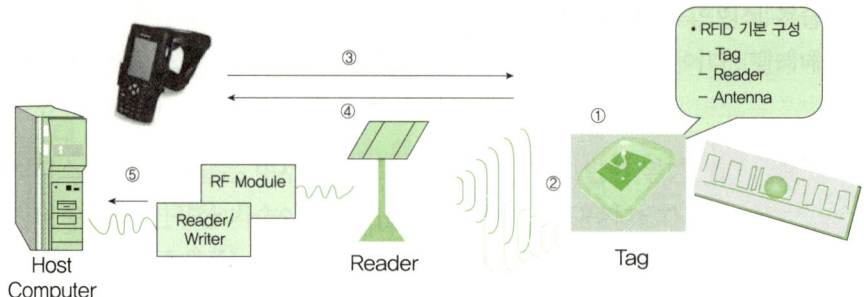

그림 5-4 ● RFID 구성도

RFID 동작순서

1. Reader/Writer 기기를 통해 태그의 메모리에 정보를 저장
2. 안테나 전파 영역 내에 태그를 진입
3. Passive RFID인 경우 태그 칩에 전원을 공급
4. 태그의 메모리에 저장된 정보를 Reader에 전송
5. Reader는 정보 처리 시스템인 호스트 컴퓨터에 전달

모바일 RFID 기술은 UHF 대역의 RFID 리더를 모바일 휴대형 통신기기에 내장시켜 연동하고, 이동통신 네트워크를 이용하여 사물에 부착된 태그를 통하여 콘텐츠 및 서비스를 제공하는 기술이다.

무선 주파수 대역은 다음과 같다.

표 5-2 ● RF 주파수 대역별 분류

전파종류	주파수 대역	전파방식	적용분야
VLF	3 KHz~30 KHz	지표면 전파	장거리 무선항해, 해저통신
LF	30 KHz~300 KHz		장거리 무선항해, 항해위치 확인기
MF	300 KHz~3 MHz	대류권 전파	AM라디오, 긴급구조주파수
HF	3 MHz~30 MHz	전리층 전파	아마추어라디오, 군사통신, 장거리 항공기
VHF	30 MHz~300 MHz	가시거리 전파	VHF 텔레비전, 이동전화, 셀 방식라디오
UHF	300 MHz~3 GHz		UHF 텔레비전, 이동전화, 위성 마이크로파, 레이더통신
SHF	3 GHz~30 GHz	우주공간 전파	지상 마이크로파, 위성 마이크로파, 레이더통신
EHF	30 GHz~300 GHz		레이더, 위성통신

무선 주파수 대역이 처음에는 복잡해 보일지 모르나, 종류의 풀네임을 보면 쉽게 이해할 수 있다. 우선 LF(Low Frequency), MF(Medium Frequency), HF(High Frequency) 3가지로 저주파, 중주파, 고주파로 분류된다. 이를 다시 세분화하여 Very, Ultra, Super,

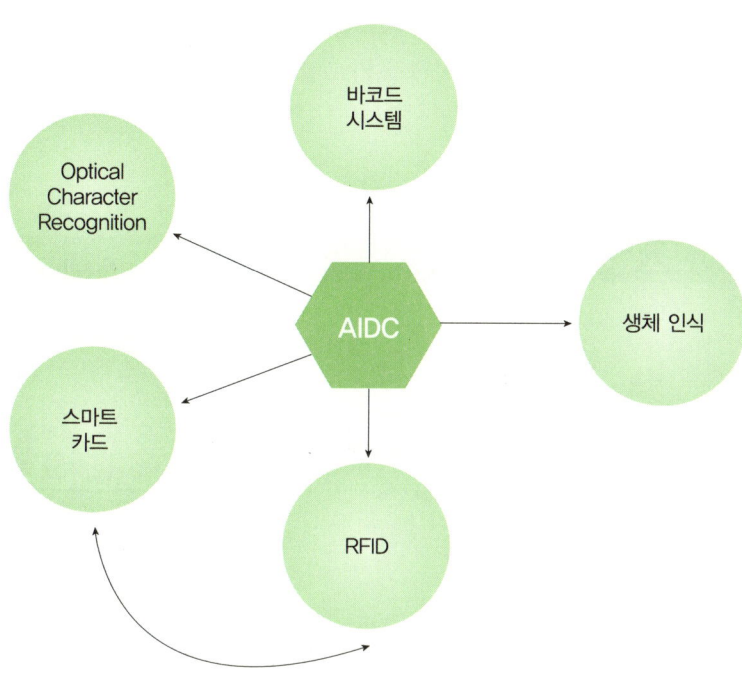

그림 5-5 ● 자동 식별 및 데이터 수집 기술

Extremely로 표현한 것이다. 주로 실생활에서 이용되는 주파수 대역은 VHF와 UHF를 사용한다. 자동 식별 및 데이터 수집 기술은 여러 가지가 있는데, 기존의 바코드, 스마트카드(smart cards)처럼 특정 매체가 담고 있는 정보를 자동으로 식별하여 데이터 수집(AIDC: Automatic Identification and Data Capture)을 목적으로 사용되는 경우도 있다.

그림 5-5에서 보는 바와 같이 AIDC는 자동으로 개체를 식별하고 데이터를 수집하여, 시스템에 직접 데이터를 전하는 기술을 말한다. 일반적으로 AIDC 기술에는 바코드 시스템, RFID, 광학 문자 인식 시스템, 스마트카드 등이 포함된다.

여기서 RFID와 스마트카드는 대체 기술이기도 하다. 이뿐만 아니라, AIDC 기술은 생체 인식 시스템에서도 사용되는데 지문, 홍채, 또는 음성과 같은 특성을 식별하기도 한다. 생체 인식에 대해서는 정보 보호 부분에서 다루도록 하겠다.

▌ 스마트카드

스마트카드는 마이크로 프로세서, 카드 운영 체제, 보안 모듈, 메모리 등을 갖추고, 특정 트랜잭션을 처리할 수 있는 능력을 가진 칩을 내장한 신용카드 크기의 플라스틱카드이다. 기능으로는 저장매체로서의 기능, 디지털 서명 인증, 그리고 데이터 보호 역할을 하는 컴퓨터의 역할도 수행한다. 카드의 접점이 인터페이스 장치의 접점에 접촉됨으로써 카드가 활성화되는 형태인 접촉식 카드와 카드 내의 칩을 구동하기 위한 전원 공급이 카드 내의 코일의 전자 결합을 통해 이루어지는 전자 유도 방식의 비접촉식 카드가 있다. 정보 처리 기능에 필요한 연산 소자의 기억소자는 접촉식 카드나 비접촉식 카드 모두 동일하다. 또 하나의 카드 내에서 접촉/비접촉식 카드가 공유할 수 있는 부분들을 상호 공유하는 화학적 결합 형태의 카드인 콤비카드도 있다. 그 기능과 특징을 비교하면 다음과 같다.

표 5-3 ● 스마트카드

인터페이스	CPU 유무	명칭	특징	응용 분야
접촉식	있음	스마트	보안성이 강함	전자화폐, 직불카드, 신용카드, 신분증, 인터넷 인증
	없음	메모리, 더미		공중전화카드 은행카드, 신용카드
비접촉식	있음	스마트	편의성, 신속성이 장점	교통, 출입 통제 등
	없음	메모리, 더미		교통, 출입 통제 등

자기카드

자기카드는 카드 모양처럼 생긴 정보 매체로서 플라스틱판 위에 자기 띠(magnetic stripe)가 붙어 있는 것과 전화 카드와 같이 자기 기록층을 얇은 피막으로 형성한 것이 있다. 자기카드의 크기는 54 × 86 mm, 두께는 0.76 mm 정도이며 기억 용량은 수십 바이트로 그다지 크지 않지만 재기록이 가능하고 가격이 저렴하여 현재 은행카드, 신용카드로 가장 많이 사용된다. 자기카드의 자기 띠에는 부호 번호와 암호 번호 등을 기록하여 카드 소유자를 식별한다. 현금카드나 신용카드에는 소유자의 속성 외에 발행자 부호가 포함되는데 발행자 부호는 국제 표준화 기구(ISO)의 위촉에 따라 미국은행 협회(ABA)가 국제적으로 관리하고 있다. 자기 띠가 붙어 있는 자기 통장, 자기 원장 등은 자기카드를 응용한 것이다. 요금 선불 방식의 선불카드로는 전화카드 외에 신용카드보다 얇은 철도 정기 승차권이나 보통 승차권 등이 있다.

바코드

바코드는 1차원 바코드, 2차원 바코드, 3차원 바코드로 나뉜다.

먼저 1차원 바코드는 흔히 우리가 알고 있고 볼 수 있는 것으로 검은 막대인 바와 흰색 막대인 스페이스의 조합 및 배열로 숫자, 문자를 표현하는 가로 방향의 선형 코드이다.

그림 5-6 ● 1차원 바코드

물품의 다종화, 국제 무역의 활성화, 그리고 소매 유통의 활성화로 바코드가 등장하게 되었다. 기술적인 특징으로는 검은 바와 흰 공간의 연속으로 바와 스페이스를 특정 두께와 폭으로 배역이 가능하다. 하지만 가로 방향으로만 정보를 저장하기 때문에 저장 용량의 제한이 있다. 그래도 빠른 판독과 정확성 때문에 아직도 소매용 상품 유통에서는 인기가 좋다. 1차원 바코드의 정보 표현 제약성과 기밀성 부족의 단점을 보완하여 2차원 바코드가 등장하게 된다.

2차원 바코드는 X방향, Y방향의 양방향으로 정보를 배열시켜 평면화시킨 점자식 또는 모자이크식 인식 코드이다.

그림 5-7 ● 2차원 바코드

데이터 저장 용량이 큰 PDF417, 빠른 인식이 장점인 MaxiCode, 2차원 바코드의 장점만을 모아 만든 QR code 등 다양하다. 2차원 바코드는 정방향의 동일한 폭의 흑백 요소를 모자이크 식으로 배열하여 데이터를 구성한 체크무늬 형태를 띠며, 해독하는 스캐너는 각 정방향의 요소가 검은지, 흰지를 식별해 내고, 이 흑백 요소를 데이터 비트로 삼아 조합하여 문자를 구성한다.

2차원 바코드의 특징은 작은 사각형 안에 2차원 형태의 심볼로 코드화가 가능하고, 문자, 숫자, 이미지, 음성, 지문, 서명 등 다양한 형태의 정보 저장이 가능하다. 또 에러가 발생하면, 에러 복구가 가능하고 보안에도 뛰어나다. 따라서 전자 서명 값을 넣을 경우, 모바일 커머스나 종이 문서 암호화가 가능하다.

표 5-4에 RFID, 자기카드, 바코드 기술들을 비교해 보았다.

표 5-4 ● 대체기술과의 비교표

항목	RFID	자기카드	바코드
인식 방법	비접촉	접촉	비접촉
거리	수십 m	접촉	수십 cm
인식 속도	1 s 이내	수 초	수 초
투과력	투과 가능	불가	불가
데이터	64 Kbtye	수백 byte	100 byte
인식률	99% 이상	95% 정도	95% 정도
수명	반영구적	훼손 쉬움	훼손 쉬움

표 5-4에서도 알 수 있듯이 RFID 태그는 라디오 주파수의 특성에 의해 인식거리도 길고 동시에 다수의 태그 인식이 가능하며 데이터 변경과 추가가 자유롭다는 장점을 가지고 있어 RFID 태그가 점차 소형화 · 저가격화할 것으로 예상되면서, 사물 인식 및 응용 환경에 대한 적용 가능성을 높이고 있다.

(2) 센서 네트워크 기술

센서 네트워크 기술은 센서 등을 통해 얻은 사물 · 공간 정보를 USN 미들웨어에 제공하고 이를 광대역통합망(BcN)에 연동하는 기술을 의미한다.
구성 요소로는 센서 노드, 싱크 노드, USN 게이트웨이, 센서 네트워크 미들웨어가 있다.

(3) USN 플랫폼 기술

센서 네트워크와 애플리케이션 중간에 위치하여, 광역적으로 배치된 이기종 센서 네트워크(RFID 장치 포함)로부터 수집한 대량의 센싱 데이터를 통합 처리하고 이로부터 실시간 상황정보를 인식하여 적합한 서비스를 제공하며, 센서 네트워크를 최적의 상태로 유지 · 관리하고, 센서 네트워크 및 서비스 간의 상호 연동을 지원하는 기술이다.

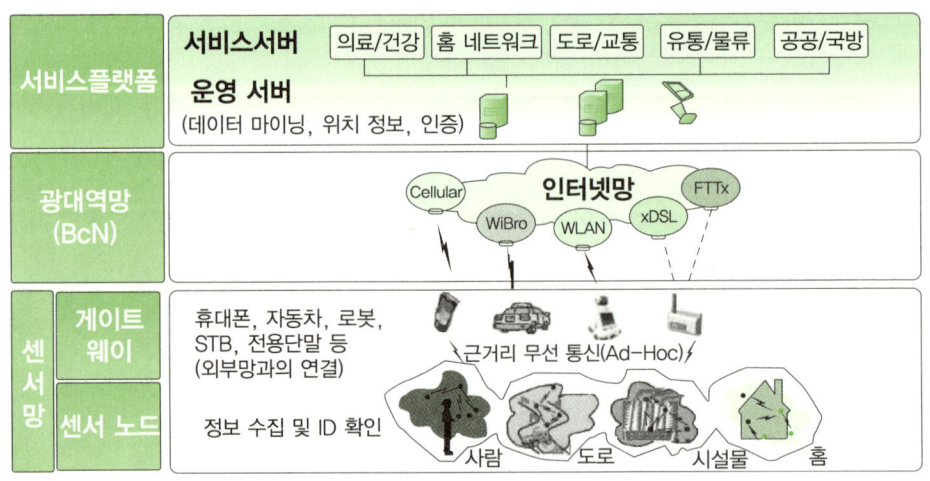

그림 5-8 ● USN 서비스 플랫폼과 센서 네트워크 구성도 (출처: 유비쿼터스 IT 기술 및 산업 전망, 삼성전자)

플랫폼은 센서 정보를 통합 관리하고, 상황 인식 및 지능화된 요소 기술을 가지고 있다. 먼저 센서 정보 통합 관리는 그림에서도 볼 수 있듯이 다양한 이기종 센서 네트워크로부터 수집된 대량의 실시간 센서 데이터를 통합 처리하여 저장하고, 질의 처리 및 정보 분석을 수행하게 된다.

여기에 지능화 요소 기술로는 지능적 연계 서비스를 제공하고 자율적 데이터를 처리할 수 있는 기능과 플랫폼 자체의 가용성 및 신뢰성을 향상시킬 수 있도록 상황에 따라 사용자의 요구 사항을 만족하는 최적의 서비스를 제공하기 위한 지능형 협동 분산 처리 플랫폼을 제공하게 된다.

5.3   RFID/USN 시장동향

(1) RFID 기술(태그/리더/미들웨어) 시장

국내 기업의 제품 및 서비스 현황을 먼저 살펴보면 2004년, 2005년 조달, 국방, 통일, 환경 등 12개 RFID 시범사업이 진행되었고, 2006년 국방, 환경, 통일부, 해수부의 4개의 본 사업이 진행되고 있다.

국외 기업의 제품 및 서비스 현황은 Wal-Mart에서 2005년 1월부터 100대 기업에 적용 후 16% 재고 품절 감소 효과를 보았다고 하고, 2006년 1월부터 300대 기업으로 확대하였고, 2007년 총 600대 기업으로 확대하였다.

미국 국방부는 2005년 이후 납품받는 신규 물품에 RFID 태그 부착의 의무화를 발표함에 따라 이와 관련된 국내 수출업체는 RFID 사용에 큰 영향을 받으며 시장 판도에 영향을 미칠 것으로 전망된다.

(2) 모바일 RFID 기술 시장

국내 기업의 제품 및 서비스 현황을 살펴보면, ETRI는 모바일 RFID 환경에서의 프라이버시 보호 기술을 개발하여 응용 서비스와 연동을 추진하고 있고, 2006년 10월 SKT 및 KTF를 중심으로 2007년 본 사업을 목표로 모바일 RFID 시범사업을 위한 서비스를 준비하고 있다.

KTF의 경우 U-Commerce, U-station, U-School, U-Information 등의 모바일 RFID 시범 서비스의 기획 및 추진을 통하여 5개 이상의 상용 서비스를 개발하여, 1개 이상의 공공서비스 개발 및 10만 개 이상의 태그 수요를 준비하고 있으며, SKT의 경우 모바일 RFID 시범 사업에서 택시 안심 서비스, 의약품 진품확인 서비스, 관광 정보 안내 서비스, 식품이력 제공 서비스, 대관령 한우 원산지 조회 서비스, U-Portal 서비스 등을 추진 중에 있다.

국외기업은 인피지를 주축으로 Gen 2 기반 RFID 태그, 리더 및 미들웨어 제품을 공급 중에 있다.

TI, Philips, Broadcom, Infineon 등 해외 시스템 업체가 UHF 모바일 RFID 리더 칩을 개발하고 있으며, 노키아, 모토로라 등에서 13.56 MHz의 NFC(Near Field Communication)를 바탕으로 모바일 RFID 기술 기반 휴대 전화기 개발을 진행 중에 있다.

(3) RFID 세계 시장 전망

RFID/USN의 전체 세계 시장은 2006년 47.18억 달러 규모에서 수동형 RFID의 본격적인 이용확산, 능동형 및 USN 기술의 발전과 도입에 따라 2012년에 총 409억 달러에 이를 전망이다. 미국의 법적 조치 및 Wal-mart 등 대형 이용업체의 수요 증가로 RFID 시장이 미국 유럽 시장을 중심으로 활성화되고 있으나, 생산기반은 점차 급격한 성장을 보이는 중국, 한국, 일본의 동아시아 지역으로 이동하는 중이다.

응용분야는 초기의 물류 분야로부터 점차 세분화되어 의약품, 교통, 우편, 육/해상물류, 농축수산물, 상거래 부문으로 확대될 전망이다.

RFID 태그 시장은 2006년 능동형 2.3억달러, 수동형 10.5억 달러의 총 12.8억 달러 시장에서 연평균 36%로 성장하여 2012년 능동형 16.9억 달러, 수동형 64.1억 달러, 총 81억 달러의 시장을 형성할 전망이다.

시스템 시장은 2006년 능동형이 3.19억 달러, 수동형이 11.7억 달러 등 총 14.9억 달러 시장에서 2012년 78.9억 달러로 성장할 전망이다.

표 5-4 ● 세계 능동형, 수동형 RFID 시장 전망

단위: 억 달러, %

구분		2006	2007	2008	2009	2010	2011	2012	CAGR
능동형	태그	2.3	3.3	5.9	7.6	11.4	16.1	16.9	39.43
	시스템	3.19	5.6	8.96	13.47	20.11	26.36	30.91	46.01
	소계	5.48	8.88	14.81	21.03	31.53	42.43	47.77	43.46
수동형	태그	10.5	15.3	23.2	34.2	43.8	51.6	64.1	35.19
	리더	11.7	17.9	28	36.9	47	55.5	64.4	32.88
	소계	22.2	33.2	51.2	71.1	90.8	107.1	128.5	34.0

출처: IDTechEx, RFID Forcasts, Players & Opportunities 2006~2016, 2006. 05.

RFID/USN의 어플리케이션/서비스 시장은 초반 임베디드 소프트웨어로 펌웨어나 미들웨어에 중점 투자되다가, 2008년 이후 미들웨어, 어플리케이션 관리, 데이터베이스 및 통신 기능이 증가하여 후반으로 갈수록 증가율이 커질 전망이다.

능동형 RFID 및 USN 시장은 능동형 RFID, 센서 노드가 WiFI, Zigbee, DSRC, Bluetooth 등 저출력 통신장비와 결합하여 새로운 시장을 창출하여 2009~2010년 무렵부터 본격적으로 고성장추세에 돌입할 전망이다.

(4) RFID/USN 국내 시장 전망

RFID/USN의 국내 시장 규모는 2008년에 10억 달러(1000원/달러 기준)를 돌파하여 2012년 51.8억 달러에 이를 전망이다.

수동형 RFID는 2007년 3.3억 달러에서 꾸준히 성장하여 2010년 8.9억 달러에 이를 것으

로 전망되고, 능동형 RFID와 USN 시장은 시범 서비스를 거쳐 2008년부터 서비스 도입
이 본격화될 것으로 예상되며, 2010년부터는 본격적인 시장을 형성하여 2012년 각각 3.9
억 달러, 5.2억 달러(1000원/달러 기준)의 시장을 형성할 것으로 전망된다.

표 5-5 ● 국내외 RFID/USN 시장전망
단위: 억 달러, %

구분			2006	2007	2008	2009	2010	2011	2012	CAGR
	서비스	세계	11.68	18.74	28.26	47.74	67.97	87.77	111.64	45.68
		국내	1.872	2.77	3.79	6.30	10.07	15.24	20.80	49.41
	SW	세계	4.09	6.70	10.03	16.85	23.99	30.98	39.40	45.87
		국내	0.684	1.013	1.384	2.301	3.681	5.571	7.592	49.49
HW	수동형 RFID	세계	22.2	33.2	51.2	71.1	90.8	107.1	128.5	34.0
		국내	1.985	3.314	4.820	6.700	8.950	11.504	14.216	38.78
	능동형 RFID	세계	5.48	8.88	14.81	21.03	31.53	42.43	47.77	43.46
		국내	–	–	0.078	0.805	1.677	2.716	3.940	69.44
	USN	세계	3.72	7.45	13.97	26.07	41.90	58.66	82.12	67.49
		국내	–	–	0.053	0.675	1.582	3.366	5.236	97.52
	소계	세계	31.40	49.52	79.98	118.20	164.23	208.19	258.39	42.09
		국내	1.985	3.314	4.951	8.179	12.208	17.586	23.392	50.79
전체(합계)		세계	47.18	74.97	118.27	182.79	256.19	326.93	409.43	43.35
		국내	4.541	7.098	10.122	16.778	25.963	38.400	51.759	50.02

출처: HW: RFID(수동형, 능동형): IDTechEx, RFID Forcasts, Players & Opportunities 2006~2016, 2006. 05, USN:
Fuji-Kezai USA, Comprehensive Analysis of Wireless Sensor Systems Market, 2006. 04. 결과를 이용하여 추정 서
비스, SW: VDC, The RFID Over View, Aug 2005를 이용 추정
국내 시장: 2006년 데이터로 산업실태조사결과를 이용하여 분야별, 연도별 예측, 한국 RFID/USN 협회, 국내 USN 기반 응용
서비스 산업 실태조사, 2005. 12.

종합적으로 USN 발전 전망을 그림으로 표현해 보았다.

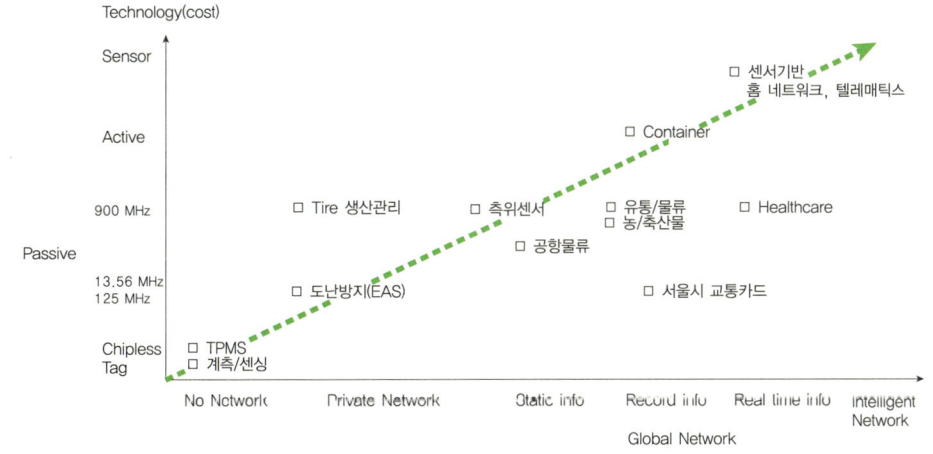

그림 5-9 ● USN 발전 전망도

5.4 RFID/USN 기술동향

(1) RFID 기술(태그/리더/미들웨어/보안)

국내 기술개발 현황은 2006년 기존의 RFID 시범사업을 확장하여 4개 분야(국방, 환경, 통일, 해수부)의 본 사업이 진행되고 있다.

국가연구기관인 ETRI에서는 ISO 18000-7 기반 433MHz 능동형 태그/리더 제품을 개발하였고, 국방부 및 해수부 본 사업에 적용 추진 중에 있다.

태그 안테나 기술이 상용화되어 국내 시범사업 및 본사업에 적용되고 있고, 세계 최초로 물, 화학약품 등과 같이 액체 속에서도 무선 인식 기능을 발휘할 수 있는 '리퀴드(액체) 태그'가 국내 업체에 의해 개발되어 RFID 기술의 청신호를 보였다.

또 생산기술연구원에서는 지능형 로봇을 실현화하기 위하여 RFID 리더를 로봇에 장착하고 태그를 인식하는 형태로 스스로 위치를 인식하는 지능형 로봇을 연구하고 있다.

국외 기술개발 현황은 RFID Alliance Lab에서는 각종 리더와 태그를 테스트할 수 있는 방안을 제시하는데 Dense 리더 환경이나 태그 인식각도, 거리 등을 테스트하고 있고, IBM, SAP, Oracle, Sun 등 대형 IT 업체를 중심으로 RFID 미들웨어 솔루션을 상용화 중에 있다.

한편 캔사스 대학의 ITTC에서는 금속과 액체에 대응할 수 있는 태그를 연구 중에 있다.

5.5 RFID/USN 정책동향

(1) RFID 기술분야

▌ **한국**

우리나라의 경우 u-Korea 비전과 세계적인 RFID/USN 기술을 확보하여 세계 시장을 선점하고자 하는 IT839[2] 정책에 따라 RFID/USN에 대한 관심도가 사회 전반적으로 증대하고 있으며, RFID 기기를 차세대 성장동력 사업으로 선정하는 등 u-IT 839로 기존의 IT839 정책을 보다 RFID/USN 위주로 발전시키고 있다. 국내는 정부 주도로 연구개발, 표준화, 시범사업, 본 사업 및 u-IT 클러스터 구축 사업을 추진하고 있으며, 모바일 RFID에 대한 시범 서비스를 SKT와 KTF를 주축으로 2006년 10월부터 추진하였고, 2007년부터 서비스 상용화를 추진하고 있다.

---

[2] 정보통신부에서 발표한 대한민국의 국민 소득을 2만 달러로 올리기 위해 IT 산업 분야의 신성장 동력을 뒷받침하기 위한 전략으로 8은 '8대 신규 서비스', 3은 '3대 첨단 인프라', 그리고 9는 IT부분의 '9개 신성장 동력'을 뜻한다.

미국

EPC(Electronic Product Code)[3] Global과 AutoID센터에서 EPC 클래스 3, 4, 5 태그 및 센서 노드의 사양에 대한 연구개발이 착수되고 있으며 이에 따라 기존 EPC 네트워크는 EPC 센서 네트워크로 확장될 전망이다.

또 Wal-Mart, DoD 등 수요자 중심으로 적용할 것을 의무화하고 있다.

일본

일본의 총무성은 제2기 IT혁명 추진을 위해 2010년 유비쿼터스 네트워크 사회를 목표로 『u-Japan 구상』을 발표했다. IT(Information Technology) 정책을 ICT(Information & Communication Technology) 정책으로 전환하고 2005년도 중점 시책을 책정하였다. 또한 정부 주도로 연구개발, 표준화 및 실증 실험을 추진하고 있다.

유럽

유럽의 경우, 안전한 미래 환경 구현에 필요한 신뢰수준, 위험관리, 프라이버시 보호 기술개발 등 주요과제를 선정하여 2012년까지의 중장기 연구개발 계획(Dependability Roadmap)을 수립하고 있다.

참고문헌

[1] 대한상공회의소 유통물류진흥원 http://gs1kr.org
[2] 무선식별(RFID) 기술 http://www.tta.or.kr
[3] RFID 기술과 프라이버시 보호 http://www.kisa.or.kr
[4] 한국특허정보원 http://www.kipi.or.kr
[5] 유비쿼터스 환경을 위한 다기능 RFID 시스템의 설계 및 구현 2004 吳英勳
[6] Infosec IT Solutions 2005년 12월호
[7] e-KIET 산업경제정보 제395호(2008-21)
[8] 전자통신동향분석 제20권 제3호 2005년 6월
[9] Radio Frequency Identification(RFID) 2006 M.Roberts

---

[3] RFID 태그에 유일하게 입력, 저장되는 전자적 상품식별 코드를 말한다. 고유 일련 번호를 기반으로 하며, EPC 데이터를 이용하여 물품의 현 위치, 이동 경로를 추적할 수 있다.

유비쿼터스 환경의 텔레매틱스

CHAPTER
06

회사로 가는 차 안에서 본인이 관심 있는 분야의 요약된 뉴스가 나온다. 중앙교통통제센터의 도로정보로 최적의 경로를 선택하여 출근길이 막힘이 없다. 이것이 유비쿼터스가 일상화되었을 때 변화하는 우리의 삶의 모습이다. 이번 장에서는 유비쿼터스 환경에서의 텔레매틱스 분야에 대해 알아본다.

6.1 유비쿼터스 환경의 텔레매틱스 개요 **6.2** 유비쿼터스 환경의 텔레매틱스 기술
6.3 유비쿼터스 환경의 텔레매틱스 시장동향 **6.4** 유비쿼터스 환경의 텔레매틱스 기술동향
6.5 유비쿼터스 환경의 텔레매틱스 정책동향

6.1 유비쿼터스 환경의 텔레매틱스 개요

(1) 유비쿼터스 환경의 텔레매틱스의 정의

텔레매틱스(Telematics)는 Telecommunication + Informatics로서 통신과 정보과학의 합성어이다. 단어의 뜻처럼 무선통신망을 이용하여 차량 내 운전자에게 긴급구난, 경로안내, 교통정보 등의 안전하고 편리한 서비스를 제공하는 기술로 인터넷, 영화, 게임 등 즐거운 정보 서비스를 제공하는 기기, 서비스를 총칭하기도 한다.

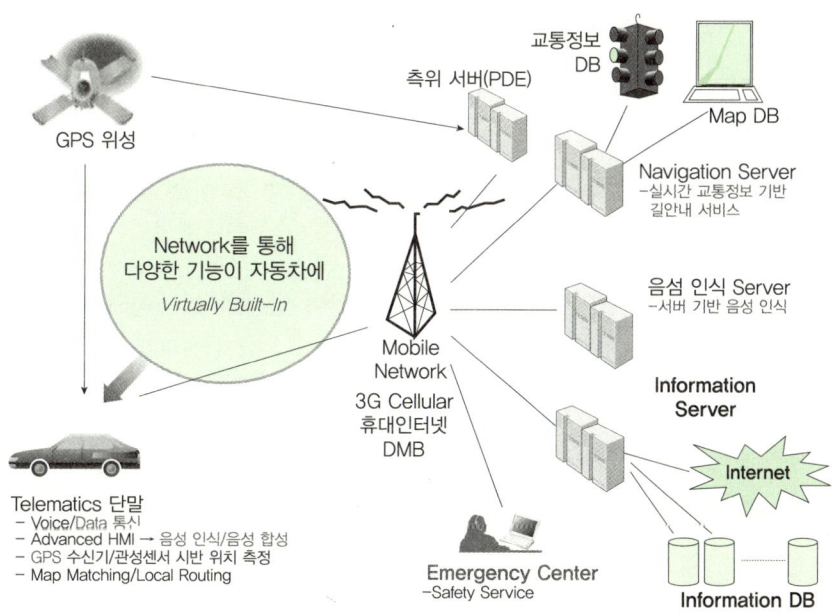

그림 6-1 ● 텔레매틱스 서비스 개념도

(2) 유비쿼터스 환경의 텔레매틱스의 구성 요소

이 기술은 유·무선통신 및 방송망을 통해 차량을 사무실과 가정에 이어 제3의 정보 생활 공간(Connected Vehicle)으로 재구성하였다.

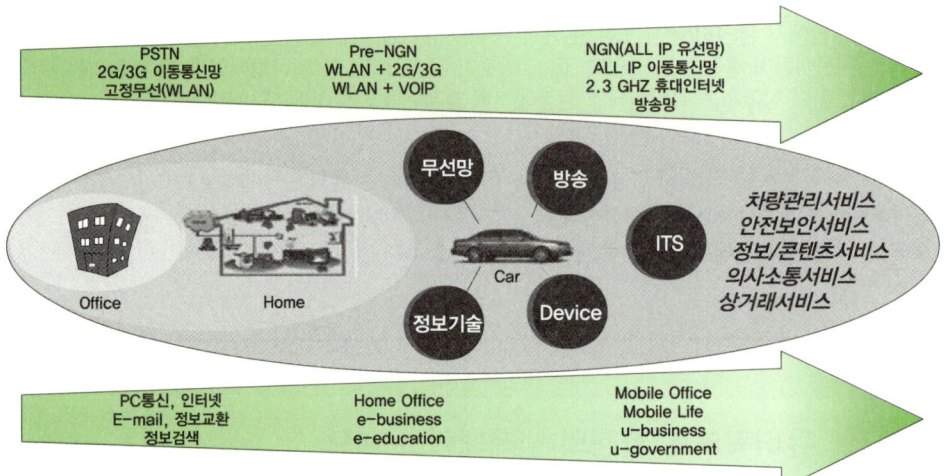

그림 6-2 ● 제3의 정보 생활 공간으로서의 텔레매틱스

이동통신·방송망과 지능형 단말기를 통해 홈 네트워크, 사무자동화 등과 연계함으로써 가정과 사무실에 이어 다양한 유비쿼터스 서비스를 차량에서도 Seamless Service[1]를 제공받을 수 있게 되었다. 제공하는 서비스를 차량관리 서비스, 안전보안 서비스, 정보 및 콘텐츠 서비스, 의사소통 서비스, 상거래 서비스 등이 있다.

차량이라는 제한적인 공간에서 유비쿼터스 환경에 적합한 융합 서비스를 실현한 것이다.

뿐만 아니라 여기에 ITS(Intelligent Transport System)[2]와 접목시켜 도로 및 교통관리, 교통정보를 제공한다.

텔레매틱스를 자동차관점에서 보면 그림 6-3처럼 나타낼 수 있다. 이중 DSRC 기술에 대해서는 바로 다음에서 자세히 설명하도록 하겠다.

이런 광고가 생각이 난다. 달리는 자동차 안에 연인이 있는데, 여자 친구한테서 전화가 걸려온다. 급하게 메일을 보내야 되는데 달리는 차 안이니 여자 친구는 걱정이 태산이다. 이때 남자 친구가 지금 인터넷으로 메일 보내주면 뭐해줄래? 라는 카피 내용이 있다.

이처럼 텔레매틱스 서비스를 제공하고, 구현하기 위해서는 자동차, 무선통신 네트워크 및 시스템, 단말기, 콘텐츠, 보안 및 SI 등의 관련 산업이 유기적인 연계를 가져야 한다.

---

[1] 사용자가 어떤 어플리케이션을 사용할 때 그 어플리케이션이 네트워크에 끊김 없이 연결되는 서비스를 말한다.

[2] 전자, 정보, 통신, 제어 등의 기술을 교통체계에 접목시킨 지능형 교통 시스템이다.

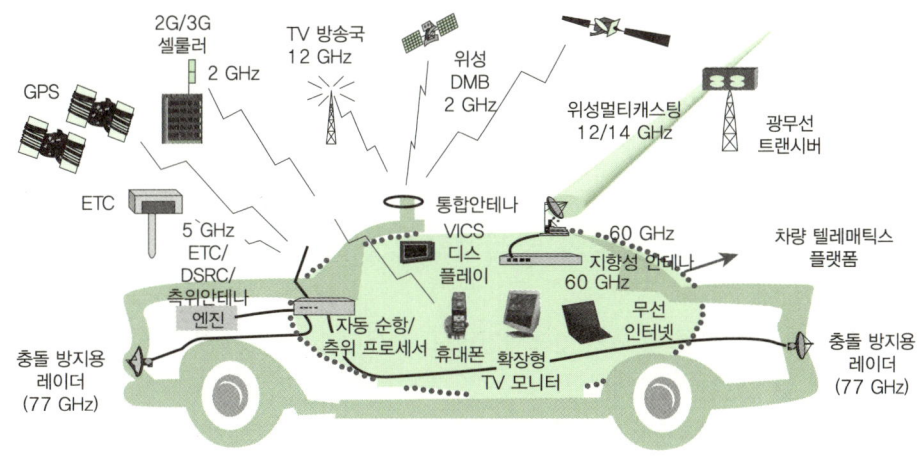

ETC(Electronic Toll Collection: 전자요금 징수 시스템)
DSRC[3](Dedicated Short Range Communications), DMB(Digital Multimedia Broadcasting)
VICS(Vehicle Information and Communication System: 자동차 전용 정보통신시스템)

그림 6-3 ● 자동차에서 본 텔레매틱스 (출처: http://dwcij.com.ne.kr/newtech/new_jpnits.htm)

(3) 유비쿼터스 환경의 텔레매틱스의 진화 과정

그림 6-4 ● 텔레매틱스 진화 과정(출처: ETRI, 2003)

위의 그림에서 보는 바와 같이 1세대부터 3세대로 분류해서 진화 과정을 살펴보면, 1세대에서는 텔레매틱스의 초기 단계로 정보 시스템 자체가 음성 위주의 정보를 송수신했기 때문에 정보를 디스플레이하는 액정 화면이 없고 카폰형으로 시작이 되었다. 주로 안전이나 구난 정보 서비스 중심으로 서비스를 제공한 반면에 2세대에 들어오면서, 디스플레이 화면이 액정 화면으로 정보를 시각화했다. 이때는 네비게이션과 AV 시스템 일체형이 대부분이였으며, 인터넷 기능을 추가하여 좀 더 다양한 서비스를 제공하려는

---

[3] ITS 구현을 위한 짧은 거리의 정보통신 프로토콜이다.

움직임이 강하다. 3세대인 차세대 텔레매틱스를 보면, 차 안에서의 네트워크, 자동차 자체가 컴퓨터인 모습으로 변화할 것으로 예상된다. 영화에서만 보던, 스스로 생각하여 판단하는 자동차 컴퓨터를 곧 실생활에서 접할 날이 그리 멀지 않았다고 확신한다.

6.2 유비쿼터스 환경의 텔레매틱스 기술

텔레매틱스 기술을 분류해 보면 인포테인먼트, 차세대 드라이빙, 차세대 안전, 컨버전스로 분류해 볼 수 있다. 인포테인먼트는 정보와 엔터테인먼트가 융합이 되어 사용자가 정보를 얻는 것과 동시에 오락까지 겸할 수 있는 기술이고, 차세대 드라이빙은 자동차 스스로 교통 정보에 따른 우회 경로를 제시하여 사용자에게 길을 안내하거나, 자동 항법 기능으로 자동차 혼자 운전하여 사용자로 하여금 운전하는 수고를 덜 수 있도록 하는 기술이라고 얘기할 수 있다. 뿐만 아니라 교통 사고에 대비하는 안전 정보도 필수이다. 졸음 방지 기능이나 방어 운전을 할 수 있는 적절한 정보를 제공하는 기술도 한 몫 하겠다. 여기에 자동차 내로 이동해 온 유 · 무선통신망 및 인터넷망, 그리고 ITS 체계 등등 다양한 기술의 조화도 큰 부분을 차지하게 된다.

표 6-1 ● 유비쿼터스 환경의 텔레매틱스 기술 분류

중분류	요소 기술
인포테인먼트	위치기반 서비스 기술, 상황 인식 기술
	측위 기술
	콘텐츠 기술
	DMB 연동 기술
	스트리밍 기술
차세대 드라이빙	핵심 콘텐츠(교통정보, 지도, POI[4] 등)
	운전부하 경감 기술
	실감네비게이션 기술
	운전정보 수집/관리 기술
차세대 안전	안전정보 서비스 응용 프로토콜
	안전주행 서비스 제공 플랫폼
	안전운전 지원 및 안내 기술
컨버전스	차량과 서버간 통신(DSRC)
	차량간 통신(DSRC)
	RFID/USN 융합 기술
	과금 및 정보 보호 기술
	이기종 단말 텔레매틱스 서비스 프레임워크 기술
	홈 네트워크, 보험, 물류 서버 연동 기술
	차량 정보 관리 기술

---

[4] Point of Interest의 약자로 GPS 좌표를 뜻한다.

요소 기술로는 위의 표에 나열된 것 외에도 더 많은 요소 기술이 있겠으나, 이번 장에서는 먼저 상황 인식 기술과 텔레매틱스에서 뺄 수 없는 측위 기술, 짧은 거리에서 이용하는 전용 프로토콜인 DSRC 기술에 대해 알아보도록 하자.

(1) 상황 인식 기술

▌상황 인식 기술의 정의

상황 인식 기술은 1993년에 Schilit와 Theimer에 의해 최초로 논의된 바 있다. 상황 인식 기술을 정의하면 사용자, 사용자와 가까이 위치한 물체, 그리고 사용자의 위치정보를 통해 시간에 따라 객체들의 변화를 수용하는 기술로 정의할 수 있다. 상황은 영어로 Context라 말하며 상황 인식은 Contextaware라고 한다. 여기서 상황을 다시 세분해 보면 사용자 상황, 신원 상황, 신체 상황, 환경적 상황, 공간 상황, 시간 상황, 활동 상황, 습관 상황, 시스템 상황, 자원 상황, 이력 상황, 장애 상황 등등 여러 가지로 구분해 볼 수 있다.

상황을 해석하는 과정은 다음과 같다.

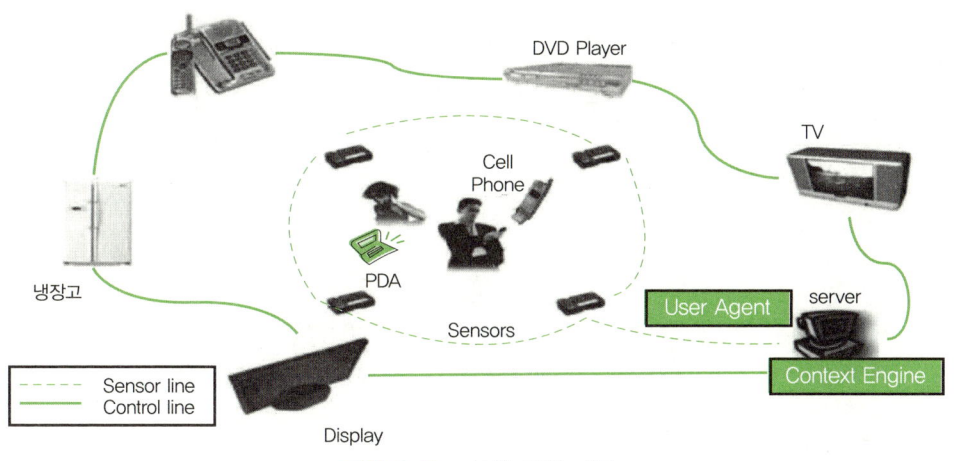

그림 6-5 ● 상황 해석 과정

사용자와 사용자와 가까이 위치한 단말기에서 변화가 있을 때 User Agent[5]는 그것을 서버에 알리고, 서버가 현재 상황에 맞게 주위 환경을 제어하여 변화시키는 과정이라고 볼 수 있다.

---

[5] 장면에 따라서 의도를 이해하고 자립적인 판단에 의해 처리하는 로봇이다. 목적하는 웹 페이지를 찾아내면 특정 목적을 실행하는 프로그램인 에이전트는 인간·컴퓨터 간 인터페이스 역할을 하게 된다. 인터넷에서도 다양한 서비스를 효과적으로 이용하기 위한 기술로 제안되었다. 네트워크상의 서비스를 분산 배치된 에이전트로 포착해서 더욱 고도화된 서비스를 제공하는 것이 이 기술의 목적이다. 인터넷상의 정보를 자동적으로 수집해서 데이터베이스화하는 탐색 로봇도 에이전트의 일종이다.

유비쿼터스에서의 핵심 기술이라고도 말할 수 있는 것이 상황인식, 인식 기술은 이렇게 사용자의 위치, 또는 사용자와 가까이 있는 사물의 위치인 것이다. 텔레매틱스 환경이라면 자동차의 변화가 가장 민감한 요인이 될 수 있다.

유비쿼터스 환경의 기술은 대부분이 위치 측위 기술이 기반이 된다. 텔레매틱스 기술은 자동차의 위치를 연구한 기술이라고 이동통신 기술도 사용자가 가지고 단말기, 즉 사용자와 가장 가까이 존재하는 물체로 이를 사용하는 사용자의 위치를 기반한 기술이다.

상황 인식 시스템

상황 인식 시스템 구조는 다음과 같이 설계할 수 있다.

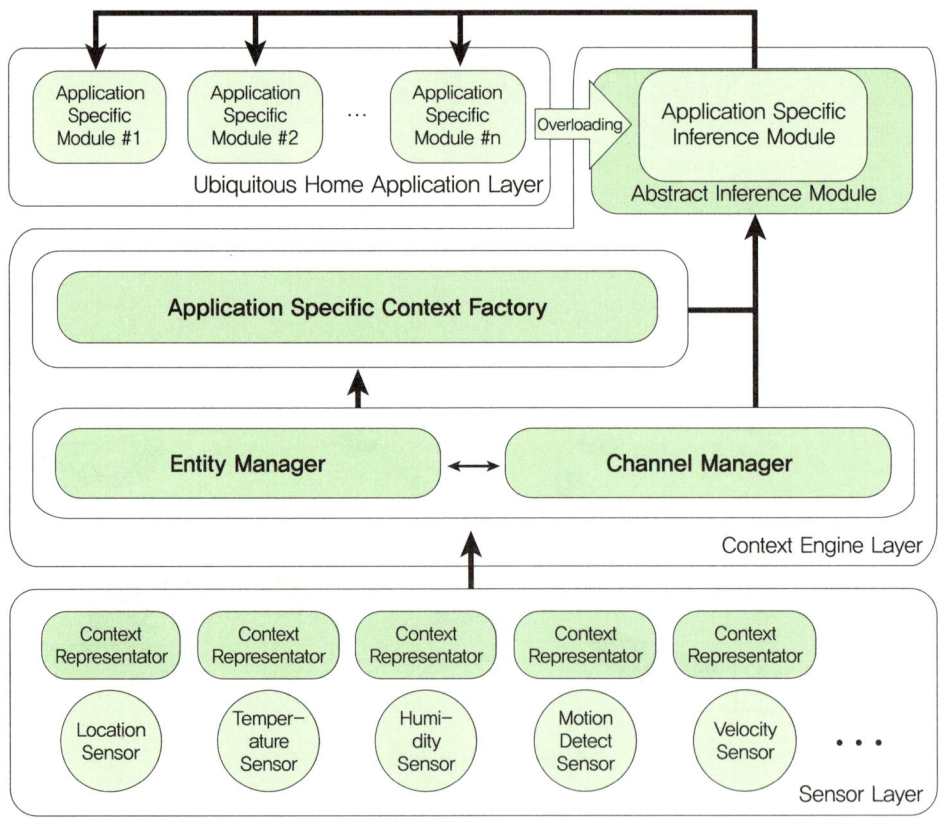

그림 6-6 ● 상황인식 시스템 구조

상황인식 시스템은 센서 계층, 상황 엔진 계층, 응용 계층, 인터페이스 모듈로 구분될 수 있으며, 센서 계층에서는 센싱 기술이, 상황 엔진 계층에서는 상황 추론과 상황 예측 기술이, 응용 계층에서는 지능형 서비스 기술이 요구된다.

예를 들면 사용자가 아침 9시로 모닝콜을 정해 놓았을 경우에도 오전 시간의 스케줄 정보 및 날씨, 교통 정보 등을 활용해 모닝콜이 울리는 시간을 단말기가 자동으로 변경해 줄 수 있다. 위의 시스템에서는 위치 센서, 온도 센서, 습도 센서, 모션 감지 센서 등을 이

용하여 입력 정보로 사용하고, 이 입력 정보를 통해 컨텍스트 엔진 부분에서 상황 추론과
예측을 통해 최적의 솔루션을 찾아 준다. 그런 다음 어플리케이션 레이어에서는 사용자
에게 최상의 서비스를 제공하도록 한다. 이 기술로 미래의 사용자 인터페이스(UI)는 지
능을 가져야 하고, 이를 구현하기 위해 반드시 상황 인식 기술은 필요하다.

이 상황인식 기술을 더욱 세분화하여 기술 트리 구조로 보면 다음과 같다.

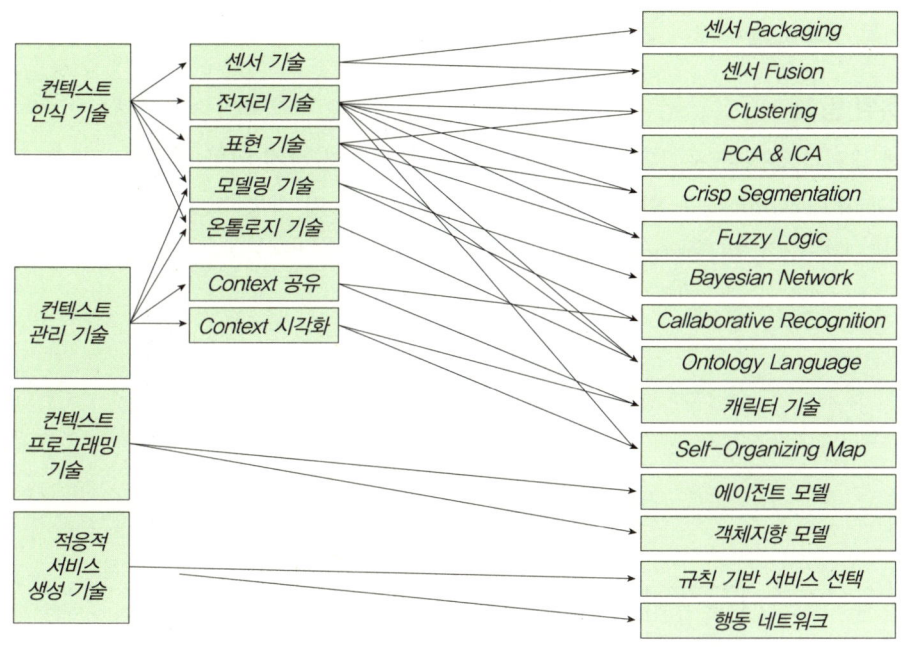

그림 6-7 ● 상황인식 기술 트리

컨텍스트 인식 기술로는 센서 기술, 전처리 기술, 표현 기술, 모델링 기술, 온톨로지 기
술[6]로 나뉘는데, 인식 기술에서 가장 중요한 것은 어떻게 상황을 잘 감지하느냐이다.
그리고 이것을 어떻게 잘 표현하느냐가 관건이다. 그런 다음 여러 입력 정보를 적절한
정보로 모델링하는 것이고, 이 모델링한 데이터들을 온톨로지 기술을 이용하여 데이터
베이스로 구축하여, 나중에 같은 입력 정보가 들어오는 경우, 추론과 예측하여 최상의
서비스를 제공하는 것이 가능하게 되는 것이다.

그리고 모델링된 데이터를 어떻게 관리하고, 이것을 어떻게 프로그래밍해서 서비스를 생
성하느냐로 나눌 수 있다. 관리 기술에는 컨텍스트 공유 기술과 시각화 기술로 구분되며,

---

[6] 공유된 개념화(shared conceptualization)에 대한 정형화되고 명시적인 명세(fo-rmal and explicit specification)
이다. 온톨로지는 단어와 관계들로 구성된 일종의 시전으로서 생각할 수 있으며, 그 속에는 특정 도메인에 관련된
단어들이 계층적으로 표현되어 있고, 추가적으로 이를 확장할 수 있는 추론 규칙이 포함되어 있어 웹 기반의 지식
처리나 응용 프로그램 사이의 지식 공유, 재사용 등이 가능토록 되어 있다. 온톨로지는 시맨틱 웹 응용의 가장 중
심적 개념으로서 이를 표현하기 위해 스키마와 구문 구조 등을 정의한 언어가 온톨로지 언어(ontology language)
이며, 현재 DSML + OIL, OWL, Ontolingun 등이 있다.

서비스 생성 기술에는 지능형 에이전트를 이용하여 행동 네트워크를 생성하는 것이다.

(2) 측위 기술

▎측위 기술의 정의

위성 위치 확인 시스템(GPS)를 사용하거나 무선 네트워크의 기지국 위치를 활용하여 움직이는 물체(선박, 항공기, 미사일, 자동차, 휴대폰)의 위치나 서비스를 요청한 물체의 위치를 정확히 알아내어 위치정보를 이용하는 기술이다.

▎측위 방식

자체 센서가 측정한 초기위치, 속도 및 방향 정보로부터 현재 위치 계산하는 추측 측위법(Dead Reckoning)과 외부의 고정점과의 상대 거리 및 방향 정보를 이용한 위치 계산하는 위치고정법(Position Fixing)이 있다.

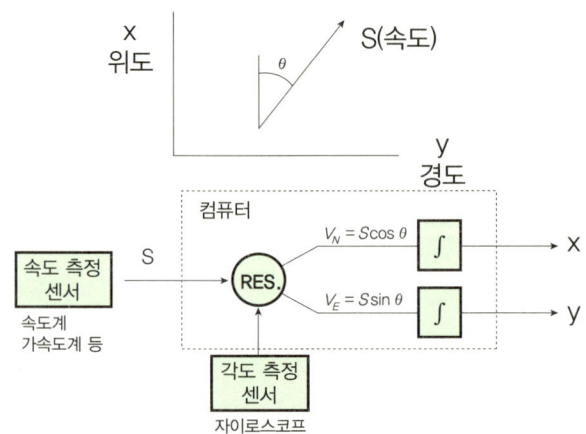

그림 6-8 ● 추측측위법의 원리와 시스템 구성도

추측측위법은 다음과 같은 원리와 시스템 구성도를 갖는다.

또 다른 방법인 위치 고정법은 먼저 위성을 이용한 삼각 측량법이 있다. 삼각측량법이란 어떤 한 점의 좌표와 거리를 삼각형의 성질을 이용하여 알아내는 방법이다. 그 점과 두 기준점이 주어졌으면, 그 점과 두 기준점이 이루는 삼각형에서 밑변과 다른 두 변이 이루는 각을 각각 측정하고 그 변의 길이를 측정한 뒤, 사인 법칙 등을 이용하여 일련의 계산을 수행함으로써, 그 점에 대해 좌표와 거리를 알아내는 방법이다.

이 삼각 측정법을 이용하여 무선 신호의 도달 시간을 측정하여 거리로 환산한다. 그런 다음 도달 시간을 측정하기 위해 시각 동기가 필요하며 이를 위해 정확한 시계가 필요하다. 또한 수신된 위성의 정확한 위치정보도 필수이다.

위치 고정법은 다음과 같은 시스템 구성도를 갖는다.

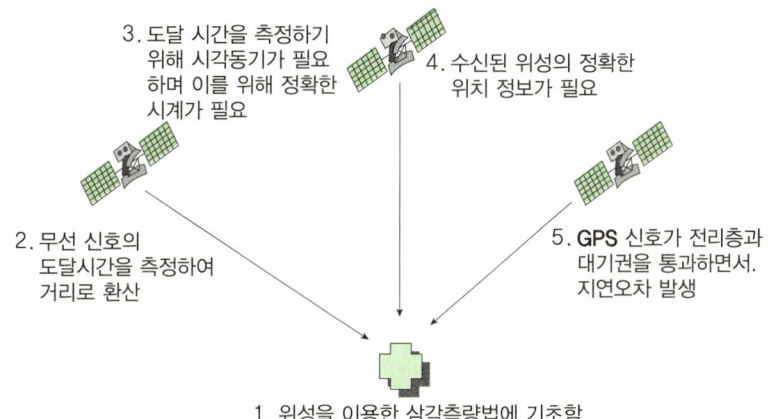

그림 6-9 ● 위치 고정법의 시스템 구성도

이렇게 위성 GPS를 사용하는 방식은 단말기에 GPS 모듈을 내장하여 단말의 위치를 추정하는 것으로 정확한 위치 추적이 가능하지만, 부품 비용이 비싸고 빌딩 내부 및 지하에서는 GPS 수신이 불가능하다는 단점이 있다.

또는 이렇게 인공위성에서 보내는 위치정보를 단말기가 읽어 기지국에 알려주는 A-GPS(Assisted-GPS) 방식과 지상의 기준 수신기로부터 보정 신호를 받아 위성으로부터 수신된 위치 신호의 오차를 보정하는 DGPS(Differential GPS) 등이 있다.

이 이외에도 이동 통신망의 채널을 이용한 네트워크 셀 방식도 있다. 단말기로부터 오는 신호의 방향이나 시간 등을 이용하여 망에서 단말기의 위치를 추정하는 방식이나 정확도가 좀 떨어진다. 위의 두 가지 방식을 혼합한 하이브리드 방식도 있다. 이 방식은 2개 이상의 기지국에서 단말기로 전파를 보내 다시 이 전파가 되돌아오는 시간의 차이를 측정하는 E-OTD(Enhanced Observed Time Difference)가 있다.

하이브리드 방식은 각각의 단점을 어느 정도 개선하여 이용자가 속한 기지국의 서비스 셀 ID를 통해 이용자의 위치를 파악하는 셀 ID 방식에 기지국과 단말기 사이의 거리 정보를 추가하여 정확도를 개선한 Enhanced Cell ID 방식을 이용한다. 단말기의 신호를 수신한 3개의 기지국에서 신호 수신 각도의 차이를 이용하는 AOA(Angle Of Arrival), 한 개의 기지국과 2개의 주변 기지국들 사이의 신호 도달 시간의 차이를 이용하는 TOA(Time Of Arrival), 기지국 신호를 기준으로 인접 기지국들의 신호 지연을 측정하는 TDOA(Time Difference Of Arrival) 등이 있다.

미국에서는 E-OTD와 A-GPS 방법을 병행 사용하고 있고, 주로 셀 ID와 퀄컴의 A-GPS 방식을 사용한다.

무선랜과 RF 기술은 원래 위치 추적용 기술은 아니나 서비스 제공 영역에 있는 단말기

표 6-2 • 측위 기술 분류

기술	인식 방식	측위 범위
GPS 방식	위성 시스템 이용	수 m 내외
셀 방식	이동망의 셀 ID 이용	50~250 m
무선랜 방식	핫스팟 내에서 위치 확인 가능	랜 커버리지
RF 태그 방식	좁은 반경 내에서 ID 인식	좁은 범위

의 인식을 통해 위치정보를 얻을 수 있다.

(3) DSRC

DSRC의 정의

DSRC란 노변기지국(RSE: Road Side Equipment)과 차량탑재단말(OBE: On Board Equipment)이 근거리 무선통신을 통해 각종 정보를 주고 받는 시스템으로서 ITS의 핵심 기술이다. 시스템 방식으로는 수동 방식 DSRC와 능동 방식 DSRC로 나누어 볼 수 있다.

DSRC의 특징

노변기지국과 차량간 양방향 근거리통신을 하며, 이것의 커버리지는 100 m 이하 정도 된다. 일대 다수의 통신이 가능하고, LOS(Line of Sight)[7]를 유지할 수 있는 통신 환경을 갖는다.

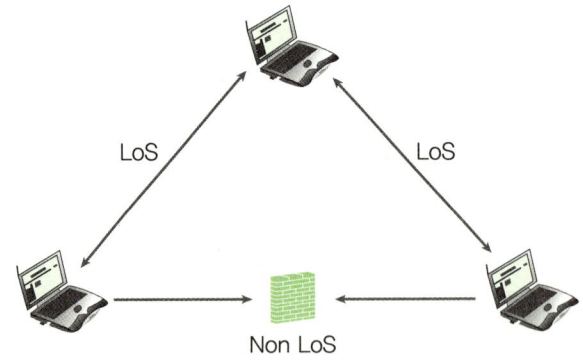

그림 6-10 • Line of Sight

값싸고 단순한 변조 기술을 사용한 고속 전송 기술이다. 속도는 1 Mbps까지 나온다.

수동 방식 DSRC

유럽의 ECN(European Committee for Standardization) 표준으로 차량 단말기와 노변기지국간의 다중 접속을 지원하는 기술이다. 단말기를 간단하게 구현하기 위해 단말기내 주파수 발진기를 내장하지 않고 기지국에서 연속적으로 반송파를 송신함으로써

---

[7] 가시선 통신을 말한다.

단말기가 수신하는 방식으로 수동 방식이라고 부른다. 연속파를 내부 주파수 발진기 신호로 사용하는 방식으로 재발신한다.

상향 링크 구성 시 기지국의 CW(Current Wave)를 제공받아야 하므로 Half-Duplex 통신만 가능하다는 단점이 있고, CW 전력으로 인하여 주파수 재사용을 위한 노변기지 국간 거리가 200 m 이상 확보되어야 한다. 따라서 셀 크기가 10 m 이내로 ITS 서비스 를 제안한다.

능동 방식 DSRC

한대의 노변기지국이 여러 대의 차량 단말기와 다중 접속이 가능하여 수동 방식에 비 해 셀의 크기가 크고, 주파수 재사용이 뛰어나다. 주파수 재 사용을 위한 노변 기지국 간의 거리는 최소 60 m 이상이면 된다. RSE와 OBE 모두에 발진기를 내장하여 독립적 인 통신 채널을 사용하기 때문에 능동 방식이라고 한다.

표 6-3 ● 수동 방식과 능동 방식의 비교

구분	수동 방식 DSRC	능동 방식 DSRC
주파수 대역	5.8 GHz	5.8 GHz
셀 크기	10 m	100 m
대역폭	10 MHz	10 MHz
전송 속도	하향: 500Kbps 상향: 250Kbps	1Mbps
다중 접속	PTM	PTM
프로토콜	HDLC[8]	Slotted ALOHA[9]

국내에서 자체 개발한 방식은 2002년 6월에 표준 규격을 확정하였다.

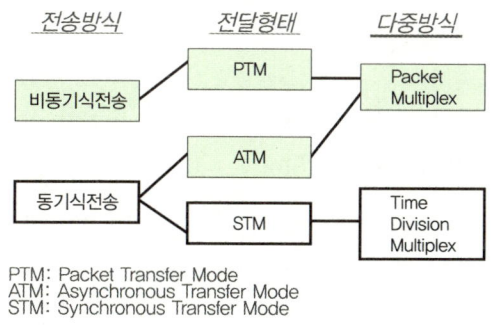

PTM: Packet Transfer Mode
ATM: Asynchronous Transfer Mode
STM: Synchronous Transfer Mode

그림 6-11 ● 다중 접속 방식분류

---

[8] HDLC(High-level Data Link Control)는 OSI 7계층 중에서 2계층인 데이터 링크 계층에 대한 비트 단위의 동기 전송 방식의 프로토콜이다.

[9] 모든 기지국을 중앙 클럭을 이용하여 동기화시킨 후 채널 상의 동일한 시간 슬롯을 두어 전송하는 프로토콜로, 전 송은 슬롯 경계에서만 시작되어 데이터를 분실하더라도 슬롯의 데이터만 분실되기 때문에 안정적이다.

다중 접속 PTM(Packet Transfer Mode)는 비동기식 전송 방식으로 전달 형태가 패킷을 다중으로 전달하는 방식이다.

6.3 유비쿼터스 환경의 텔레매틱스 시장동향

(1) 위치기반 서비스 기술

국내기업의 제품 서비스 현황을 살펴보면, 국내 위치기반 서비스는 SKT, KTF, LGT 등 이통사를 중심으로 GPS와 Cell-ID 방식을 병행하여 교통정보 서비스, 친구찾기 서비스, POI 정보 서비스, 안심 서비스, 게임 등 LBS(Location Based Service) 위치기반 서비스를 제공하고 있다.

2006년 초 현재 우리나라에는 25개의 위치정보 사업자와 70 여개의 위치기반 서비스 사업자가 등록되어 있으며 교통정보, 물류, 관제 및 보안 등의 위치기반 서비스를 제공하고 있다.

표 6-4 ● 국내 LBS 산업의 시장 규모 및 분야별 시장 규모   단위: 백만 원

구분	2004년	2005년	2006년	2007년	2008년
시스템	25,470	42,973	67,995	95,094	114,969
단말기	132,470	264,405	390,413	516,293	652,825
서비스	164,931	217,020	345,711	605,968	876,070
기타	24,783	41,192	46,245	57,047	62,680
총 매출액	347,655	565,591	850,364	1,274,402	1,706,545

출처: KAIT, 2006.1

국내 LBS 산업의 시장 규모 및 분야별 시장 규모는 2007년 시스템, 단말, 서비스를 포함하여 총 1조 2천억원 규모였다.

분야별 시장 규모도 2005년까지는 단말기가 가장 큰 비중을 차지했으나, 2007년 이후에는 서비스가 가장 큰 비중을 차지했다.

국외기업은 미국의 LBS 서비스는 Nextel(Sprint와 합병), AT&T Wireless(Cingular에 합병)가 상용 서비스를 하고 있으며, 2005년 Verizon이 LBS 서비스 런칭을 준비하는 상황이며, Sprint는 Nextel의 LBS 부분과 연합하여 시장 선점을 위한 공격적인 경영을 펼치고 있으며, 안전/보안, 내비게이션 중심의 서비스가 주류를 이루고 있다.

LBS 서비스 구축에 필요한 플랫폼 제품도 현재 Microsoft의 MapPoint Location Server, AutoDesk의 LocationLogic, Telecommunications Systems의 XYpoint Platform, Openwave의 Location Studio 등 여러 제품이 출시되어 있다.

유럽의 경우 LBS는 Vodafone, Orange, T-mobile과 같은 유럽 전역에서 서비스하는 글로벌 사업자와 국가별 지역 사업자가 있으며, 내비게이션, 주변정보, 가족찾기 등의 서비스가 제공 중에 있다.

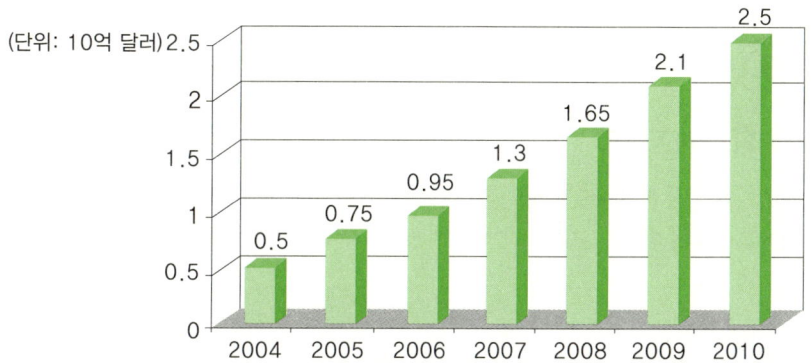

그림 6-12 ● 국외 LBS 산업의 시장 규모 및 분야별 시장 규모 (출처: visiongain, 2004)

일본의 LBS 서비스는 이동통신업체와 통신망만 이용한 독립 CP(Communication Service Provider)들을 중심으로 서비스가 제공되고 있으며 GPS 기반 서비스는 KDDI에서 주도하고 있고, 이외의 도코모와 독립 CP들은 Non-GPS 기반의 위치기반 서비스를 주력하고 있으나 점차 GPS 기반의 LBS 서비스로 옮겨갈 전망이다.

(2) 측위 기술

국내 기업의 측위 기술 제품 및 서비스 부문을 보면, MEMS 관성센서 상용화에 대한 연구가 국방과학연구소, 삼성전기 등에서 연구 중에 있으며 소형 저가형 관성센서를 이용한 소형 IMU를 판매하고 있다.

차속계 정보와 단일축 자이로를 이용한 GPS/DR 결합 항법모듈을 개발하여 현대 자동차에 장착 판매하고 있으며, BIS(버스정보 시스템), 물류 등에 사용되고 있다. .

반면의 국외기업을 보면 주요 GPS 칩셋 Vendor로는 Motorola, STMicroelectronics, SiRF, Zarlink, Trimble 등이 있으며, 이들은 기본적으로 2칩 형태의 GPS 칩셋을 개발하여 제공 중에 있다.

표 6-5 ● 국내 텔레매틱스 시장 전망

단위: 억 원

구분	2005년	2006년	2007년	2008년	2009년	2010년	CAGR
가입자수 전망(천 명)	737	1,709	2,720	3,857	4,723	5,456	49.2%
단말기 시장(BM + AM)	3,727	5,839	9,339	12,217	12,617	13,527	58%
서비스 시장(BM + AM)	955	2,268	3,714	5,397	6,781	7,995	53%
총 시장규모(BM + AM)	4,682	8,107	13,053	17,614	19,398	21,521	36%

출처: 국내 시장: KISDI 2005.7

표 6-6 ● 세계 텔레매틱스 시장 전망

단위: 백만 달러

구 분	2005년	2006년	2007년	2008년	2009년	2010년
단말	6,091	8,093	11,414	16,119	21,166	26,584
서비스	5,135	6,635	8,940	12,192	15,913	20,338
시스템	4,243	4,887	5,664	6,686	7,905	9,349
총계	15,469	19,615	26,019	34,997	44,984	56,271

출처: 세계 시장: IDC 2005.1

(3) 텔레매틱스 시장규모

텔레매틱스 국내 및 세계 시장 규모와 전망을 보면 다음과 같다. 이것은 2005년 KISDI의 자료와 IDC 자료이다.

6.4 유비쿼터스 환경의 텔레매틱스 기술동향

(1) 위치기반 서비스 기술

국내 기술개발 현황은 ETRI에서 위치기반 서비스사업에 필요한 핵심 공통 기술을 선도기반 기술개발 과제로 추진하여, 개방형 LBS 플랫폼, 개방형 핵심 공통 기술 및 메인 메모리 기반 이동객체 DBMS 기술을 개발하였고, 이동통신 사업자를 근간으로 통신사업자에 종속되어 위치기반 서비스 기술개발 및 콘텐츠를 제공하고 있으며, 특히 Cell-ID 방식의 위치 측위 수준에서 GPS 기반의 위치 기반 서비스 부분은 향상되고 있다.

국외 기술개발 현황은 미국과 유럽은 E-911과 E-112의 추진을 통해 LBS 인프라를 확충하고 있고, 유럽의 Chorochronos 시공간 데이터베이스 컨소시엄을 통하여 위치정보 및 이동객체 처리 기술에 대한 연구를 활발히 진행 중이며 특히 덴마크의 Aalborg 대학은 유비쿼터스 LBS를 위한 트래킹 기술이 개발을 진행하고 있다.

특히 미국과 유럽은 LBS의 범위를 실내로 확장한 Local LBS 기술이 많이 개발되고 있으며, 미국의 HP, Cisco의 I-Stadium, 스위스 EPFL의 CatchBob, 네덜란드 ITS의 Wireless Campus LBS, EU의 mExpress 등 Wi-Fi, RFID, 블루투스를 기반으로 하는 Local LBS 기술개발을 활발하게 진행하고 있다. 또한 LBS 서비스가 단순 위치 외에 사용자의 시간/공간/정보 Context를 이용한 개인화된 맞춤 서비스로 진화하고 있으며, CRUMPET project, GiMoDig Project 등 관련 기술개발이 활발히 진행 중에 있다.

(2) 측위 기술

측위 기술부문의 국내 현황은 텔레매틱스용 측위 GPS 수신기의 칩셋은 전량 수입에 의존하고 있으며, 소수의 회사에서 자체적인 F/W 기술로 개발한 GPS 수신기를 시판하고 있다. 관성항법장치 개발에 대한 연구는 관성센서 제작 및 시험분야, 시스템 시험분야의 기초연구가 국방과학연구소와 서울대학교를 중심으로 진행되고 있다.

반면 국외 기술개발 현황 중 EU는 ESA를 중심으로 Galileo 관련 프로젝트를 진행하고 있고, HiGAPS(GPS + Galileo Higyly Integrated Chip) 프로젝트를 비롯하여 GNSS Signal SImulator(GPS + Galileo), GNSS Receiver 관련 다수의 과제를 산·학·연으로 진행하고 있다.

무선통신망을 이용한 측위 기법은 미국 FCC의 E911 규정을 만족시키기 위하여 급속도로 발전하고 있으며, 신호의 세기를 이용하는 방법, Cell-ID 또는 중계기(Repeater) ID 획득을 통한 방법, 도래각을 이용하는 방법, 도래시각차를 이용하는 방법 등 다양한 측위 방법들이 Qualcomm, AT&T Wireless, TruePosition, Nextel, Sprint, US Wireless 등에서 개발 및 표준화를 추진하고 있다. 관성항법장치는 Howeywell, Litton, Boeing, BAE, Rockwell 등의 체계 전문 기업들에 의해 군용 관성항법장치가 개발 판매되고 있으며 최근에는 Crossbow, AGNC, Waston 등의 업체에서 저가의 MEMS 관성센서를 사용하여 저급의 AHRS(Attitude Heading Reference System)를 제작하여 판매하고 있다.

(3) 콘텐츠 기술

콘텐츠 부문의 국내 기술개발 현황은 교통정보의 마이닝 기술의 핵심으로 경로안내를 구현하는 네비게이션의 경우 Stand-Alone 형태와 실시간교통정보를 기반으로 하는 경로안내 기술이 구현되어 있으나 예측정보 기반의 동적 경로안내 시스템은 현재 없는 것으로 알고 있다. 국외 기술개발 현황은 미국 Navteq은 크라이슬러와 함께 무선통신을 이용한 맵 업데이트 기술을 개발하였고, 일본에서는 배경 맵에 대한 부분 업데이트가 가능한 기술은 일부 상용화되어 있으며, 네트웍 정보까지 업데이트 하는 기술을 현재 개발하고 있다. 유럽에서는 ERTICO를 중심으로 TeleAtlas, 지멘스 등과 함께 부분 맵 업데이트가 가능한 기술을 개발하였다.

6.5 유비쿼터스 환경의 텔레매틱스 정책동향

(1) 위치기반 서비스 기술

▌ 한국

정보통신부는 개인 위치정보의 보호 및 재해·재난 등 위험지역에 대한 예보 등이 가능하도록 위치정보사업자에 대한 의무화 등을 포함한 '위치정보의 보호 및 이용 등에 관힌 법률'을 2004년말에 제정하여 2005년초에 공포하였으며, 하위법령의 제정 및 시행을 앞두고 있다. 건설교통부는 위치기반 서비스를 위한 국가적 차원의 GIS 체계 확보를 위해 "국가 지리정보 체계 2004 시행계획 수립지침" 등을 마련하고 있다.

▌미국

미국의 FCC는 모든 이동전화 사용자들이 911 사용시, 무선 사업자가 위치정보를 의무적으로 제공하는 법안을 통과시켰으며, 일부지역에서 E-911 서비스를 제공 중에 있다. 현재 24개 주에서 모든 핸드폰에 50~150 m 정확도의 위치정보 제공이 가능하도록 준비하고 있으며, 현재 이동위성 서비스 및 텔레매틱스 서비스 분야에서의 의무화를 요구하고 있는 바 향후 관련 산업의 급성장이 예상된다.

▌일본

휴대전화 긴급 통보 기능에 대해 "e-Japan 중점계획 2003"에서 중점 시책으로 제시되었고, 일본 총무성에서는 경찰/소방/해상보안기관과 휴대전화 사업자를 대상으로 휴대전화에서 긴급 위치정보 통지 관련 사용자의 의사 확인, 정밀도, 네트워크 등 기술적 조건 기준안을 마련 중에 있으며, 2007년 4월부터 적용하고 있다.

▌유럽

유럽연합 집행부는 긴급전화 "E112"에 대한 발신자 위치정보 제공을 의무화하는 규제법을 제정하였으며(2002. 3), 모든 EU 가입국가는 2003년 7월 25일까지 지침을 시행토록 규정하였다. 이동통신 사업자에 의한 위치정보 제공 기한을 2003년 7월로 명시하였으며, EU의 지원 하에 E112 서비스 도입을 위한 LOCUS(Location Of Cellular Users for Emergency Services) 및 CGALIES(Coordination Group on Access to Location Information by Emergency Services) 등의 연구가 성공적으로 수행되었고, 2005년까지는 20 m 정확도를 제공하는 단말기 출시와 함께 본격적으로 'E112' 서비스 개시가 예상되고 있다.

(2) 측위 기술

▌한국

과학기술관계 장관회의에서 위성항법 시스템 Galileo 사업참여를 결정함에 따라 Galileo 사업관련 한-EU 협정을 체결함으로써 Galileo 관련 기술개발을 본격적으로 시작하는 단계이다.

▌미국

2008년 서비스를 목표로 GPS 현대화 계획을 수립하고 L2와 L5 주파수에 민간 코드를 추가하는 작업을 2003년부터 발사되는 Block II-M 위성부터 반영하고 있다.

▌일본

일반적인 시기에는 WASS와 유사하게 작용하다가 GPS의 전체적인 동작에 이상이 발생하는 경우 독자적인 위성항법 시스템 역할을 수행하는 JRANS(Japanese Regional Advanced Navigation System) 개발 계획을 세우고 부 시스템인 QZSS(Quasi-Zenith Satellite System)을 개발 중에 있다.

▌ 유럽

2010년에 서비스 시작을 위해 독자적인 위성항법 시스템인 Galileo 사업을 진행 중에 있으며 WAAS와 유사한 우주기반 Augmentation 시스템으로 EGNOS가 있다.

(3) 콘텐츠 기술

▌ 한국

교통정보의 효과적인 유통을 위해 "TELIC(텔레매틱스정보센터) 구축 및 운영"(정보통신부, 2004~2005) 및 "전국교통정보통합·배포시스템구축사업"(정통부·건교부·경찰청, 2005~ 2009) 등의 공공사업이 진행 중에 있다.

▌ 미국

DOT(Department of Transportation)가 주관부처가 되어 산·학·연이 ITS America를 중심으로 미 의회에서 제정한 육상교통효율화법 지원 하에 활발한 연구개발이 진행되고 있고, FHWA(미연방도로국)의 지원으로 수행되고 있는 TrEPS(Traffic Estimation and Prediction System)인 DynaMIT, DYNASMART 등을 개발하고 있다.

▌ 일본

일본은 여타 국가들에 비해 ITS 추진속도가 빠르며, '90년대 초 정부부처 및 각 기관을 연계하여 통합화된 ITS추진기구인 VERTIS/TMC(Vehical, Road and Traffic Intelligence Society/Traffic Message Channel)을 설립하여 ITS/텔레매틱스 관련 기술개발을 추진하고 있다. 정부 주도의 교통정보제공을 위하여 VICS 설립하여 운용 중에 있다.

▌ 유럽

EU의 ECMT(European Conference of Minister of Transport)를 중심으로 유럽 각국의 ITS 사업을 통합·조정하고 있으며, EU는 정부, 통신사, 자동차사, 장비업체가 참여한 ER-TICO(European Telematics Implementation Coordination Organization)를 통해 1980년대부터 텔레매틱스 R&D와 시범사업, 유럽대륙 교통네트워크(TEN-T) 건설을 추진하고 있다.

참고문헌

[1] 한국전자통신연구원(ETRI) 전자통신동향분석, "텔레매틱스, RFID/USN, GIS 융합기술 동향" 특집, 2007년 6월
[2] 한국통신학회지, "RFID/USN" 특집, 2006년 12월호
[3] 정보통신연구진흥원(IITA) 자료
[4] 정보사회진흥원(NIA) 자료

IT 대한민국은 ITC(Info Tech Corea)가 함께 하겠습니다.
www.itcpub.co.kr

유비쿼터스 환경의 차세대 컴퓨터

개인용 컴퓨터가 진화하고 있다. 이 장에서는 유비쿼터스 기반 기술 중 다양하게 변하고 있는 차세대 컴퓨터에 대해 알아보고, 차세대 컴퓨터와 Post PC의 차이점에 대해서 알아본다.

7.1 유비쿼터스 환경의 차세대 컴퓨터 개요

(1) 컴퓨터의 역사

이번 장에서는 차세대 컴퓨터에 대해 알아보겠다. 진부한 이야기이지만 컴퓨터의 역사부터 먼저 살펴본다.

컴퓨터는 먼 옛날 조상들이 수를 어떻게 계산할 것인가를 고민하다가 만들어진 것으로 알려졌다. 처음에는 손가락으로 계산하다가 점점 숫자가 커지면서 다른 도구를 이용하면서, 더 좋은 도구를 개발하고자 하는 인간 욕망에 대한 산출물이 아닐까 싶다.

중국식 주판이 발명된 것은 A.D 3세기경이라고 한다. 주판은 컴퓨터에 그 자리를 빼앗길 때까지 십수 세기 동안 계산기로서의 역할을 했다. 어렸을 적에 주판을 이용하여 숫자를 계산했던 적이 있다. 그 덕에 암산도 빠르게 할 수 있었지만 지금은 더 빠르고 편한 계산기가 나와계산을 돕는다. 중국식 주판은 위 칸에 있는 알은 5를 나타내는데, 이 알이 두 개가 있고, 아래 칸에 있는 알은 1을 나타내는데, 1을 나타내는 알은 다섯 개로 되어 있다. 우리가 흔히 보는 주판은 사실 2차대전 후 일본에서 개량된 것으로 위 칸의 5를 나타내는 알이 하나에, 아래 칸의 1을 나타내는 알이 5개인 주판이다.

서양에서는 1400년대 레오나르도 다빈치(Leonardo Da Vinci)가 치차식 계산기의 구조를 고안한 것이 계산기의 원형으로 알려져 있다. 이후 1642년에 프랑스의 수학자이자 철학자인 파스칼(Blaise Pascal: 1623~1662, 프랑스)에 의해 가감산을 할 수 있는 계산기가 발명되었는데, 이 계산기는 0에서부터 9까지 표시할 수 있는 10개의 톱니를 가진 톱니 바퀴가 여러개 있어서 가감산을 하도록 만들어졌다. 여기에 독일의 수학자 라이브니츠 가 곱셈과 나눗셈을 할 수 있도록 하였고, 1823년에는 영국의 수학자 바베지(Cha-rles Babbage: 1791~1871, 영국)가 계산절차의 기억 기능을 지닌 계차법의 원리를 이용하여 다항식을 전개하는 차분 기관(Difference Engine)을 만들었다. 이어서 1833년에는 세계 최초의 자동계산기인 해석 기관(Analytical Engine)을 설계·제작하였다. 아래의 그림 중 왼쪽 그림이 차분기관이고 오른쪽 그림이 해석 기관이다.

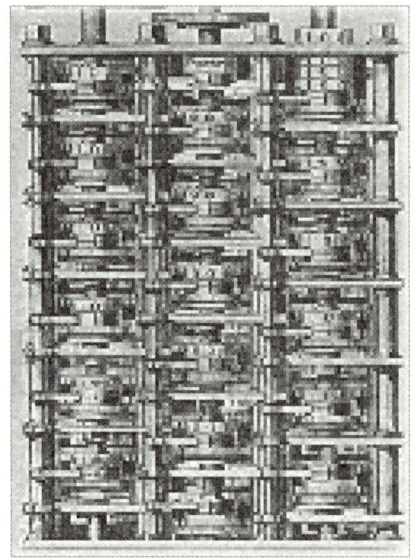

그림 7-1 ● 바베지의 차분기관과 해석 기관 (출처: http://www.computerhistory.org, http://en.wikipedia.org)

1890년에 미국의 홀러리스(Herman Hollerith: 1860~1929, 미국) 박사가 천공 카드 방식의 데이 터 기록기를 발명함으로써 컴퓨터 메모리 방식의 기원을 제시한다. 미국에서는 1790년부터 10년 마다 여론조사를 실시하여 왔으나, 자료 분류 및 분석에만 7년 이상이나 시간이 걸리기 때문에 여 론조사의 의미가 없었다. 이를 개선하고자 이 기 록기를 1890년 미국 여론조사에 활용하여 자료 분류 및 분석하는 데 있어서 2년 정도의 시간으 로 단축을 시키는 효과를 거두게 된다. 지금 생각 하면 이것은 말도 안되는 일이다. 미국 전역에 걸 친 여론조사라면, 현 컴퓨터의 성능을 빌린다면

며칠이면 끝날 일이다. 그러나 그 당시의 홀러리스의 천공카드 시스템의 발명의 펀치카드에 천공함으로써 자료의 내용이 천공된 구멍의 유무로서 부호의 형태로 표현된다는 점을 이용한 획기적인 도입이었다. 이 시스템에는 80칼럼의 카드와 96칼럼의 카드가 사용되었다고 한다.

1937년에 하버드 대학교 물리학 교수인 에이큰(Howard Aiken: 1900~1973, 미국)은 IBM사의 지원을 받아 범용적인 전기기계식 컴퓨터를 만들게 되는데, 자동순차제어계산기(Automatic Sequence Controlled Calculator)라고 불렀으나 후에 Harvard Mark I 이라는 명칭으로 바꾸었으며 실제 가동은 1944년부터 사용하였다. 72개의 톱니바퀴와 3,000개의 릴레이(relay), 천마력의 모터를 사용하여 23자리(digit)의 10진수 계산을 수 초 이내에 할 수 있었다. 이로서 완전자동계산기인 "MARK I"이 탄생하게 된다.

"MARK I"이 탄생한 이후로 1946년에 미국 펜실베이니아 대학의 전기공학자 모클리(John Mauchly) 박사와 에커트(Presper Eckert) 박사가 전자부품만을 사용하여 진공관 방식의 최초의 컴퓨터 애니악(Eniac)을 발명하게 된다. 최초라는 의미에서 이름을 외웠던 기억이다. 주요 부품으로 18,800개의 진공관과 1,500개의 릴레이 등을 사용하기 때문에 소비전력 150 Kw, 무게는 30톤, 설치면적은 약 140 m^{2}나 되는 거대한 장치가 탄생하게 된다. 기억용량은 100여 자로 한정되었으나 가감산은 매초 5,000번, 승산은 360번, 제산은 170번 정도로 탁상계산기로 20분 정도 걸리는 것을 10초 이내에 처리할 수 있는 능력을 가졌다.

컴퓨터의 발전은 계속 이어진다. 1947년에 벨 연구소에서는 세 명의 학자들이 진공관으로 만들어졌던 컴퓨터를 트랜지스터로 대체시키고, 다시 직접회로로 대체시킨다. 이것은 다시 인텔의 젊은 엔지니어가 마이크로프로세서로 대체시키게 된다. 이것으로 컴퓨터의 내부 회로 소자를 중심으로 컴퓨터의 세대를 구분하기도 한다.

(2) 컴퓨터 구조의 발전과정

제1세대 컴퓨터(1950년대)

제1세대 컴퓨터의 회로 소자로서는 진공관, 저장매체로는 천공카드, 주기억장치로는 수은지연회로, 보조기억장치로는 자기 드럼이 사용되었다. 컴퓨터의 크기는 아주 크고, 지금의 컴퓨터에 비하면 성능과 효율은 매우 떨어졌고 전력소모가 컸다. 또 가동할 때 발생하는 열을 식히기 위한 냉각장치가 필요하였다. 사용한 컴퓨터 언어

로는 어셈블리나 기계어와 같은 저급 수준의 언어를 사용하였고, 대표적인 기종으로 UNI-VAC I, 80, 90과 IBM 650과 700계열 등이 있다.

제2세대 컴퓨터(1960년대)

1세대에 사용했던 진공관 대신에 트랜지스터를 사용하면서 본격적으로 기업이나 공공기관에서 활용되기 시작하였다. 트랜지스터의 활용으로 전력소모가 줄었고, 부피도 줄었다. 주 기억장치에는 접근시간이 짧은 자기 코어가 이용되었고 기억용량이 큰 자기 드럼, 자기 디스크가 보조기억장치로 사용되었다. 이때 사용한 컴퓨터 언어로는 FORTRAN, COBOL, ALGOL과 같은 중고급 수준의 언어를 사용했다. 대표적인 기종으로는 IBM 1401, 7070, UNIVAC III, 1107, USSC 80, CDC 3000계열 등이 있다. 2세대부터 운영체제를 사용하여 다중 모드를 지원하게 된다.

제3세대 컴퓨터(1960년대 중반~1970년대 중반)

3세대에는 시분할 컴퓨터의 개념이 나오게 된다. 이 개념은 여러 사용자들이 자원을 공유하지만, 시간을 나누어 공유하기 때문에 마치 자기 혼자 컴퓨터 자원을 쓰는 것과 같은 효과를 낼 수 있는 것이 특징이다. 운영체제도 멀티 프로세싱 기반으로 다중 처리가 가능하였다. 메모리도 집적회로(IC)를 이용하여 성능면이나 크기면에서 비약적인 발전을 하게 된다. 이 때 사용한 컴퓨터 언어는 PASCAL, PL/1, C와 같은 범용 언어를 사용하게 된다. 지금도 C언어는 컴퓨터 언어의 기본 언어로서, 컴퓨터를 전공한다면 가장 먼저 배워 익혀야 하는 언어이다. 대표적인 시스템으로 IBM의 360 시리즈, UNIVAC 1108, CDC 6000 시리즈, Burrought 5500, Honeywell 200 시리즈 등이 있다.

제4세대 컴퓨터(1970년대 중반~1980년대)

단독으로 존재했던 시스템들이 연결이 되는 네트워크 개념이 등장하게 된다. 또 네트워크 내의 시스템에서 연산과 처리를 주도하는 서버와 서비스를 받는 입장의 클라이언트 개념이 등장한다. 네트워크 부분 부분에서 작업을 할 수 있는 분산처리 시스템의 개념도 등장하게 된다. 여기서 사용한 메모리는 고밀도 직접회로 VLSI(Large Scale Integration circuit) 기술을 사용하게 된다. 대표적인 시스템은 IBM의 370 시리즈이다.

제5세대 컴퓨터(1980년대 중반~현재)

초고밀도 집적회로(VLSI: very Large Scale Integrated Circuit)를 기본 소자로 사용하여 시스템의 크기를 더욱더 작게, 시스템의 성능을 더욱더 빠르게 바꾸어 나가게 된다. 지금의 시스템들은 스스로 지능을 가지며, 진화하게 되고, 인간의 편리한 삶을 위해 컴퓨터가 변하고 있다. 그러기 위해서는 다양한 기술과 접목이 되어야 하며, 그 다양한 기술은 아마도 유비쿼터스 개론 책에 모두 담을 수도 없을 것 같다.

컴퓨터의 각 세대별 발전 과정을 표로 정리해 보았다.

표 7-1 ● 컴퓨터의 각 세대별 발전과정

항목	1세대	2세대	3세대	4세대	5세대
Hardware 특징	진공관	트랜지스터	집적회로	LSI 마이크로프로세서	VLSI
Software 특징	일괄처리	다중 프로그래밍 온라인 실시간 처리	시분할 처리	분산처리	인공지능,병렬처리 자연언어 처리

(3) 유비쿼터스 환경의 차세대 컴퓨터의 정의

그럼 차세대 컴퓨터는 무엇일까? POST PC, UMPC(Ultra Mobile PC)[1]는 무엇일까? 라는 질문에 대한 답부터 풀어보도록 하자. 우선 차세대 컴퓨팅은 최적의 유비쿼터스 환경 구축과 인간 친화적인 서비스를 제공하는 미래 컴퓨팅 기술을 말한다. 간단하게 먼저 답을 찾으면 차세대 컴퓨터는 현재의 컴퓨터의 다음 세대로 진화되는 컴퓨터가 될 것이고, 포스트 PC는 컴퓨터의 대체품이라고 정의를 내리면, 정리가 쉬울 것 같다. 우선 차세대 컴퓨터는 RFID/USN 등으로 IT화된 사물들이 전송하는 대량의 연속 데이터를 지능적으로 선별하여 실시간으로 처리하는 능력이 필요하다. 또한 지능화되어야 한다. 정보처리 및 통신 기능을 갖춘 사물간, 사물과 사람간, 사람간의 상호작용을 백엔드에서 가상화하여 유연하게 처리해야 한다. 이렇게 되기 위해서는 서버와 단말 및 다양한 지능형 사물의 자율 조직형(Self-organic) 컴퓨팅 기술이 필요하다.

다양한 형태의 인간 친화적인 정보단말기기를 통해 개인화된 서비스를 제공하는 휴대 및 착용형(wearable), 신체 내장형ㆍ대체형 컴퓨터 단말 기술이 현재 연구되고 있다. 뿐만 아니라 인간이 느끼는 감정 정보를 처리하는 스마트 인터페이스 기술도 연구 중에 있다.

차세대 컴퓨팅 개념도는 그림 7-2와 같다.

(4) 출현 배경

▎유비쿼터스 컴퓨팅 환경의 등장

사물의 지능화, 네트워크화로 다양한 기술 및 서비스가 융합되고 복합화되는 유비쿼터

---

[1] 마이크로소프트, 인텔, 삼성 등이 합동하여 개발한 오리가미 프로젝트로 8인치 정도의 모바일 타블렛 PC의 표준 규격으로 소리, 영상, 게임을 처리하는 데 충분한 전력을 가지고 있으며 인터넷 탐색뿐 아니라 다른 통신과 네트워킹 응용 프로그램을 풍부하게 지원한다. "오리가미"는 종이 접기를 뜻하는 일본어이다.

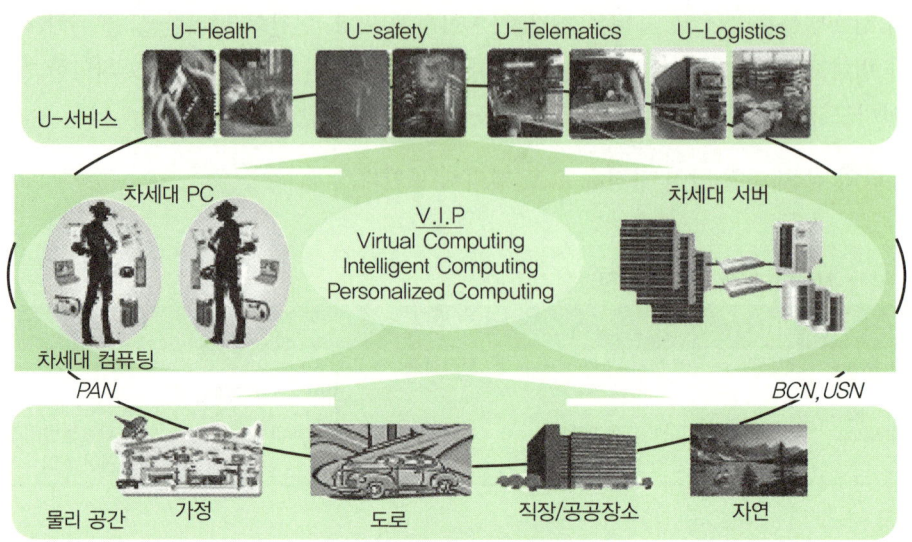

그림 7-2 ● 차세대 컴퓨팅 개념도

스 컴퓨팅 환경으로 급속히 전환되면서 개인, 기업, 정부 등 각자 소유한 IT자원에 구애받지 않고 원하는 IT자원을 필요한 만큼 활용할 수 있는 유틸리티 컴퓨팅이 현실화되고 있다.

▌u-IT 환경 구축을 위한 정보 서비스 패러다임 변화

RFID, u-ID, IPv6 등의 보급에 따라 급격한 증가할 객체 정보에 대해서 실시간 처리가 요구되고, u-IT 환경의 정보를 수집·분석·예측하는 일을 자동화되고, 지능적인 처리 기술이 부각되고 있다. 여기에 지능형 사물, 시설물, 환경의 실시간 모니터링, 추적, 분석, 예측을 통한 상황 인식 서비스가 등장하면서 컴퓨터가 바뀌어야 한다는 목소리가 높다.

▌인간친화적-개인맞춤형 IT 사용 환경을 제공하는 차세대 PC 기술 발전

멀티미디어단말, 울트라모바일 PC, 스마트폰 등 획기적인 이동성 개선과 입·출력기기의 소형화, 기능의 세분화로 컴퓨터 기능을 시계, 목걸이, 반지, 안경 등에서 제공할 수 있는 인간 친화적인 정보 서비스 환경을 요구한다. 여기에 휴대형, 착용형 정보단말기에 개인적인 감정까지 처리하는 기술로까지 발전되고 있는 추세이다.

▌다양한 단말의 가상 자원과 가상 컴퓨팅 플랫폼 제공을 위한 협업 컴퓨팅 출현

차세대 PC, 지능형 사물 등 다양한 서비스를 수행하는 단말과 서버 및 저장 장치의 유기적 협업을 통하여 한정된 자원의 제약을 극복하기 위한 가상화 기술이 필요하고, 차세대 PC를 중심으로 네트워크 연결형 주변기기, 다양한 지능형 사물 등이 동적으로 구성하는 자율 조직형 컴퓨팅 기술과 분산 시스템의 자원 통합에 의한 자원의 유틸리티화도 한 몫하고 있다.

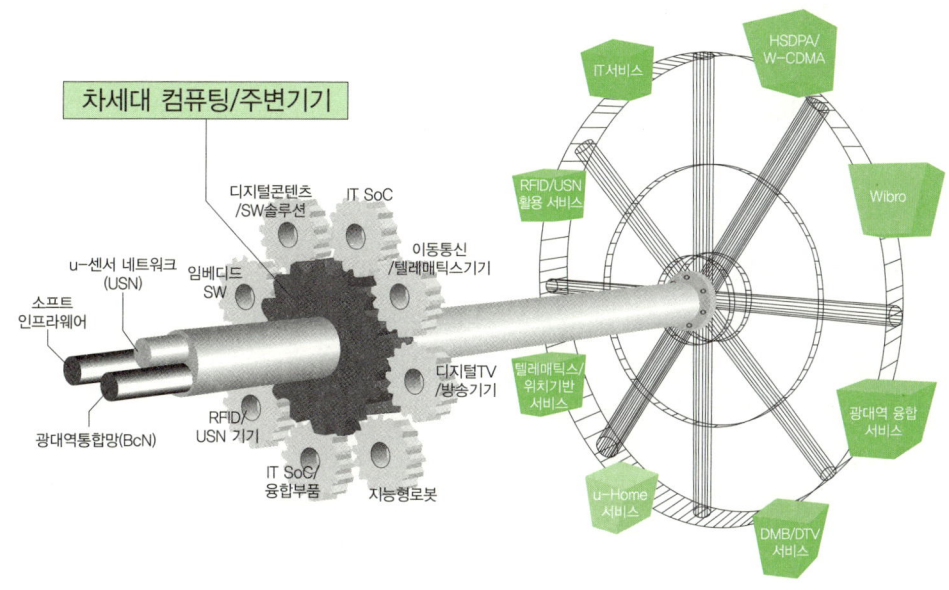

그림 7-3 ● 차세대 컴퓨팅과 주변기기의 포지셔닝

7.2 유비쿼터스 환경의 차세대 컴퓨터 기술

차세대 컴퓨터 기술을 분류하면 가상 컴퓨팅 기술과 인간 친화형 기술로 크게 분류해 볼 수 있다.

표 7-2 ● 차세대 컴퓨터의 기술 분류

항목	소분류	요소 기술
가상컴퓨팅 시스템	서비스 가상화 프레임워크	시멘틱 웹 서비스 프레임워크 기술
	가상 플랫폼	워크로드 가상화 기술, 자율 관리 기술 OS 가상화 기술, 입출력 하드웨어 가상화 기술
인간 친화형 차세대 PC	차세대 PC 플랫폼	초소형 초절전 모바일 H/W 플랫폼 기술 초소형 저전력 RTOS, 디버거 및 모니터링 기술
	웨어러블 네트워크	PAN, 센서 네트워크 인체 무해 통신 인터페이스 및 인체 통신 모델링
	HCI	퍼스널 상황인식 에이전트 햅틱[2] 인터페이스
	오감 정보처리 기술	오감 정보 모델링 및 표현, 오감 정보 인식 오감 정보 전송 및 융합 재현, 증강 현실
	생체정보 모니터링 기술	착용형/부착형 생체신호 센싱, 이식형 센싱, 비접촉식 바이오 센싱 기술

---

[2] 그리스어로 'haptesthai'에서 온 말로 컴퓨터의 기능 사용자의 입력 장치인 키보드와 마우스, 조이스틱, 터치스크린 등을 통해 사람의 촉각을 느끼게 하는 기술이다.

요소 기술로는 시멘틱 웹 서비스, 가상황 기술, 초소형, 저전력 기술, 인체 무해 인터페이스 기술, 햅틱 인터페이스 기술, 그리고 생체 정보 및 개인의 감정을 처리하는 기술 등으로 구분해 볼 수 있다.

(1) 시멘틱 웹

▌ 시멘틱 웹의 등장 배경

차세대 컴퓨터를 이야기하면서 웹이라니 잘 맞지 않는 토픽이라고 생각할지 모르겠지만, 지금의 컴퓨터는 인터넷과 운명을 같이 한다고 해도 과언이 아닐 정도로 웹 상에서 운영되는 것이 기본이다. 따라서 웹 플랫폼에 대한 얘기가 반드시 언급이 되어야 하므로 웹부터 짚고 넘어가 보도록 하자. 팀 버너스리(Tim Berners-Lee)에 의해 1989년 웹 기술이 출현한 이래로 웹 플랫폼 역시 진화하고 있다.

2000년 닷컴 버블 붕괴 이후, 구글(Google)이 유튜브(YouTube)를 1억6천만 달러에 인수하면서 인터넷 비즈니스가 황금 시장으로 인식된다. 그러면서 비즈니스 업계의 화두는 웹 2.0으로 관심을 모으면서 웹 기술은 급속도록 성정하게 된다.

아래 그림에서 보는 것과 같이 초기 모델의 웹은 일방적으로 사용자는 정보를 얻는 형태의 모델이었다. 하지만 현재 모델의 웹은 웹 플랫폼의 개방으로 정보를 공개하고, 사용자의 참여를 유발하여 웹의 쌍방향성을 갖는다. 미래의 모델은 이미 다 예상하겠지만, 컴퓨터뿐만 아니라 정보기기, 가전기기, 통신기기 등의 모든 디바이스들이 네트워크를 형성하기 때문에 웹 또한 네트워크형으로 진화할 수밖에 없다.

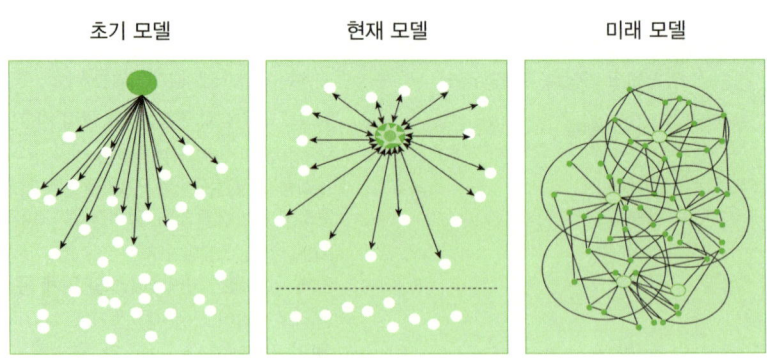

초기 모델　　　현재 모델　　　미래 모델

그림 7-4 ● 웹의 진화 과정

▌ 시멘틱 웹의 개념

이제는 웹 상에 축적된 정보가 방대해 짐에 따른 문제를 생각해 보아야 한다. 웹 기술은 축적된 방대한 데이터에 대하여 키워드(keyword)에 의한 정보 검색이 되어 불필요한 정보도 추출이 된다. 이 모든 정보를 사용자가 직접 개입해서 원하는 정보를 찾아야 하는 불편함도 존재한다. 이러한 웹 기술은 팀 버너스리가 초창기에 구상하였던 웹과도 거리가 있다. 2001년 팀 버너스리 등에 의해 웹 기술의 비전으로 새로운 웹이 제시되는데, 2010년경부터 기계들이 지능적인 일을 하기 시작한다고 보고, 웹 상에 존재하는 자료에 의미를 부여하여 컴퓨터 스스로가 이를 이해하고 처리할 수 있는 차세대 지능형 웹이 등장한다고 했는데, 그것이 바로 시멘틱 웹이다. 개념도를 보면 다음과 같다.

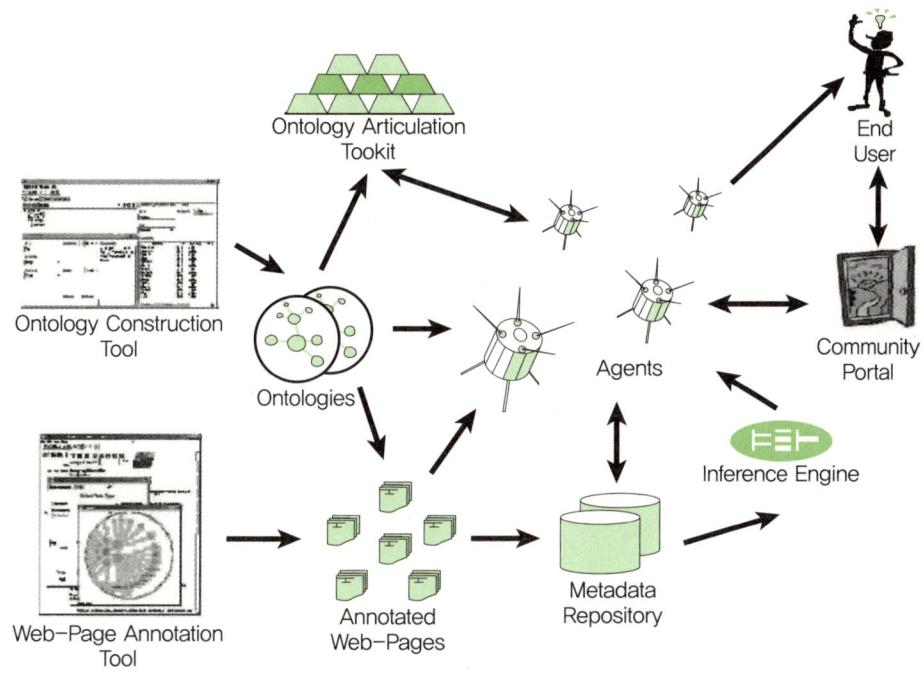

그림 7-5 ● 시멘틱 웹의 개념도

기존 웹을 확장하여 웹 페이지를 잘 정의된 의미로 자동적으로 생성시킨다. 모든 정보를 의미기반으로 정의하기 때문에 의미적 상호운용성(Semantic Iinteoperability)을 실현할 수 있다. 이런 의미들은 메타데이터로 가공이 되고, 온톨로지에 저장이 된다. 이러한 무수히 많은 의미가 있는 정보 자원들은 그 내부에 존재하는 지능형 에이전트(Intelligent Agent)들이 사용자를 대신해서 사용자가 원하는 일을 스스로 알아서 수행하게 된다.

여기서 온톨로지라는 개념이 등장을 하게 되는데, 이 말은 BC 360년에 아리스토텔레스가 처음 사용하였다고 한다.

영어로 보면, **"An ontology is a formal, explicit specification of a shared conceptualization of a domain of interest."** 로 표현한다.

첫 번째, 형식적(Formal)이다. 이것은 기계가 읽을 수 있어야 한다는 의미다. 웹 상에서 메타데이터를 XML(Extensible Markup Language)로 작성하면 된다.

두 번째, 명시적(explicit)이다. 개념의 종류와 그들의 관계, 개념들의 제약 조건들이 명백하게 기술되어 있어야 한다.

세 번째, 공유(Shared)되어야 한다. 사람과 사람, 사람과 기계, 기계와 기계가 합의된 표현 체계에 따라 개념을 공유한다.

네 번째, 개념화(Conceptualization)이다. 표현하고자 하는 대상 세계의 개념들을 특정 모델로 추상화하는 과정을 의미한다.

마지막으로 관심영역(Domain)이다. 개념을 표현, 공유하고자 하는 지정된 영역에 제한된다.

이것을 정리하면 사람들이 관심 있는 사물에 대해 생각하는 바를 형식화하고, 명시화시킨 후 공유 모델로 하여 개념을 정의하는 기술을 말한다.

시멘틱 웹의 구조

다음은 시멘틱 웹의 계층 구조이다.

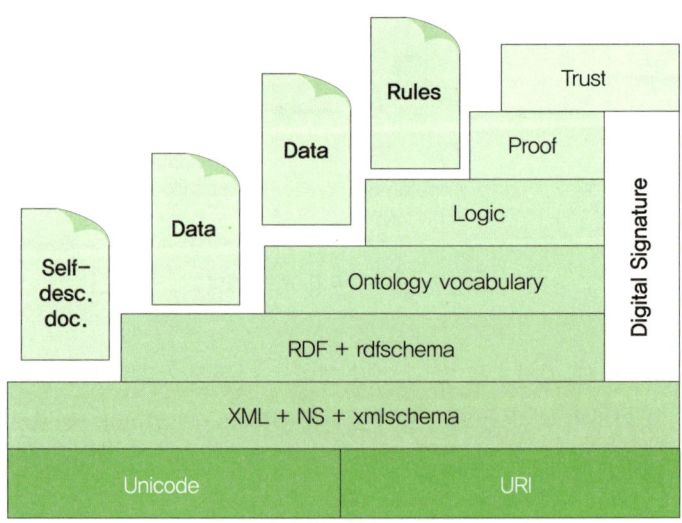

그림 7-6 ● 시멘틱 웹의 계층 구조도(2001)

XML을 알고 있다면 위의 계층 구조가 너무나도 당연한 구조로 보일 것이지만, 그렇지 않다면 아마도 내가 처음에 이 계층 구조를 보고 머리가 아팠던 것처럼 여러분도 복잡하게 보일 것이다.

제일 하단 계층에 위치한 유니 코드(Unicode)는 전 세계의 언어들을 2바이트 크기의 문자 체계로 만든 표준 코드로 전 세계 모든 언어를 하나의 단일 코드로 표현한 것이다. URI(Uniform Resource Identifier)는 인터넷에 있는 자원을 나타내는 유일한 주소이다. 유일한 주소를 부여하는 이유는 어떤 자원의 주소가 중복이 되면, 그 자원을 탐색할 때 충돌이 발생하기 때문이다. URL과 비슷한 의미라고 생각하면 된다. 유니코드와 URI 는 웹 정보 자원을 서술하고 식별하기 위한 표준 체계라고 얘기를 하는데, 아래의 표시 는 URL의 표시로 프로토콜과 URI로 구성된다. 흔히 우리가 인터넷 Exploer의 주소 입 력창에서 보는 내용일 것이다.

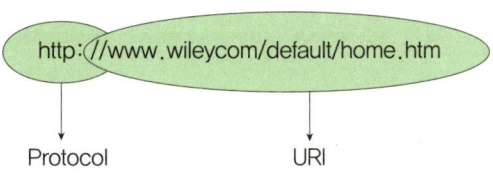

두 번째 계층에 있는 XML은 W3C에서 권장하는 다목적 마크업 언어로 HTML처럼 제 한된 태그만을 이용해서 웹 페이지를 구성해야 하는 단점을 극복하여 사용자가 태그를 원하는 대로 정의해서 만들면서도 표준화된 문서 포맷을 가지기 때문에 주로 다른 시스 템, 특히 인터넷에 연결된 시스템끼리 데이터를 쉽게 주고 받을 수 있게 만들어진 언어이 다. NS(Namespace)는 XML의 일부분이라고 할 수 있는데, 변수나 태그의 이름을 정의 할 때 이름의 충돌을 막기 위해서 이름 공간을 두어 같은 이름이더라도 명확하게 구분하 는 기능이다. 예를 들어 CML(Customer Markup Language)로 정의한 고객의 정보, PML(Product Markup Language)로 정의한 상품의 정보, 그리고 OML(Order Markup Language)로 정의한 주문 정보는 정보라는 이름은 같지만, 네임 스페이스를 정의한다면 고객 정보, 상품 정보, 주문 정보를 구분해서 사용할 수 있는 것이다. 여기서 CML, PML, OML은 XML로 작성된 표준 문서라 생각하면 된다.

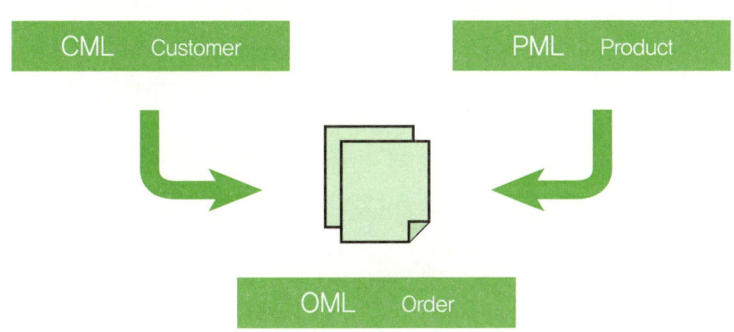

그림 7-7 ● XML로 작성된 표준 문서들

여기에 표준화된 문서를 만들기 위해서는 XML Schema를 제일 먼저 선언해야 한다. 스키마는 말 그대로 현재 문서에 어떤 요소를 쓸 것이지 미리 정해놓기 때문에 문서를 표준화시킬 수 있다. 이로써 XML, NS, XML 스키마는 정보 구조와 전달하고자 하는 정보를 표현하는 형식을 표준화하게 된다.

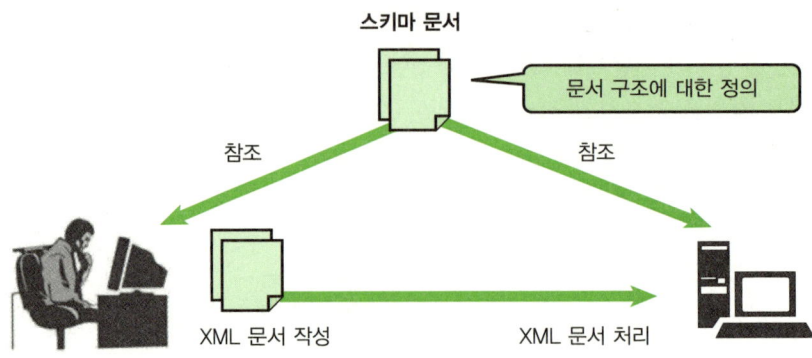

그림 7-8 ● XML 스키마

세 번째 계층에는 RDF(Resource Description Framework)가 존재한다. 이 프레임워크는 메타 데이터(의미)기반의 정보 자원이나 자원의 타입을 기술하게 된다. 따라서 RDF와 RDF 스키마는 정보 자원의 의미적 연결 관계를 정의하여 메타 데이터 수준의 의미로 표현하게 된다.

이렇게 기술된 의미를 온톨로지에 저장해 데이터베이스를 구축하게 되는 것이다.

이렇게 하여 Logic이라는 온톨로지 기반의 표준 논리 체계와 Proof, Trust라는 증명되고, 신뢰성 있는 표준 체계를 이용하여 데이터의 룰을 만들게 된다.

앞에서 살펴본 시멘틱 웹의 계층구조는 2001년도에 정의된 구조이고, 이를 다시 2006년도에 다시 정의하게 되는데 그 구조는 다음과 같다.

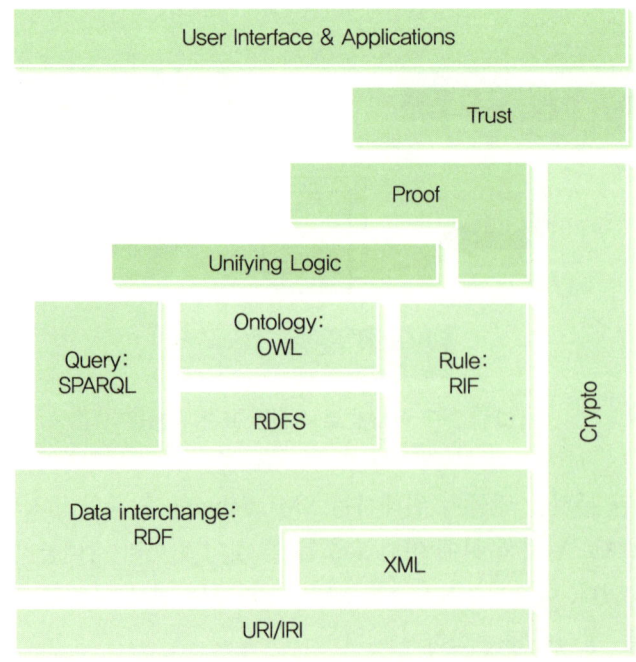

그림 7-9 ● 시멘틱 웹의 계층 구조도(2006)

기존 웹과 웹 2.0, 그리고 시멘틱 웹

기존 웹은 HTML 기반의 데이터 표현 중심이라면 시멘틱 웹은 XML 기반의 의미인 메타 데이터 중심이다. 따라서 시멘틱 웹은 에이전트가 온톨로지를 참조하여 의미를 논리적으로 추론할 수 있는 사람과 컴퓨터 중심의 웹이라고 할 수 있다.

그럼 웹 1.0인 기존의 웹과 웹 2.0은 어떻게 다를까?

기존의 웹은 포탈 위주의 정보를 제공만 하는 폐쇄적인 웹이라면, 웹 2.0은 플랫폼으로써의 웹으로 다양한 서비스를 이용하는 것뿐만 아니라, 사용자가 웹 서비스에 직접 참여하고 정보를 공유할 수 있는 다양성을 가지고 있다. 웹 2.0은 철저히 개인 중심의 웹으로 Syndication(배포)라는 단어로 대표할 수 있다.

마지막으로 웹 2.0과 시멘틱 웹은 어떻게 다를까? 정리하면 다음과 같다.

표 7-3 ● 웹 2.0과 시멘틱 웹의 비교

항목	웹 2.0	시멘틱 웹
제안자	Tim O'Reilly	Tim Berners-Lee
주체	사람 개인 중심	사람과 컴퓨터, 컴퓨터와 컴퓨터
관점	비즈니스 측면에서의 플랫폼으로서의 웹	연구 개발 측면에서의 지식정보자원인 웹
특징	개방, 공유, 참여, 협력	개방, 공유, 지능화
핵심 요소	Mashup, Open API	온톨로지, 규칙
표준 요소 기술	다양한 일반 정보 기술	RDF, RDFS, OWL, RIF 등
응용 방향	RIA(Rich Internet Application)으로 Library 2.0, Enterprise 2.0, Government 2.0 등	지능형 서비스 에이전트를 이용한 시멘틱 라이브러리, 시멘틱 그리드[3], 시멘틱 웹 서비스 등

시멘틱 웹을 웹 3.0이라고 하기도 하는데, 아직까지는 웹 2.0과 웹 3.0은 상존하고 있지만, 궁극적으로는 자연스럽게 통합되어 차세대 웹 기술인 웹 4.0으로 융합될 것이다. 새롭게 등장할 차세대 웹 4.0은 인간중심의 RIA(Rich Internet Application)[4] 인터페이스와 컴퓨터 중심의 시멘틱 비즈니스 프로세스를 기반으로 새로운 엔터프라이즈 네트워킹 시스템 형태로 개발될 것으로 예상된다. 웹의 발전 방향을 그림 7-10에서 볼 수 있다.

---

[3] 그리드 컴퓨팅은 지구상의 모든 컴퓨터를 네트워크로 연결해 하나의 거대한 가상 컴퓨터를 만든다는 개념으로 개념 자체는 이미 오래 전부터 있었으나 최근 들어서야 이를 구현할 수 있는 기술적 환경이 마련됐다. PC나 서버, PDA 등 모든 컴퓨팅 기기를 하나의 네트워크로 연결해, 정보처리 능력을 슈퍼컴퓨터 혹은 그 이상의 수준으로 극대화시키는 것이다. 즉 분산된 컴퓨팅 자원을 초고속네트워크로 모아 활용하는 개념이다. 그리드 컴퓨팅 네트워크는 월드와이드웹(WWW)보다 1만 배나 빠른 속도를 처리할 수 있다.
[4] 전통적인 데스크톱 애플리케이션의 기능과 특징을 구현한 웹 애플리케이션으로 복잡한 조작을 할 수 없었던 웹 브라우저 기반의 애플리케이션을 대체하기 위한 "X인터넷" 솔루션이다.

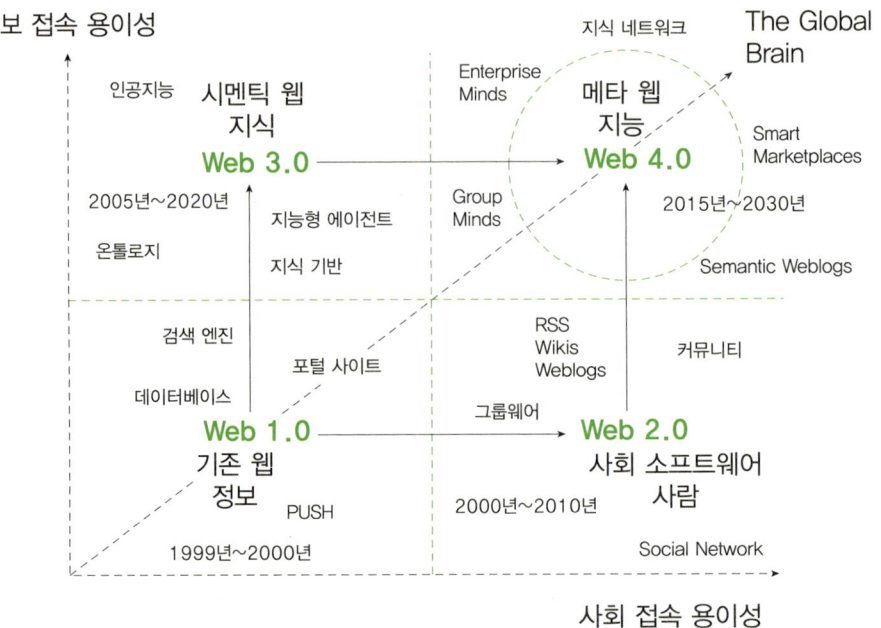

그림 7-10 ● 웹의 발전 방향 (출처: Nova Spivak, Radar Networks & Mills Davis, Project 10x, 2007년 2월)

(2) 가상화

가상화의 정의

가상화(virtualization)란 리소스의 추출을 일컫는 광범위한 용어로 리소스, 즉 자원이라 함은 하드웨어에서는 프로세서, 메모리, 서버가 있고, 이를 운영하는 시스템 소프트웨어인 운영체제와 응용 프로그램을 들 수 있다. 다른 시스템, 응용 프로그램, 최종 사용자들이 리소스와 상호 작용하여 리소스를 감추는 기술이다. 예를 들면 다중 논리 처리를 하는 것처럼 보이는 저장 장치, 서버, 운영 체제, 응용 프로그램이 하나의 단일 물리 리소스

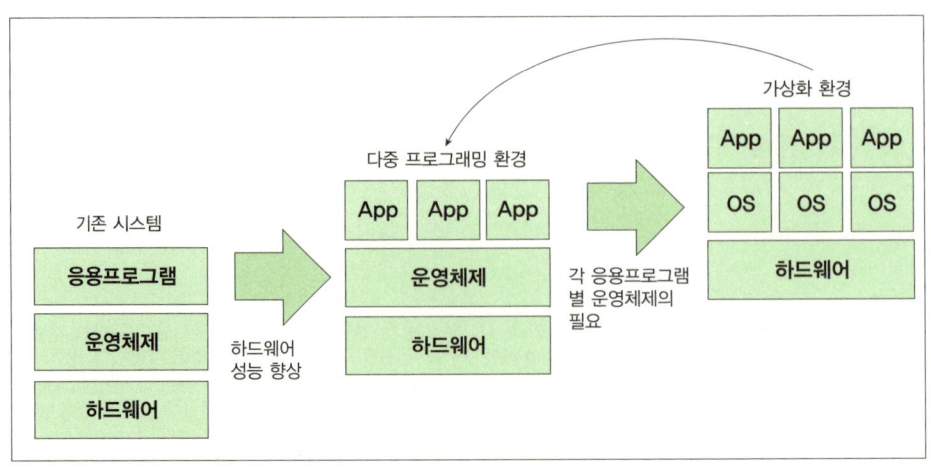

그림 7-11 ● 가상화의 개념도

를 만들어 낸다거나 단일 논리 처리를 하는 것처럼 보이는 저장 장치, 서버가 여러 개의 물리적 리소스를 만들어 내는 것을 의미한다. 이 용어는 1960년대 이후로 널리 사용되고 있다.

가상화의 종류

종류는 정의 부분에도 나타나 있듯이 리소스의 종류에 따라 분류할 수 있다.

프로세서 가상화, 스토리지 기반 가상화, 서버 기반 가상화, 네트워크 기반 가상화이다.

프로세서 가상화는 CPU 하나에 여러 운영체제를 동시에 가동할 수 있는 기술인데, 여러 운영체제를 사용할 때 라이선스 문제가 발생한다.

스토리지 기반 가상화는 컨트롤러에 가상화 솔루션을 탑재하는 방식으로 구현이 간단하고 안정성 면에서 뛰어나나, 범용성이 떨어지고 가상화 범위가 하나의 스토리지로 제한이 되는 단점이 있다.

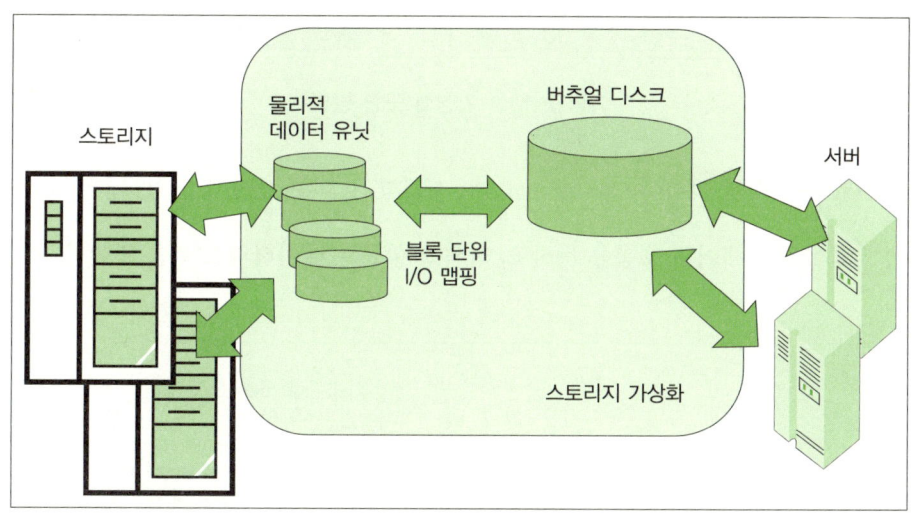

그림 7-12 ● 스토리지 가상화의 개념도

서버 기반 가상화는 서버에 가상화된 스토리지 볼륨에 액세스하는 에이전트를 설치하는 방식으로 융통성 있는 관리 기법을 제공하나 서버가 가지고 있는 자원을 사용하지 못하는 단점이 있다.

네트워크 기반 가상화는 네트워크 장비와 고성능 컴퓨터 플랫폼을 통합한 장비를 사용하는 방식으로 가장 이상적인 방법이나 제품화하기 어려운 단점이 있다.

가상화 구성 방법

구성 방법은 Out-of-Band 방식과 In-Band 방식이 있다.

Out-of-Band 방식은 모든 데이터의 입출력을 서버를 통해 이루어지는데, 이 서버 (Appliance)는 NT, 리눅스, 유닉스로 운영되어야 한다. 이 방식은 스토리지 도메인 별로 두 대의 서버로 제한되어 확장성이 떨어지고, 데이터의 무결성 문제가 발생된다.

In-Band 방식은 서버는 호스트와 스토리지의 메타 데이터만을 관리한다. 따라서 모든 데이터의 입출력은 호스트와 스토리지에서 직접 이루어져 단순하고, 중앙 집중화된 시스템에 많이 이용되면 스토리지 자원의 활용 효율이 높다.

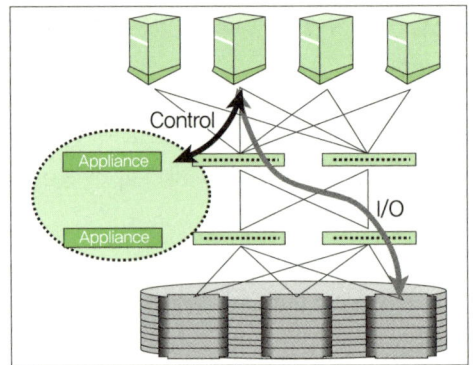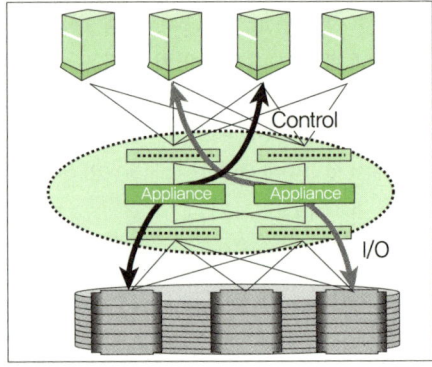

그림 7-13 ● 가상화 구현 방법

위의 그림에서 왼쪽 그림이 Out-of-Band 방식이고, 오른쪽 그림이 In-Band 방식이다.

검은색 화살표는 제어의 흐름을 뜻하고, 회색 화살표는 데이터의 흐름을 뜻한다.

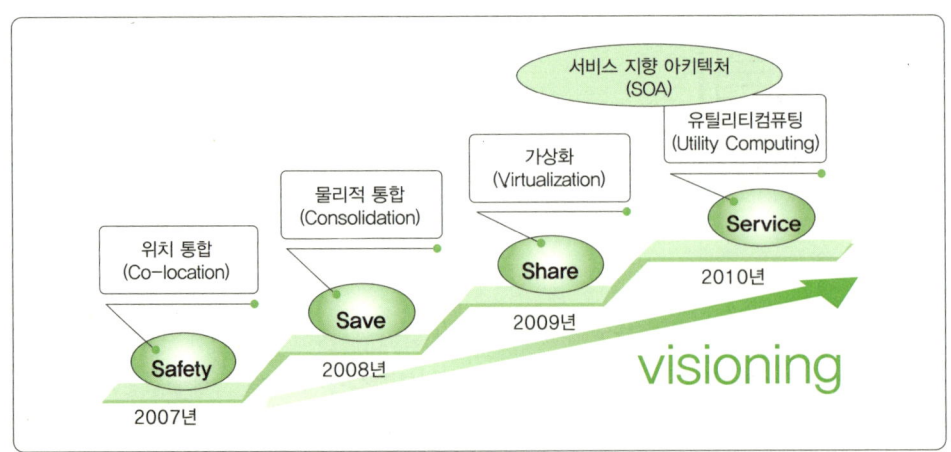

그림 7-14 ● 가상화의 발전 단계 (출처: 가상화 기술현황과 공공기관 적용 시사점, 정보사회 현황 분석 2, 한국정보 사회진흥원, 2007)

가상화 기술을 도입을 하면, 평균 30% 이상의 물리적 공간 감소와 약 20~30% 정도의 총 소유비용이 절감된다고 한다. 국내 주요 기업에서는 가상화 기술을 이미 도입하였고, 전 세계적으로 2007년에 약 40% 정도의 가상 서버가 증가했다고 한다. 현재 성능과 안정성에 중점을 두어 가상화를 선택하여 IT를 통합했다면, 2010년에는 서비스 중심의 가상화가 등장하여 유틸리티 컴퓨팅시대로 전환될 전망이다. 유틸리티 컴퓨팅시대에는 비용 관리와 인프라 관리를 자동적으로 해주고, 자원을 최적화하여 지원하는 단계로 진화할 것이다.

7.3 유비쿼터스 환경의 차세대 컴퓨터 시장동향

(1) 가상 컴퓨팅 시스템 분야

국내 기업의 서비스 가상화 프레임워크 제품 및 서비스 현황은 응용 프로그램의 다양성, 편의성, 컴퓨팅 자원의 활용과 최적화를 위한 다양한 수준의 가상화 기술들이 등장하고 있다.

차세대 웹은 시멘틱 웹 서비스가 될 것으로 예측되며, 정적인 웹에서 동적인 웹 서비스 개념을 실현하고 다양한 서비스 미들웨어를 시멘틱 웹 서비스 프레임워크로 통합될 것으로 전망한다.

사용 단말이 다양해짐에 따라 컴퓨팅 자원과 서비스를 컨텍스트에 따라 동적으로 재구성 가능하도록 하거나, 과거의 서비스 기록으로부터 필요한 서비스를 추론할 수 있는 지능형 협업 미들웨어로 발전할 것으로 본다.

한편, 외국 기업의 경우는 차세대 웹 서비스 표현을 위한 RDF, OWL과 같은 온톨로지 기반 언어 기술이 등장하고, 온톨로지 기반의 에이전트를 이용해 서비스의 표현, 발견, 중재를 처리하며, 지능적이고 동적인 서비스가 제공되는 시멘틱 웹 기반의 Web 2.0 기술이 발표되었다.

국내 기업의 글로벌 자원 가상화 기술 연구는 외국의 상업화 기반의 활발한 연구 활동과는 달리 연구실 수준의 연구가 진행되고 있고, 국외 기업인 IBM, Sun, HP 에서는 가상화 기술을 이용한 서비스 제공 방법에 대한 연구 및 상용화 경쟁을 본격화하고 있다.

소프트웨어 솔루션은 오픈소스인 Xen과 상용화버전인 VMWare, VirtualPC 등이 영역을 넓히고 있으며 최근에는 Virtual Server를 인수한 마이크로소프트사가 Window Virtual Server를 개발하여 향후 Hypervisor를 내장한 최신버전의 Windows OS를 출시할 것으로 발표했다.

(2) 인간 친화형 차세대 PC 분야

국내 기업의 차세대 PC 플랫폼 제품 및 서비스 현황은 삼성전자의 울트라모바일 PC (UMPC) 시장진입 후, 국내 PDA, PMP 개발 업체 중심으로 다기능 모바일 컴퓨팅 기기 개발이 확산되고 있다.

국외 기업은 MS, 인텔 공동으로 UMPC 개발 시제품을 CeBIT 2006 전시회에서 첫 선을 보였다. 애플은 MP3P iPot 세계 시장선점과 음악, 동영상 다운로드 서비스 아이튠을 확산하고 있고, 의류와 IT 접목의 일환으로 인피니언사와 애플사는 의류와 MP3P 접목으로 엔터테인먼트를 위한 MP3 재킷 시장에 진입했다.

차세대 컴퓨터에서 가장 관심을 보이는 웨어러블 네트워크 분야에서의 국내 기업의 움직임을 보면, 인체통신 기술 분야는 기술 검증단계이며, Zigbee 분야는 소형화, 저전력화를 위한 상용화 기술개발 중이고, 국외 일본 마쓰시타 전공에서는 인체를 통신선으로 사용하는 3.7 kbps급 인체통신장치인 터치통신 시스템 실용화했으며, 필립스에서 10 cm거리, 13.56 Mhz에서 동작하는 NFC(근접장통신) 칩을 개발했다. 차세대 컴퓨터 시장 규모는 다음과 같다.

표 7-4 ● 차세대 컴퓨터 시장규모

단위: 세계 시장(백만 달러), 국내시장(억 원)

구분		2004	2005	2006	2007	2008	2009	2010	2011	2012	CAGR
가상컴퓨팅 시스템	세계	38,585	51,285	63,388	80,954	95,013	105,560	122,819	143,775	170,571	31.24%
	국내	4,224	5,237	6,233	7,635	9,287	11,546	14,197	17,426	21,643	28.53%
실시간 지능형 데이터처리 시스템	세계	119,840	127,539	135,318	142,027	146,796	151,012	156,454	163,424	171,531	4.58%
	국내	24,372	26,172	27,579	29,158	30,722	31,677	32,780	34,879	37,279	5.46%
인간 친화형 차세대 PC	세계	18,265	38,172	59,957	79,229	92,705	107,308	123,188	160,057	207,071	35.5%
	국내	529	834	1,463	2,217	2,644	2,994	3,377	4,390	5,707	34.6%
전체(합계)	세계	176,690	217,995	258,663	302,210	334,514	363,881	402,460	467,256	550,071	15.25%
	국내	29,125	32,243	35,275	39,010	42,653	46,216	50,355	56,696	64,629	10.48%

※ 인간친화형 차세대 PC는 휴대형(PDA, 스마트폰, PMP, 타블릿 PC 등 핸드헬드 기기), 착용형(웨어러블 컴퓨터, 입출력 기기 등) 컴퓨터로 구성되며, u-헬스 관련 시장은 미포함(출처: VDC, IDC, 가트너 2005, 2011 이후는 추정치)

7.4 유비쿼터스 환경의 차세대 컴퓨터 기술동향

(1) 가상 컴퓨팅 시스템 분야

국내 서비스 가상화 프레임워크 기술은 인터넷 서비스 활성화에 따라 높은 수준의 인터넷 기반 서비스 미들웨어 활용 기술 및 응용 서비스 소프트웨어 기술을 확보한 상태이나 자원 가상화 분야의 기술연구는 아직 연구실 수준의 시작 단계이고 외국의 오픈소스 개발 사이트에 참여하는 시작 단계이다.

국외 서비스 가상화 프레임워크 기술은 웹 서비스 기반 서비스 상용화 단계, 시멘틱 웹 서비스에 대한 원천연구 및 표준화 단계이고, HP, IBM, Sun 등의 글로벌 IT 회사들은 독자적인 그리드 기술을 확보하고 이를 서비스에 적용하여 솔루션으로 상용화하고 있다.

(2) 인간 친화형 차세대 PC 분야

국내 산업체는 무선인터넷 접속에 의한 서비스 제공을 위한 것으로 개인 휴대 정보단말기인 PDA폰, 스마트폰 위주의 제품 개발에 집중하고 있다. 여기에, 차세대 PC산업협회 등은 제조, 물류용 산업용 데이터 캡처단말 기술개발을 진행 중에 있으며 한국생산기술연구원을 중심으로 코오롱 등 기업 연구소 등에서 스마트 웨어(Smart Wear) 관련 연구도 진행 중에 있다.

국외 기업 MS는 인체를 통한 PAN, BAN 기기 전원공급 및 데이터통신에 대한 원천특허를 2004년도에 확보했었다. 뿐만 아니라 휴대기기와 주변기기 데이터통신용 PAN 프로토콜과 바이오센서 및 신체 착용형 기기용 BAN 프로토콜에 대한 표준으로 개발한 후 응용 프로파일 개발을 확산하고 있다. 반면 캐나다의 Zarlink는 의료용 임플랜트 무선통신을 위한 최대 800 kbps, 1~5 mA급 초절전 무선트랜시버 최초 개발해서 캡슐형 내시경을 위한 무선통신 모듈에 적용하였다. 특히 미국과 유럽 선도기업에서는 스마트 섬유, 스마트 패션 등 스마트 웨어에 대한 집중 연구 등 착용형 컴퓨터에 대한 투자가 활발히 진행 중에 있다.

7.5 유비쿼터스 환경의 차세대 컴퓨터 정책동향

우리나라 정보통신부에서는 유비쿼터스 컴퓨팅 환경의 기술 융합화 추세에 대응한 IT839 전략산업의 일환으로 입는 컴퓨터와 같은 인간 친화적인 차세대 PC 핵심 IPR 및 개방형 기술표준화 추진을 위한 차세대 PC 중장기 원천 기술개발 계획과 2006년 차세대 컴퓨팅 및 주변기기 발전 전략을 수립하였고, 산업 표준 기술, 공개 소프트웨어 등 개방형 기술을 기반으로 차세대 컴퓨팅 핵심 기술개발 역량을 강화시키는 기술 발전 전략을 수립하였다.

미국은 1991년 초고속 정보통신망과 연계된 고성능컴퓨팅 법안 및 1998년에는 차세대 인터넷연구법을 제정하여 IT R&D 프로그램의 법적 근거를 일찍부터 마련해 놓았다. 특히 국방부 산하 고등연구계획국(DARPA) 정보처리기술국(IPTO)은 유비쿼터스컴퓨팅 관련 Smart Dust 및 Endeavour 프로젝트(버클리 대학), Info-Sphere 프로젝트(OGI/Georgia Tech), Portolano(워싱턴 대학), Aura(CMU) 그리고 Oxygen(MIT) 등 대학 중심으로 지원하고 있다.

그리고 일본의 u-Japan 정책의 ICT R&D 방향은 UNS 전략 프로그램에 근거하여 기초적이고 선도적인 영역을 연구개발을 추진 중에 있다.

특히 2006년에는 정보통신 신기능, 디바이스 기술, 유비쿼터스 플랫폼 등에 관한 연구를 추진했다.

그뿐만 아니라 오사카과학기술센터를 중심으로 인간의 오감을 기술화하여 고차원 사회를 추구하는 신산업 창출을 목적으로 오감을 찾아내는 센서 디바이스, 전달하는 정보통신, 재현 기술개발 프로젝트를 위한 오감산업포럼을 2003년 10월에 발족하였다. 또 Grand Design의 일환으로 2001년 헬스케어 정보화를 시작하여 전자진료 시스템 및 e-병원 시스템 도입을 목표로 하는 미래지향적 프로젝트를 추진하고 있다.

EU는 FP6(2002~2006년)의 일환으로 IST(Information Society Technology) 프로그램에 36억 유로를 투자했으며, EU의 정보화사회 기술계획(IST)의 일환으로 미래 기술계획(FET)에서 사라지는 컴퓨팅(disappearing computing)을 중심으로 유비쿼터스 컴퓨팅 대응전략를 모색하고 있다. EU는 e-Europe 2005에서 EU전역에 걸친 광대역 네트워크를 통해 전자건강카드, 온라인 건강서비스 등 u-헬스를 위한 보건정보화 실현을 추구하고 있다.

참고문헌

[1] "Forecast:Database Management Systems Software, Worldwide, 2003-2009, (Executive Summary)", Gartner, Sep 2005.

[2] "Options Proliferate for Real-Time Data Integration Technology", Gartner, 2005.9.

[3] "IBM DB2 UDB V8.2, Oracle 10 g, Microsoft SQL Server 2000 A technical comparison", BeKS, 2004. 11.

[4] "IBM-Research Context-Sensitive Applications", IBM Research, http://www.reserach.ibm.com/cxs/index.html

[5] "Virtualization-Bringing Flexibility and New Capabilities to Computing Platforms", Intel, June 04, 2004

[6] Masayoshi OHASHI, "Introduction of Research Activities Toward the Ubiquitous Network in Japan", APCC2005, Oct 03, 2005

[7] GREGORY D. ABOWD and ELIZABETH D. MYNATT, "Charting Past, Present, and Future Research in Ubiquitous Computing, Georgia Institute of Technology, ACM Transactions on Computer-Human Interaction", Vol. 7, No. 1, March 2000, Pages 29-58.

[8] Masayoshi Ohashi, "Ubiquitous Service Platform for Future Mobile Systems", KDDI R&D Laboratories, SAINT2005

[9] Jean S. Bozman, "IBM's Linux on POWER : A Scalable Platform for On Demand Computing", IDC White Paper, July 2004

[10] M.S.Choi, "Korean IT industry for Next Decade", KAIT, 2005.

[11] D.Ing, H, Strauss, "Towards A Ubiquitous Future Limited Only By Our Imagination", SUN, 2005.

[12] "Shared Workspaces:Future Trends", Ferris Redearch

[13] R. Clark, "J2EE and .NET:An Objective Comparison", Oracle

[14] "웹 서비스 솔루션 백서 2nd Edition", IBM, 2005.

[15] "Oracle9i Application Server 웹 서비스 기술 백서", Oracle, 2005

[16] "X-project 발굴 계획(안)", ETRI, 2003.

[17] "u-City 정책 추진 방향", u-City 구축추진 T/F, 2006.

[18] 조위덕, "U-City의 기술 발전 방향", 유비쿼터스컴퓨팅사업단, 2005. 11

[19] 최규태, "성공적인 U-City 추진 전략", KT, 2005

[20] 하원규, "유비쿼터스 IT혁명의 방향과 u-Korea 기본 구상", ETRI, 2003.

[21] 박주석, "Ubiquitous Personalization: 개인호를 위한 물리공간과 전자공간 융합거리 측정방안", Digital2 Conference, 2005.

[22] 이응봉, "Ubiquitous Computing & Digital Library", 2003.

[23] "해외 IT R&D Policy 동향 분석", 정보통신연구진흥원, 2005. 1.

[24] "웹 기술 발전방향 및 표준화 개발전략 연구", 한국전산원, 2004. 12.

[25] "웹 서비스 확산발전 방안 연구", 2004. 12.

[26] "IT839 전략 기술개발 융합 보고서 마스트 플랜", 정보통신연구진흥원, 2006

[27] "모바일 일등국가 건설을 위한 M1 프로젝트 추진전략", 정보통신부, 2006

[28] "세계 최초의 유비쿼터스 사회 실현을 위한 u-KOREA 기본계획", 정보통신부, 2005

[29] "IT839 전략 기술개발 Master Plan (차세대 PC)", 정보통신연구진흥원, 2004

[30] "컴퓨터/주변기기 산업현황 및 육성전략(안)", 정보통신연구진흥원, 2005

[31] 유승화, "유비쿼터스 사회의 RFID", 전자신문사, 2005.

IT 대한민국은 ITC(Info Tech Corea)가 함께 하겠습니다.
www.itcpub.co.kr

유비쿼터스 환경의 임베디드

항공관제 시스템, 우주선 제어장치, 군사용 제어장치 등 수없이 많은 기술들이 우리 생활과 밀접하게 관련되어 편안한 삶을 영위하는 데 도움을 주고 있다. 이러한 기술들은 궁극적으로 임베디드 시스템에 임베디드 소프트웨어 기술을 가지고 구현하는데 이 장에서는 유비쿼터스 환경의 임베디드에 대해 알아보도록 한다.

8.1 유비쿼터스 환경의 임베디드 개요　　8.2 유비쿼터스 환경의 임베디드 기술
8.3 유비쿼터스 환경의 임베디드 시장동향　　8.4 유비쿼터스 환경의 임베디드 기술동향
8.5 유비쿼터스 환경의 임베디드 정책동향

8.1 유비쿼터스 환경의 임베디드 개요

(1) 임베디드 시스템의 정의

임베디드 시스템의 정의를 알아보기 전에 시스템이 무엇인지 생각해 보자. 저자는 입력이 있으면 출력이 있는 모든 체계를 시스템이라고 생각한다.

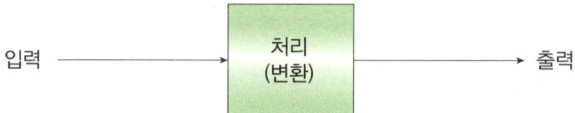

입력 → 처리 (변환) → 출력

그림 8-1 ● 시스템 구성도

사람도 시스템이다. 입력과 출력이 있기 때문이다. 하지만 시스템이라고 하면 컴퓨터를 연상하게 되는데, 아마도 입력 데이터 처리를 주로 컴퓨터가 하는 데서 기인할지도 모르겠다. 좀 더 복잡하게 들어가면, 가공하기 전의 입력 데이터를 처리 과정을 통해 출력 정보로 바꾸는 것이 시스템일 것이다. 그렇다면 임베디드 시스템이란 무엇일까? 임베디드란 시스템에 내장된(Embedded) 시스템으로서 마이크로프로세서 혹은 마이크로컨트롤러를 내장하여 원래 제작자가 의도했던 특정 기능만을 수행하도록 제작

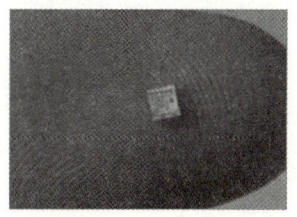

된 컴퓨팅 장치이다. 내장형 시스템이기 때문에 소형이 많지만, 모든 시스템이 다 소형인 것은 아니다. 응용 분야를 보더라도 PC와 같은 범용 컴퓨팅 시스템을 제외한 특정 기능만을 수행하는 모든 컴퓨팅 시스템이 임베디드 시스템이므로 다양한 산업 분야의 기기들이 포함된다. 따라서 산업 분야의 스펙트럼도 정보 가전에서 시작해서 정보 단말 등은 물론이고 산업/제어, 로봇, 사무자동화, 빌딩자동화, 산업 자동화, 군사, 통신, 물류/금융, 자동차/운송장비, 의료, 게임, 항공 관제 등 폭넓고 다양하게 응용되고 있는 것이다.

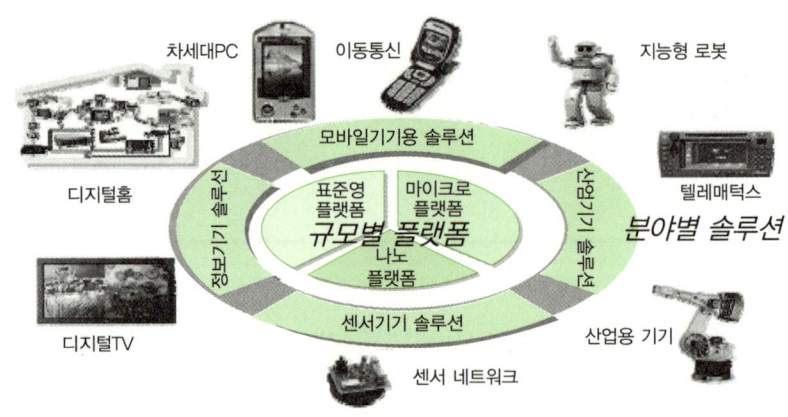

그림 8-2 ● 임베디드 시스템 응용 분야

(2) 임베디드 소프트웨어의 정의

그럼 임베디드 소프트웨어는 무엇인가? 범용 컴퓨터 소프트웨어와는 달리 임베디드 소프트웨어는 임베디드 시스템 내의 마이크로프로세서 및 비휘발성 메모리(ROM, Flash 메모리 등)에 내장되어 동작하는 운영체제, 미들웨어 및 응용 프로그램을 총칭 할 수 있다. 위에서도 얘기했지만, 아주 작은 칩에서부터 대형 시스템까지 임베디드 시스템이기 때문에 모든 시스템에 운영체제가 존재하는 것도 아니다. 하지만, 임베디드 시스템을 구동하기 위해서는 운영체제가 필요한데, 다음과 같이 라운드로빈, 인터럽트 라운드로빈, 펑션큐 스케줄링, 그리고 실시간 운영체제로 나누어 볼 수 있다.

표 8-1 ● 임베디드 소프트웨어 종류

종류	우선 순위 사용 가능 여부	최악의 경우 테스트 코드의 응답 시간	코드를 수정 시 응답의 안정성	복잡도
라운드로빈[1]	불가능	모든 태스크 코드의 합	좋지 않음	매우 단순
인터럽트 라운드로빈	우선순위를 갖는 인터럽트 루틴과 모두 같은 우선 순위를 갖는 태스크 코드	모든 태스크 코드의 수행 시간 + 인터럽트 루틴 수행 시간	인터럽트 루틴을 위해서는 좋음. 태스크 코드를 위해서는 좋지 않음	인터럽트 루틴과 태스크 코드 간의 공유 데이터 문제를 처리해야 함

(계속)

표 8-1 ● 임베디드 소프트웨어 종류(계속)

종류	우선 순위 사용 가능 여부	최악의 경우 테스트 코드의 응답 시간	코드를 수정 시 응답의 안정성	복잡도
펑션큐[2] 스케줄링	우선순위를 갖는 인터럽트 루틴과 우선순위를 갖는 태스크 코드	가장 긴 함수의 수행 시간 + 인터럽트 루틴 수행 시간	상대적으로 좋음	공유 데이터 문제를 처리해야 하고 함수 큐를 다루는 코드를 작성해야 함
RTOS (Real Time OS)	우선순위를 갖는 인터럽트 루틴과 우선순위를 갖는 태스크 코드	응답 지연 시간이 없음 + 인터럽트 루틴 수행 시간	매우 좋음	소프트웨어 구조

출처: 입문자를 위한 임베디드 시스템, 사이텍 미디어

가장 간단한 RTOS의 태스크와 그 상태는 다음과 같다.

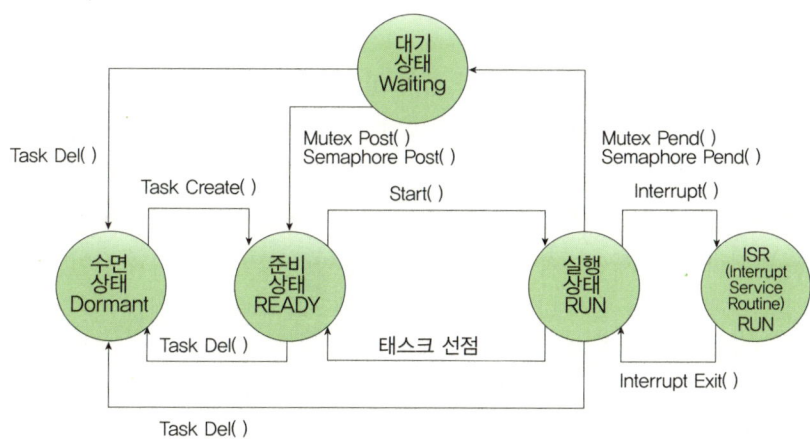

그림 8-3 ● RTOS 태스크 상태

또한 임베디드 시스템 및 임베디드 응용 소프트웨어의 효율적인 개발을 위해서는 통합 개발환경(IDE) 등 개발 도구도 필요하다. 왜냐하면 실제로 동작되는 시스템과 개발되는 시스템이 다르고, 거기서 동작되는 소프트웨어도 특별하기 때문이다.

(3) 임베디드 소프트웨어의 특성 및 요구사항

▌하드웨어 사양에 최적화

규모별 또는 응용별 다양한 제품에 내장될 수 있도록 가격, 크기, 소비전력, 신뢰성, 자원 관리, 기능 및 성능 등의 측면에서 우수해야 하며 제품의 하드웨어 사양에 최적화되어야 한다.

---

[1] 순서대로 CPU를 할당하는 방식이다.
[2] 우선 순위에 따라 CPU를 할당하는 방식이나 기본 개념은 First-In First-Service 이다.

하드웨어 사양에 최적화시키려면, 시스템을 설계할 때 전체 문제를 먼저 파악하고 문제별로 모듈을 나누어 설계하는 것이 가장 좋다.

문제영역	시스템 분해	시스템 구조

그림 8-4 ● 임베디드 시스템 설계 기법

▌ 실시간성

임베디드 시스템 제품의 용도에 따라 연성(Soft) 또는 경성(Hard) 실시간 처리를 지원하여야 한다.

실시간 시스템은 연성 실시간 시스템과 경성 실시간 시스템으로 나누는데, 연성 실시간 시스템은 제한 시간(Dead Line) 동안 테스크 처리를 마치지 못했을 때, 단순한 오류 정도가 발생하는 시스템이고, 경성 실시간 시스템은 제한 시간 동안 테스크를 마치지 못했을 때 치명적인 오류가 발생하거나, 때에 따라서는 엄청안 경제적 손실까지 가져올 수 있는 시스템을 말한다. 무인 항공기용 비행 제어 시스템이나 항법 시스템과 같이 내장된 다양한 센서로부터 데이터를 입력 받아 그 값에 따라 항공기의 제어 작업을 주어진 제한 시간 내에 반드시 처리해야 하는 시스템이 경성 실시간 시스템에 속한다.

▌ 높은 신뢰도

소프트웨어의 오동작 및 작동 중지가 허용되지 않는 임베디드 시스템에서는 고도의 신뢰성이 요구된다. 원자력 발전, 항공기 제어, 미사일 등과 같은 임베디드 시스템에서는 소프트웨어의 오동작 또는 불시의 작동 중지 등은 심각한 결과를 초래하기 때문이다.

▌ 소형화, 저전력

임베디드 시스템 제품의 크기, 가격, 발열 등의 이유로 인하여 프로세서의 성능, 메모리 용량, 전원공급장치 등 내장되는 하드웨어 자원이 제한적이므로 경량화, 저전력 소비, 효율적인 자원 관리 등 하드웨어에 최적화된 임베디드 소프트웨어 기술이 필요하다.

8.2 유비쿼터스 환경의 임베디드 기술

임베디드 기술을 분류하면, 임베디드 시스템과 소프트웨어로 구분이 되고, 여기에 응용 소프트웨어가 포함된다. 이번 장에서는 임베디드 소프트웨어에 관점을 두고 알아보도록 하고, 임베디드 시스템 분야 중의 한 분야인 로봇 시스템은 다음 장에서 자세히 알아보도록 하겠다. 그럼 임베디드 소프트웨어에 대한 세부 요소 기술을 알아보자.

표 8-2 ● 임베디드 소프트웨어 기술 분류

항목	소분류	요소기술
임베디드 시스템 소프트웨어	임베디드 운영체제	임베디드 운영체제 커널 기술
		이기종 망간 서비스 연동 지원 기술
	임베디드 미들웨어	유비쿼터스 컴퓨팅 미들웨어 기술
		응용 서비스 지원 미들웨어 기술
		Virtual Machine 기술
임베디드 응용 소프트웨어	임베디드 기본/공통 응용 SW	멀티모달 인터페이스 기술 임베디드 브라우저 기술
		멀티미디어 스트리밍 기술
		상황 인식 지원 기술
		원격통제 지원 기술
	임베디드 소프트 웨어개발 도구	유·무선 융합 단말 기술
		통신·방송 융합 단말 기술
		통신·금융 융합 단말 기술
	지능형 멀티미디어 단말 기술	임베디드 SW 설계, 시험 자동화 기술
		통합개발환경 기술

(1) 임베디드 운영체제

임베디드 운영체제 커널

임베디드 운영체제 커널은 주로 사용되는 용도의 특성상 임베디드 시스템에 사용되는 운영체제로, 저전력, 빠른 시동, 실시간성 등의 특성을 갖추어야 한다. 또한 멀티태스킹, 멀티쓰레딩, 보안, 고가용성 등의 사양 지원이 요구되며, 구조는 다음과 같다.

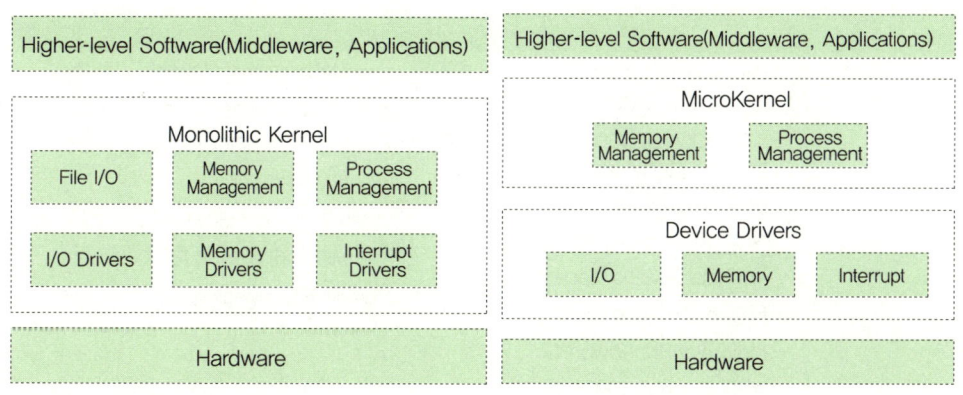

그림 8-5 ● 임베디드 운영체제 구조

커널은 모노리틱 커널과 마이크로 커널로 구분한다. 모노리틱 커널은 모든 기능적인 요소들이 자신의 내부 자료구조와 함수들에 모두 접근할 수 있는 하나의 거대한 프로그램으로 구성된 반면에, 마이크로 커널은 메모리 관리, 프로세스 간 통신 등 주요 기능만 담당하고, 기타 기능을 서비스를 제고하는 모듈별로 구성된 극소화된 커널이다. 표 8-3은 두 가지 유형에 대한 비교표이다.

표 8-3 ● 임베디드 운영체제 구조

항목	모노리틱 커널	마이크로 커널
장점	구현 간단 자원의 효율적 활용	핵심 기능과 작은 모듈로 나누어 설계되어 커널 문제시 해당 모듈만 교체
단점	다양한 시스템 환경에 포팅이 어려움	모듈별 메시지 전달 방식으로 오버헤드가 발생하여 자원 효율이 낮음
적용 OS	UNIX, 리눅스	윈도우 NT

임베디드 운영체제 특징

기본 기능은 태스크 스케줄링과 메모리 관리, 장치 드라이버, 네트워크 스택, 응용 제작을 위한 API 등을 포함하며, 만약 센서 노드와 같은 시스템에 적용하려고 할 경우, 운영체제가 10 kb 정도로 작은 커널을 가져야 하며, 적은 건전지로 몇 년의 기간 동안 사용할 수 있는 저전력을 제공해야 한다. 또한 효율적인 자원 관리 및 저전력을 구현하는 통신 프로토콜 등을 제공해야 한다.

임베디드 시스템에서도 그래픽 기술이 필요하다. 2D, 3D, 벡터 그래픽 등 다양한 형태의 사용자 인터페이스를 제공해야 하고, 경량화되어야 하며, 고속으로 처리되어야 한다. 임베디드 OS의 종류는 다양하나 가장 많이 사용하는 OS 네 종류와 그에 따른 하드웨어 사양을 살펴보면 표 8-4와 같다.

표 8-4 ● 임베디드 운영체제와 하드웨어 사양

OS	Processor	OS	Processor
WinCE	– Intel x86-compatible family(With MMU) – AMD: Elan SC400, SC410, SC520, 486DX-MIPS: 4KC, 5KC, 40KC core – NEC: VR 4xxx series – Toshiba: TX39xx series – Hitachi SH3 and SH4 – Motorola/IBM PowerPC – ARM, Strong ARM	pSOS	– Motorola/IBM PowerPC family – Motorola/IBM PPC6xx, 7xx, 74xx – Motorola MPC8xx, 82xx – IBM PPC403 MIPS architecture family – MIPS 16, 32 and R500 ARM RISC Machines

(계속)

표 8-4 ● 임베디드 운영체제와 하드웨어 사양(계속)

OS	Processor	OS	Processor
Embedded Linux	– Intel x86–compatible family – MIPS family – ARM, Strong ARM, X–Scale – Motorola/IBM PowerPC family – Motorola 68K series – Hitachi SH3 and SH4 – Sun SPARC	uC/OS	– Intel x86–compatible family – MCS–251, 80196, 9096 – Analogue Devices AD21xx series – ARM, StrongARM – Hitachi 64180, H8/3xx, SH series – Mitsubishi M16 and M32 – Motorola PowerPC, 68K, 68HC11 – Philips XA – Siemens 80C166 and TriCore – Texas instruments TMS320 – Zilog Z–80 and Z–180

Windows CE는 32비트 어드레스를 사용하는 프로세서를 요구한다. 유저모드와 커널 모드를 지원하며 MMU(Memory Management Unit)[3]를 사용하여 가상 메모리를 지원한다.

uC/OS는 다양한 종류의 프로세서를 지원하며 공개되어 있고 매우 작으며 8비트 프로세서를 포함한 다양한 프로세서를 지원한다. 하지만 개발자는 개발환경을 직접 만들어야 한다.

Embedded Linux는 공개되어 있어서 Windows CE보다 많은 종류의 프로세서를 지원한다.

pSOS는 Windows CE와 같이 개발환경툴을 포팅하기 위하여 필요하기 때문에 개발환경에서 지원하지 않는 프로세서는 포팅할 수 없다.

(2) 응용 서비스 지원 미들웨어 기술

운영체제 또는 가상머신(Virtual Machine) 환경에서 특정 응용 시스템 또는 서비스를 지원하는 미들웨어로 자바 가상 머신 상에서 OSGi[4] 프레임워크 및 번들, AMI-C(Automative Multimedia Interface Collaboration) 등의 미들웨어가 있다. 뿐만 아니라, 디지털 TV 및 DMB 단말에서는 방송 송수신에 적합한 자바 미들웨어나 텔레매틱스, 로봇 등 다양한 서비스 분야에서 공통으로 요구되는 실행환경 및 표준 프로그래밍 인터페이스를 제공하며, 플러그인을 통한 플랫폼의 기능도 확장 가능하다.

---

[3] CPU가 메모리에 접근하는 것을 관리하는 컴퓨터 하드웨어 부품이다. 가상 메모리 주소를 실제 메모리 주소로 변환하며, 메모리 보호, 캐시 관리, 버스 중재 등의 역할을 담당한다.
[4] OSGi 프레임워크는 자바 기반의 서비스 플랫폼으로 독립적인 자바/가상 머신 환경에서 제공하고 있지 못한 동적인 컴포넌트 모델을 구현할 수 있다. 응용 프로그램 또는 구성 요소인 번들은 재부팅 과정 없이 원격지를 통해 설치, 시작, 정지, 업데이트, 그리고 삭제가 가능하다.

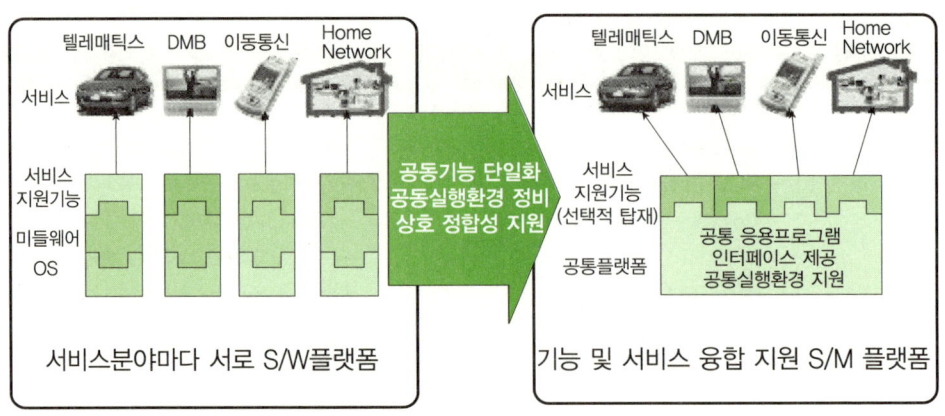

그림 8-6 ● 임베디드 응용 서비스 개념도

(3) 임베디드 응용 소프트웨어 도구

임베디드 소프트웨어 개발 도구

임베디드 소프트웨어 개발 도구는 그림 8-7과 같이 호스트와 타켓 시스템으로 분리되어 있다. 호스트에서 개발 프로그래밍을 다 한 후 타켓 보드로 다운로드하여 테스트해보게 되는데, 다운로드할 때 Ethernet이나 시리얼 포트, 패러럴 포트를 이용한다. 특히 패러럴 포트에는 JTAG[5]를 연결하여 사용한다.

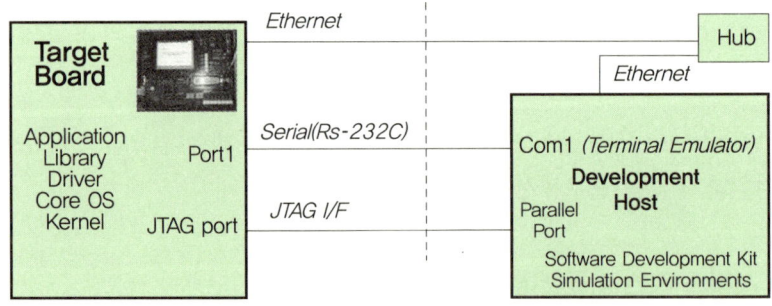

그림 8-7 ● 임베디드 소프트웨어 개발 구성도

임베디드 시스템에 내장된 프로세서의 성능, 메모리 용량, 전원 공급장치 등 하드웨어 자원이 제품의 크기, 가격, 발열 등의 이유로 제한적이므로 경량화, 저전력 사용, 자원의 효율적 관리 등 하드웨어에 최적화된 임베디드 소프트웨어 개발을 지원할 수 있는 도구가 필요하다.

범용 데스크탑 또는 서버에서 실행되는 패키지 소프트웨어와는 달리 특정 시스템에서

---

[5] 마이크로 프로세서의 상태와 관계없이 디바이스의 모든 외부 핀을 쓰거나 읽을 수 있도록 하는 장치이다. 비싼 것은 천만 원을 웃도는 장비도 있다.

의 실행을 목적으로 하므로, 임베디드 소프트웨어의 기능은 탑재될 임베디드 시스템의 기능에 따라 결정되며, 임베디드 소프트웨어의 개발에는 풍부한 하드웨어 지식과 시스템 소프트웨어 개발 경험이 요구된다.

임베디드 소프트웨어 테스트 도구

컨버전스 제품의 등장으로 복잡해진 임베디드 소프트웨어의 신뢰성 확보를 위한 반복 회귀 테스트와 통합테스트가 가능한 시험 자동화 도구가 필요하다. 우선 소프트웨어 생명주기와 맞추어 테스트 단계를 알아보면, 그림 8-8과 같다.

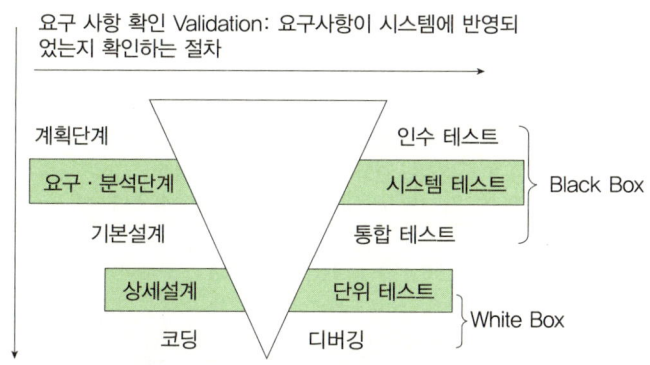

그림 8-8 ● 임베디드 소프트웨어 생명주기에 따른 테스트 단계

Verification은 V다이어그램이라고 부르며, 개발자 시각에서 설계 기준에 부합하는지를 판단하는 것이고, Validation은 사용자 시각에서 요구사항이 제대로 작동되는지 판단하는 것이다. 세부 내용은 표 8-5와 같다.

표 8-5 ● 임베디드 소프트웨어 테스트 단계

분류	설명
단위 테스팅 단계(Unit test Stage)	시스템에서 테스팅 가능한 가장 작은 단위를 개별적으로 테스팅
통합 테스팅 단계(Integration test Stage)	컴포넌트나 서브 시스템 같은 통합 단위를 테스팅
시스템 테스팅 단계(System test Stage)	전체 응용프로그램 또는 시스템을 테스팅
인수 테스팅 단계(Acceptance test Stage)	배포여부를 결정하기 위해 최종사용자가 수행하는 완전한 시스템에 대한 테스팅

표 8-5와 같이 임베디드 소프트웨어 테스트 단계를 단위 테스트, 통합 테스트, 시스템 테스트, 인수 테스트로 나눈다. 테스트 내용에 따라 적절한 테스트 유형을 선택하여 테스트해야 한다. 이것은 꼭 임베디드에 국한되는 유형이나 기법은 아니다. 전체 소프트웨어 테스트 기법과 유형이라고 생각하면 된다.

표 8-6 ● 임베디드 소프트웨어 테스트 유형

테스트 유형	내용
벤치마크 테스팅 (Benchmark test)	시스템과 새로 생성한 테스팅 대상의 성능을 비교
구성 테스팅 (Configuration test)	다양한 하드웨어와 소프트웨어에 있어서 테스팅 대상이 제대로 동작하는가 검증
기능 테스팅 (Installation test)	테스팅 대상이 요구되는 기능을 제대로 수행하는가를 검증
무결성 테스팅 (Integrity test)	다양한 하드웨어와 소프트웨어 구성 하에서 테스팅 대상이 제대로 설치되는가 검증하고, 시스템 자원을 적절히 사용했는가와 같은 코드의 신뢰도 및 고도의 견고성을 검증
부하 테스팅 (Load test)	다양한 워크로드로 테스팅함으로써 테스팅 대상의 운영상의 한계를 평가하여 부하 테스팅을 통해 테스팅 대상의 인수여부 판단가능
성능 테스팅 (Performance test)	동일한 워크로드와 다양한 시스템 설정값을 사용해 테스팅 상의 운영상 특징 검증 평가
스트레스 테스팅 (Stress test)	과도한 부하, 메모리 부족, 특정 서비스나 하드웨어가 사용 불가능할 때와 같은 비정상적인 조건에서 테스팅 대상이 기능을 제대로 수행하는가 테스팅
회귀 테스팅 (Regression Test)	테스팅 후에 발견한 결함이 해결되었는가를 검증 동시에 코드의 변화가 새로운 결함을 야기하지 않나 검증

8.3 유비쿼터스 환경의 임베디드 시장동향

(1) 임베디드 SW 국외 시장 현황 및 전망

특정 산업용 기기의 실행 제어를 위해 출현한 임베디드 S/W 기술은 통신, 가전, 의료, 금융, 항공, 군사 등의 전 산업으로 확대되고 있으며, 유비쿼터스 컴퓨팅 시대를 이끌 핵심 부문으로 인식되어 집중적인 투자가 이루어지고 있다. 2006년 세계 임베디드 S/W 시장 규모는 약 1천 147억 달러로 추산되고, 세계 시장은 연평균 3.9%의 성장세가 예상되며, 2012년 시장 규모는 약 1천 411억 달러로 예상된다. 부문별로는 정보가전 부문이 가장 시장규모가 크며, 차량 전장 S/W 순으로 나타나고 있다. 세계 임베디드 소프트웨어 시장 규모는 표 8-7과 같다.

표 8-7 ● 세계 임베디드 S/W 시장 규모   단위: 백만 달러, %

구분	2006	2007	2008	2009	2010	2011	2012	CAGR
데이터 처리 장치	8,458	8,491	9,717	9,528	9,663	10,030	10,411	3.8
정보가전	28,338	30,253	31,102	31,489	32,110	33,651	35,267	4.8
통신 기기	12,123	12,822	14,111	14,376	14,774	15,631	16,537	5.8
차량 전장 S/W	17,798	18,859	19,989	20,785	21,720	22,893	24,129	5.40
산업전자 제어	22,931	23,853	24,525	25,050	25,575	26,445	27,344	3.40
군사/민간 항공 전자제어	25,140	25,620	25,920	26,220	26,700	27,101	27,507	1.50
전체(합계)	114,788	119,898	125,364	127,448	130,542	135,751	141,195	3.9

출처: Gartner 2005.10., ETRI 기술혁신정책연구팀(2006.8)

임베디드 운영체제(OS) 시장은 VxWorks, PSoS, QNX 등의 전통적인 RTOS 중심에서 고기능 임베디드 OS 중심으로 발전하는 추세이지만, 전통적인 RTOS와 핸드헬드 OS 는 약세를 보이고 있다. 전 세계 임베디드 소프트웨어 시장도 하드웨어 시장과 맞물려 정보 가전 및 통신 기기 시장의 확대에 따라 매년 상당한 비율로 증가하고 있다.

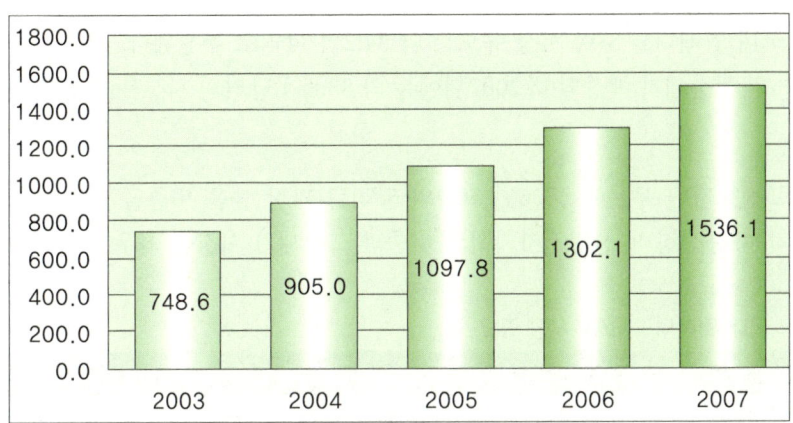

그림 8-9 ● 임베디드 소프트웨어 개발 솔루션 및 관련 서비스 시장 규모(출처: 2005년 VDC)

그림 8-9에서 보듯 임베디드 소프트웨어 개발 솔루션 및 관련 서비스 시장은 2007년 약 15억 달러 이상의 규모가 될 것으로 예상했었다. 이러한 시장 규모 증가는 현 임베디드 시스템 산업 규모의 증가 추세를 감안하면 더 가속화될 것으로 예상되며, 이중에서 임베디드 운영체제 관련 제품의 비중이 55.9%를 차지하여 가장 큰 시장을 형성하고 있다. 그 뒤를 이어 설계 자동화 도구 등 임베디드 시스템 설계에 특화된 소프트웨어 개발 도구 시장이 뒤따를 것으로 예상된다.

세계 임베디드 S/W 개발 솔루션 시장은 RTOS(Real Time Operating System)를 포함한 임베디드 OS 및 관련 서비스, S/W 개발 툴 및 관련 서비스, 설계 자동화 툴 및 관련 서비스, 그리고 시험 자동화 툴 및 관련 서비스 시장으로 구분할 수 있다. 규모는 표 8-8과 같다.

표 8-8 ● 세계 임베디드 S/W 개발 솔루션 시장 규모   단위: 백만 달러, %

구분	2004	2005	2006	2007	2008	2009	2010	CAGR
임베디드 OS/서비스	760.4	883.7	1,017.7	1,168.3	1,330.7	1,515.7	1,726.3	13.9
S/W 개발 툴/서비스	382.3	422.5	471.0	525.2	575.1	629.7	689.6	9.5
설계 자동화 툴/서비스	438.7	507.4	588.6	682.8	796.1	928.3	1,082.4	16.6
시험 자동화 툴/서비스	92.0	113.4	140.4	175.6	215.1	263.5	322.8	22.5
합계	1,673.4	1,927.0	2,217.7	2,551.9	2,891.3	3,275.8	3,711.5	13.3

출처: Gartner 2005.10. 2008년~2010년, ETRI 기술혁신정책연구팀 재구성(2006.08)

임베디드 멀티미디어 시장은 USN 등과 더불어 매년 큰 폭으로 성장하고 있으며, 이 분야에서 임베디드 운영체제를 기반으로 고화질 및 고품질의 미디어 데이터를 서비스하는 경향으로 지속적으로 발전하고 있다. 또한 임베디드 웹 브라우저 분야도 임베디드 시스템의 특성을 활용하기 위하여 경량화와 linux와 같은 OS에서 다양한 기능을 제공할 수 있도록 모듈화하는 추세이다.

(2) 임베디드 SW 국내 시장 현황 및 전망

2006년 국내 임베디드 S/W 시장 규모는 약 84.2억 달러로 추산됐다. 국내 시장은 연평균 13.3%의 성장세가 예상되며, 2007년에는 약 88.8억 달러의 시장을 형성할 것으로 전망한다.

부문별로 정보가전 부문이 2006년 36.5억 달러로 가장 높은 비중을 가지며, 장기적으로 정보가전, 통신장비, 산업전자기기의 비중과 성장세가 시장을 좌우할 전망이다.

표 8-9 ● 국내 임베디드 S/W 시장 규모   단위: 백만 달러, %

구분	2006	2007	2008	2009	2010	2011	2012	CAGR
데이터 처리 장치	668	676	734	723	728	748	769	2.8
정보가전	3,658	3,787	3,679	3,832	3,857	3,049	3,358	10.1
통신 기기	1,883	2,055	2,524	2,757	2,769	5,181	6,960	34.3
차량 전장 S/W	520	575	663	761	852	946	1,051	11.10
산업전자 제어	1,208	1,253	1,237	1,267	1,247	1,283	1,320	2.90
군사/민간 항공 전자제어	465	538	552	590	561	591	622	5.30
전체(합계)	8,402	8,884	9,389	9,930	10,014	11,798	14,080	13.3

출처: Gartner 2005.09., ETRI 기술혁신정책연구팀(2006.8)

국내 OS 시장은 현재 높은 사용률을 보이는 RTOS 이외에 MS WinCE, WindowsXP embedded, 임베디드 리눅스 등이 많이 사용되고 있다. 디지털 정보가전용 RTOS 부문은 특히 디지털 환경하에서의 강력한 시장 지배 기술로 인식되어, 국내 대기업인 삼성전자, LG전자는 물론 MS, SUN ONE, VxWorks 등 외국기업의 선점도 경쟁이 치열하다.

국내 시장에서는 OS 시장과 소프트웨어 개발 툴 시장의 비중이 매우 높은 편이며, 상대적으로 수요가 적었던 시험 자동화 툴 시장의 성장률이 2010년까지 27.9%로 가장 높을 것으로 예상되며, 국내 분야별 임베디드 소프트웨어 개발 솔루션 시장 규모는 표 8-10과 같다.

표 8-10 ● 국내 분야별 임베디드 S/W 개발 솔루션 시장 규모   단위: 백만 원, %

구분	2004	2005	2006	2007	2008	2009	2010	CAGR
임베디드 OS/서비스	27,743	32,931	39,221	46,555	55,214	65,760	78,320	19.1
S/W 개발 툴/서비스	23,101	24,926	27,876	31,518	35,836	39,312	43,125	9.7
설계 자동화 툴/서비스	5,507	5,950	7,027	8,398	9,959	11,094	12,359	11.4
시험 자동화 툴/서비스	2,507	3,119	3,908	4,928	6,352	8,124	10,391	27.9
합계	58,441	66,926	78,023	91,398	107,361	124,539	144,465	16.0

출처: IDC 2004.12. 2008년~2010년, ETRI 기술혁신정책연구팀 재구성 2006.08

휴대 통신장비나 PMP 같은 단말에서 상당한 시장 수요가 요구되고 있으며, 또한 IP 셋톱박스와 같은 정보가전분야도 IP-TV나 양방향 TV 등에 의한 양질의 서비스를 요구하는 시장이 큰 폭으로 증가되고 있다.

8.4 유비쿼터스 환경의 임베디드 기술동향

(1) 임베디드 운영체제 기술

국내 기술개발 현황은 ETRI에서 2003~2005년까지 개발된 임베디드 소프트웨어 운영체제인 Qplus를 다양한 분야의 시스템 OS로 개발하여 상용화를 위한 기반 기술로 활용 중에 있다. 그 분야는 DTV, IPTV STB, 홈 서버 등에 활용되고 있다.

또한 센서 네트워크에서의 활용을 목적으로 ETRI에서 2003~2005년까지 nano Qplus 운영 체제를 개발하였다. 10 kb의 초소형, 저전력의 나노 운영체제로 다양한 스케줄러를 제공함에 따라 특정 응용에 적합한 운영체제를 구성하여 사용할 수 있으며, 라우팅 알고리즘을 이용한 센서 네트워킹을 구성하여 활용할 수 있다.

국외 기술개발 현황은 Microsoft사가 차세대 운영체제인 Longhorn을 개발하여 이를 모바일 분야에 적용할 예정이고, 웹 서비스 지향의 닷넷(.net) 솔루션을 출시하였으며, 2005년 현재 Windows XP의 후속 버전으로 보안과 네트워크 협업이 강화된 Longhorn 운영체제를 2006년 출시 목표로 개발하고 있으며, 2007년에는 임베디드 버전을 출시할 계획이다.

Nokia는 서비스 도메인을 모바일, 엔터프라이즈, 홈, 인터넷/미디어 도메인으로 분류하고, 단말의 이동성을 높이기 위한 도메인간 서비스 융합 기술에 대한 연구를 활발하게 진행 중에 있다.

일본은 1984년 이후 TRON(The Real-time Operating system Nucleus) 협회를 통해 미래 IT 사회 실현에 필요한 모든 시스템 소프트웨어, 도구, 응용, 기기 및 생활환경을 구성하는 표준 임베디드 시스템을 개발, 보급함에 따라 임베디드 운영체제의 경우 일본 내 약 40%가 TRON 규격을 따르고 있다.

(2) 임베디드 미들웨어

국내 기술개발 현황은 광주과학기술원의 U-VR 연구실 중심으로 유비쿼터스 컴퓨팅 분야 중 '사용자 인식 기술과 그 응용 기술'에 대한 연구를 진행 중이며, 홈 네트워크 환경에서 사용사 인식을 위한 싱황인식 기술올 적용 하기 위하여 연구 중이다.

또, 순천향대학교의 경우에도 홈 네트워크 분야를 연구 중이며, 홈 서버 개발 내에 정보가전제어, uPnP, 무선 단말 연동 지원 기술 등을 연구 중이다.

최근 자동차 제조사 및 자동차부품연구원 등은 자동차 산업의 성공요소로 전장부품용 임베디드 SW 기술 확보에 발빠르게 움직여 선진 기술 도입 및 해외 연수를 추진한 데 있다고 본다.

미국의 경우, IBM은 전장 SW 개발 및 유지보수에 필요한 통합솔루션인 ASF(Automotive Software Foundry)를 개발하여 보급 중에 있고, 일본은 자동차 제조사 중심으로 2004년 JASPAR(Japanese Automotive Software Platform & Architecture)을 구성해 국제표준 규격에 영향력을 행사하고 있다. 유럽 또한 뒤질세라 전장 SW 업체들이 AESAS(Association of European Suppliers for Automotive Software)를 구성해 전장 SW 시장의 주도권을 확보하려고 노력하고 있다.

(3) 임베디드 기본/공통 응용 소프트웨어 기술

임베디드 응용 소프트웨어 국내 기술개발 현황은 한국 IBM에서 임베디드 소프트웨어 인프라 연구 프로젝트인 '셀라돈(Celadon)'을 통해 상황 인식 미들웨어를 개발 중에 있다.

광주과학기술원의 경우, U-VR 연구실 중심으로 유비쿼터스 컴퓨팅 분야 중 '사용자 인식 기술과 그 응용 기술'에 대한 연구를 진행 중이며, 홈 네트워크 환경에서 사용자 인식을 위한 상황인식 기술을 적용하기 위하여 연구도 병행하고 있다.

국외 기술개발 현황은 1998년 썬 마이크로시스템즈사에서 발표한 분산 환경의 홈 네크워크 자원 공유 플랫폼인 JiNi가 대표적이다. PC, 프린터 등의 사무기기뿐만 아니라 오디오, TV 등의 가전장비를 인터넷으로 연결, 제어 가능한 기술이어서 급부상하고 있다.

Lancaster University & EA Technology 공동으로 MOST(Mobile Open Systems Technologies for the Utilities Industries)라는 프로젝트를 진행하고 있어 적응적인 멀티미디어 모바일 응용을 위한 요구사항을 분석하고 있으며, 분산 시스템 플랫폼과 적응적인 모바일 응용 프로토타입을 구현하였다.

Illinois University에서는 Gaia 미들웨어 Project를 진행하고 있는데, 이 프로젝트는 방, 가정, 건물, 공항과 같은 물리적인 공간을 지능적으로 만들기 위한 미들웨어를 개발하고 있으며, 온톨로지(Ontology)를 사용하여 다양한 상황에 대한 시맨틱스를 정의하였다.

London University에서는 위치기반 상황인식 서비스를 제공하기 위한 미들웨어를 개발하였다.

8.5 유비쿼터스 환경의 임베디드 정책동향

우리나라는 미래 지속적인 성장동력으로서 IT839 기술을 선정하고, 여러 가지 분야의 시스템을 구성하는 기반 기술인 임베디드 소프트웨어를 개발하여 각 성장동력별 기술개발의 효율화를 취하고 있다. 다양한 시범 사업 수행을 통하여 국내 순수 기술로 개발된 소프트웨어의 활용 가능성을 보여주고, 지속적인 기술개발과 업그레이드를 통하여 상용 서비스가 국내 기술을 활용할 수 있도록 환경을 구축하고 있다. 또한 국내 임베디드 소프트웨어 기술개발을 담당할 고급 인력 양성을 정부 차원에서 적극 추진하고 있다.

미국은 군사·과학용 임베디드 소프트웨어를 21세기 핵심 분야로 선정하고 매년 4천억원 이상을 연구개발에 투자하고 있다.

일본은 총무성 주도로 유비쿼터스 네트워크 개발을 추진 중이고, 1984년부터 TRON 협회에서 표준 임베디드 OS인 T-Engine 스펙을 개발하여 기업에 사용하도록 적극 지원한 결과 일본 내 가전 제품에 적용(약 40%)하였으며, 마이크로 T-엔진, 피코 T-엔진 등의 다양한 임베디드 소프트웨어 플랫폼을 활용 중에 있다.

유럽은 유럽 연합 전체적으로 임베디드 시스템 분야를 전략적인 집중 기술개발 목표로 삼고 IST(Information Society Technologies)를 통하여 2007년부터 2013년까지 7년 동안 매년 4억 2천만 유로를 투입하여 네트워크 시스템, 분산 실시간 제어 시스템, 차세대 DSP(Digital Signal Processor), 적응형 시스템 소프트웨어 등의 분야에 사용되는 임베디드 소프트웨어 기술개발을 추진하고 있다.

참고문헌

[1] 한국전자통신연구원, "임베디드 SW 특허조사 분석보고서," 2005.12.

[2] 정보통신부, 정보통신연구진흥원 "IT 차세대 성장동력 기획보고서(임베디드SW)," 2004.4

[3] 박승민 외, "임베디드 SW 특집보고서," TTA 저널, 제97호, 2005.1

[4] 박승민, "임베디드 SW 기술," TTA 저널, 제100호, 2005.7

[5] 김재명 외 4, "차세대 임베디드 시스템을 위한 소프트웨어 플랫폼 현황 및 동향," 전자통신동향분석 제21권 제1호, 2006.2

[6] OMA, www.openmobilealliance.org

[7] ISMA, Internet Streaming Media Alliance Implementation Specification Version 1.0.

[8] ISMA, Internet Streaming Media Alliance Encryption & Authentication Version 1.0.

[9] ISO/IEC, ISO/IEC14496-10, Information technology Coding of Audio-visual objectsPart10: Advanced Visual Coding.

[10] IETF, RFC 2616, Hypertext Transfer Protocol - HTTP/1.1

[11] W3C Recommendation, HTML 4.01 Specification.

[12] 한국무선인터넷표준화포럼, 이동 통신 멀티미디어 스트리밍 서비스.

[13] Q. L. Zhang, M. Y. Zhu, and S. Y. Chen, "Automatic Generation of Device Drivers," ACM SIGPLAN Notices, Vol. 38, No. 6, pp.60-69, June 2003.

[14] Christopher L. Conway and Stephen A. Edwards. NDL: A Domain-Specific Language for Device Drivers. In the proceedings of the ACM Conference on Languages, Compilers, and Tools for Embedded Systems(LCTES), Washington, DC, June 11-13, 2004.

[15] R. Stallman, R. Pesh, S. Shebs, et al., 'Debugging with GDB: The GNU Source-Level Debugger,' 8th Ed., Mar. 2000.

유비쿼터스 환경의 지능형 로봇

현재의 기계를 사용하기 위해 사용자가 기계를 배워야 하는 구조에서 벗어나 기계가 사용자의 행동을 배워 필요한 솔루션을 제공하는 기술이 이제는 우리 생활에 나타나고 있다. 이 장에서는 유비쿼터스 기반 기술 중에 지능형 로봇에 대한 전체적으로 흐름을 잡아보도록 하자.

9.1 유비쿼터스 환경의 지능형 로봇 개요   9.2 유비쿼터스 환경의 지능형 로봇 기술
9.3 유비쿼터스 환경의 지능형 로봇 시장동향   9.4 유비쿼터스 환경의 지능형 로봇 기술동향
9.5 유비쿼터스 환경의 지능형 로봇 정책동향

9.1 유비쿼터스 환경의 지능형 로봇 개요

(1) 로봇의 분류

로봇의 뿌리를 먼저 살펴보면 인공지능에서 출발한다. 인공지능은 사람처럼 행동하는 시스템, 사람처럼 생각하는 시스템, 이성적으로 생각하는 시스템, 이성적으로 행동하는 시스템으로 나뉘고, 여기서 사람처럼 행동하는 시스템이 바로 로봇이다.

이런 로봇을 분류해 보면 1999년에 일본에서는 산업용 로봇과 인간 공존형 로봇으로 분리했고, 미국에서는 서비스 개념을 강조하여 서비스에 따라 로봇을 분류했다. 그 분류는 다음과 같다.

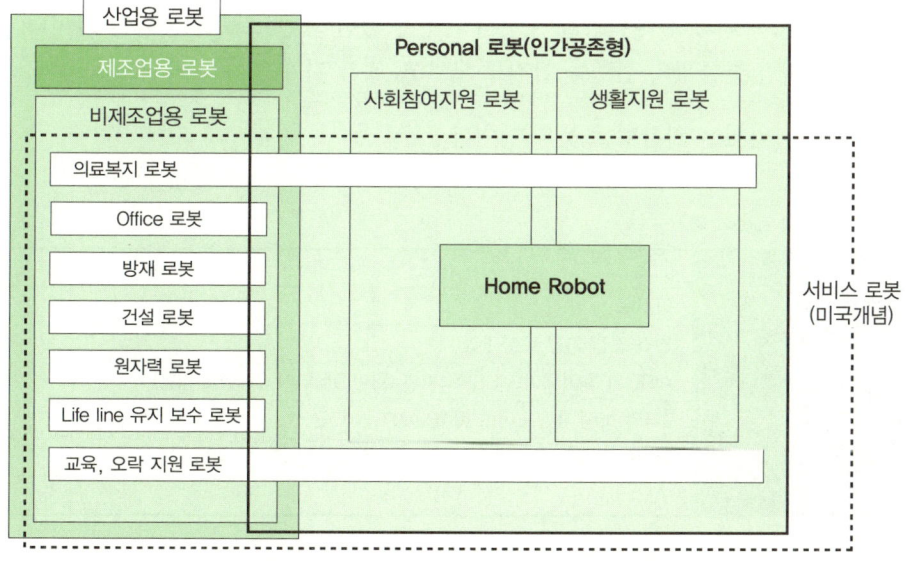

그림 9-1 ● 로봇 분류(출처: 일본로봇공업회, 1999)

그럼 로봇의 정의는 무엇일까? 로봇은 인간의 육체적 기능을 한 가지 이상 수행할 수 있는 기계로 정의된다.

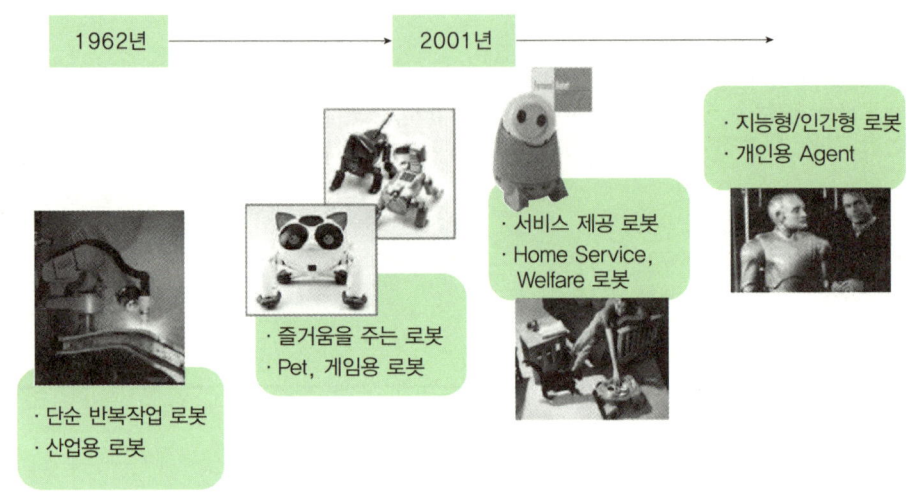

그림 9-2 ● 로봇 발전 흐름

로봇은 1962년부터 산업용 로봇으로부터 출발하게 되는데, 이런 산업용 로봇은 주로 짐을 나르거나 용접하는 기능을 수행하였다. 2001년부터는 지능형 로봇이라고 해서 자신의 목적을 가지고 있으며 입력된 정보에 따라 행동을 바꿀 수 있는 로봇으로, 물리적 센서에 의해 입력 정보를 수집하는 로봇이 등장한다. 더 나아가 자율적으로 이동 가능한 자율 이동 로봇도 빠르게 나오고 있다. 이 로봇은 계획을 수립하고 행동하고, 불완전한 환경에는 스스로 대처가 가능한 로봇이다. 미래의 로봇은 인간형 로봇, 휴머노이드를 생각할 수 있는데, 인간처럼 손, 발, 눈, 손가락을 가지고 주위 환경에 인간처럼 반응하는 로봇, 우리가 스타워즈를 보면서 감탄을 했던 그런 로봇들이 나올 것이다. 정말 영화에서처럼 클론과의 전쟁을 할지도 모르고, 내가 기계 인간이 될지도 모른다.

다음은 지금 나와있는 인간형 로봇의 예이다.

표 9-1 ● 인간형 로봇의 예

MIT	Cog
Honda	아시모
텐자크	원격 조정 인간 로봇 T-4
Sony	AIBO와 휴머노이드 SDR-4X(2003년 9월부터 QRIO로 명명)
WASEDA 로봇연구그룹	2다리 보행 휴머노이드 WABIAN
KIST	미모트, 센토
KAIST	AMI

표 9-1의 로봇 중 2다리 보행 휴머노이드 WABIAN의 특징을 보면, 신장은 1.9 m(직립 정지상태), 총 중량은 약 130 kg으로 전신자유도는 43(편각 6축, 체간 3축, 한쪽 팔 7축, 손부분 3축, 머리부분 4축) 정도이다. 로봇 가운데는 가요 '텔미'에 맞춰 춤을 추는 로봇도 나와 사람들을 놀라게 한 적도 있다. 이런 로봇뿐만 아니라, 웹에도 로봇이 있다. Web Robot, Spider, Crawler, Wanderer라는 것들인데, 지정된 URL 리스트에서 시작하여 웹 문서를 수집하고, 수집된 웹 문서에 포함된 URL들의 추출과정과 새롭게 발견된 URL에 대한 웹 문서 수집 과정을 반복하는 소프트 웨어가 웹에서 동작하는 로봇이다.

앞에서 여러 가지 로봇들을 소개했는데, 이제 이런 유비쿼터스시대의 로봇들은 네트워크에 연결되어 있느냐, 없느냐가 중요하다. 그럼 네트워크 로봇에 대해 알아보도록 하자.

(2) 네트워크 로봇의 정의

네트워크 로봇의 개념은 무엇일까?

로봇과 네트워크를 융합하여 언제 어디서나 나와 함께하며 다양한 서비스를 제공해 주는 유비쿼터스 로봇(URC: Ubiquitous Robotic Companion)이 네트워크 로봇이다.

환경/음성인식 등과 같이 로봇이 수행해야 할 고도의 기능을 네트워크를 통해 제공하고 로봇의 구성은 단순화시켜 로봇가격은 최소화하고, 사용자 편익은 극대화할 수 있는 로봇인 것이다. 유비쿼터스 로봇은 독립형 로봇과 네트워크 로봇으로 나누어 볼 수 있다.

독립형 로봇은 네트워크에 연결되어 있지 않고, 로봇 자체적으로 센싱하고 처리한 후 행동하는 로봇이다. 구성도를 보면 그림 9-3과 같다.

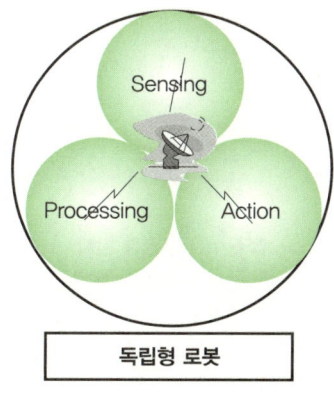

그림 9-3 ● 독립형 로봇

네트워크 로봇은 유비쿼터스 센서 네트워크를 이용해서 센싱된 데이터를 수집한다. 처리도 직접 하지 않고, 고성능 분산 서버를 이용해서 처리한 후 그 지시사항을 로봇에 지시를 하면, 그 지시에 따를 뿐이다. 당연히 네트워크에 유무선으로 연동되어 사용자를 돕게 된다.

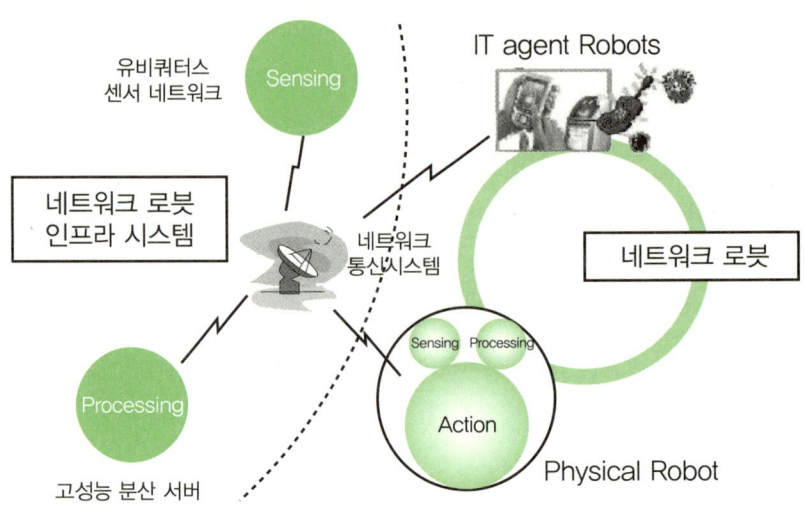

그림 9-4 ● 네트워크 로봇

(3) 로봇의 특징

이런 로봇들은 다음과 같은 특징을 갖는다.

- 자율성: 사용자를 위해 자율적으로 행동한다.
- 적응성: 학습을 통해 개별 사용자에 맞게 적응한다.
- 능동성: 주도권을 가지고 목표 지향적으로 행동한다.
- 사회성: 사용자 및 다른 로봇과도 상호 작용한다.
- 지속성: 지속적으로 실행하는 데몬과 같은 프로세스라고 볼 수 있다.

로봇의 동작 과정은 다음과 같다.

```
Environment e;
RuleSet r;
//지속성
While(true){
    State = senseEnvironment(e); //환경 감지
    a = chooseAction(state, r); //규칙 선택
    a.applyAction(a);
}
```

그림 9-5 ● 로봇 동작과정

주어진 환경에서 사용자와 다른 로봇과의 상호 작용을 통해 자율적으로 행동하며 학습을 통해 환경에 적응하게 되는 것이다.

9.2 유비쿼터스 환경의 지능형 로봇 기술

네트워크 로봇의 기술은 네트워크 로봇 인프라, 소프트웨어 플랫폼, 하드웨어 플랫폼, 부품 및 모듈로 나누어 볼 수 있다.

먼저 네트워크 로봇 인프라라면, 로봇 플랫폼과 서버(URC 서버)가 존재하며, 이 서버들간의 통신을 통해 언제 어디서나 다양한 서비스를 제공함으로써, 로봇의 공간적, 기능적 제한을 극복할 수 있도록 해주는 네트워크 인프라(서버, 콘텐츠 및 보안 등) 기술을 말한다. 세부 기술에는 유선망과 무선망의 연동 기술이 있는데, 이 부분은 앞에서 자세하게 설명했었다.

두 번째로 네트워크 로봇 소프트웨어 플랫폼을 둘 수 있는데, 소프트웨어 분류는 시스템 소프트웨어와 응용 소프트웨어로 나뉜다. 시스템 소프트웨어는 당연히 운영체제를 말하며, 응용 소프트웨어는 상황에 맞는 서비스 프로그램이라고 생각하면 된다.

여기서 운영체제는 내장형 RTOS이고, 통신 미들웨어를 포함한다. 통신 미들웨어를 이용해서 제어 및 원격 진단을 하고, 자율행위를 조정하게 된다. 응용 소프트웨어는 인간 로봇의 상호작용, 주행 및 조작, 학습 및 추론을 하는 프로그램이 대표적이다.

이렇게 로봇의 세부 기술을 다시 살펴보면, 다음과 같다.

표 9-2 ● 네트워크 로봇의 기술 분류

항목	소분류	요소기술
네트워크 로봇 인프라	네트워크통신 기술	유선망(FTTH, 홈NW, BcN 등) 연동기술
		무선망 연동 기술
	서버 기술	서버 고가용성 기술
		서버 기반 로봇 정보처리(지능/감성/제어) 기술
네트워크 로봇 S/W 플랫폼	핵심 소프트웨어 기술	실시간 임베디드 운영체제
	응용 소프트웨어 기술	인간로봇 상호작용 기술
		주행 기술
		환경 및 상황 인식 기술
		지식표현, 학습 및 추론 기술
		감성 인식 및 표현 기술
	개발 환경 기술	태스크 및 행위 개발도구 기술
		로봇 콘텐츠 저작

(계속)

표 9-2 ● 네트워크 로봇의 기술 분류(계속)

항목	소분류	요소기술
네트워크 로봇 H/W 플랫폼	매니퓰레이터	경량, 고강성 매니퓰레이터 설계 및 제어
	머리기구	얼굴표정 표시기구 설계 및 제어
	이동기구	바퀴형 이동기구 설계 및 제어
		족형 이동기구 설계 및 제어
네트워크 로봇 부품 및 모듈	센서	오감센서(시각, 촉각, 청각, 후각, 미각)
		거리센서(모션, 초음파, 레이저, 적외선)
		환경센서(온습도, 화학, 개스)
	액추에이터	통합형 액추에이터
	SoC	네트워크 로봇 전용 SoC
	임베디드 H/W 모듈	고성능, 다기능, 저전력 제어 모듈
		실시간 네트워크 통신 모듈
		스마트 배터리 모듈

위에 분류한 세부 기술들 중에 지식표현, 학습 및 추론 기술과 감성인식과 표현 기술에 대해서 알아보겠다.

(1) 지식표현

지식은 무엇일까?

이것은 문제풀이의 기본 기법이라고 생각한다. 문제가 발생했을 때 문제를 해결하는 데 있어서 시행착오나 직접 경험도 있을 수 있지만, 대부분 간접 경험을 통해 해결하는 경우도 많다. 이런 간접 경험은 미리 정보들을 모아두었다가 그와 유사한 문제가 나타나면, 그 정보를 이용해서 문제를 해결하는 방법일 것이다. 따라서 지식은 문제를 해결하는 기법 중에서 우리가 먼저 선택하는 방법이 아닐까 생각한다.

지식을 표현하는 방법의 요건은 다음과 같다.

- 표현 방법의 적합성: 표현할 지식이 실세계 의미를 최대한 수용해야 한다. 이 점이 가장 중요하다.
- 추론의 적합성: 표현된 지식으로 새로운 사실을 쉽게 알 수 있어야 한다.
- 추론의 효율성: 추론 과정에서 시간과 적당한 자원을 사용해서 효율적으로 찾을 수 있어야 한다.
- 지식 획득의 능력: 지식의 획득은 자동적으로 되어야 한다.

이런 요건을 갖는 방법에는 크게 5가지로 논리, 의미망, 프레임, 규칙, 그리고 객체지향 표현 기법이 있다.

논리

논리는 수학, 논리학에서 사용된 명제 논리나 서술 논리를 사용하여 명제를 술어와 객체로 분리하여 표현한다. 여기서 사용하는 논리 연산자는 AND, OR, NOT, 조건 명제를 사용한다.

예를 들어 "If x is a bird, then x has wings"란 사실을 표현할 수 있다.

(∀x){Is-a(x, Bird) → has(x, Wings)}

수학적인 근거를 바탕으로 논리 개념을 자연스럽게 표현할 수 있는 장점이 있어 지식을 정형화하는 데 적합하나, 절차적 지식 표현은 어렵다. 따라서 실세계의 복잡한 구조를 표현하기가 어렵다.

▌의미망(Semantic Network)

지식이나 실세계를 망 구조로 표현하게 되는데, 이런 망 구조에는 객체, 개념, 사건 등을 표현하는 노드와 노드들 간의 관계를 표현하는 링크가 존재한다.

> Canary is a Bird.
> A Bird has Wings.
> Banney is a Canary.
> Banney owns a Nest.
> A wing is an Organ.

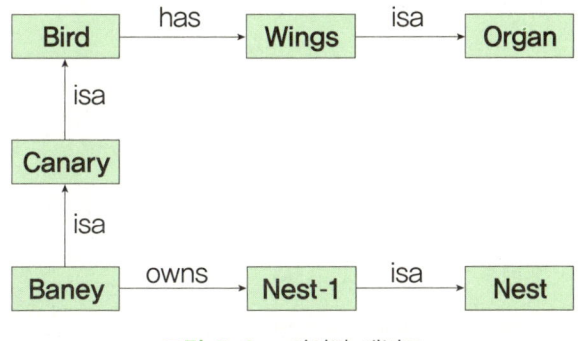

그림 9-6 ● 의미망 개념도

그림 9-6의 개념도에서 Baney, Canary, Bird 등의 노드와 노드 사이의 관계를 표현하는 링크로 구성된 것을 볼 수 있다. 이 링크는 방향성이 있으며, 링크 속성에는 다음과 같은 속성이 존재한다.

- ako(a kind of): 상위 개념의 하위 노드를 연결하는 링크의 속성이다.
- isa(is a): 어떤 노드의 하나의 사례를 나타내는 링크의 속성이다.
- has-part: 어떠한 객체의 부속품을 나타내는 링크의 속성이다.

이런 속성들은 상속도 가능하다. 따라서 네트워크 형성이 쉽고, 표현된 지식의 오류도 쉽게 수정할 수 있다. 때문에 매우 복잡한 개념이나 인과관계도 표현이 가능하다. 하지만 지식량이 커지면 복잡해진다는 단점이 있다.

프레임

어떠한 객체를 표현하기 위한 속성 및 속성 값의 집합을 프레임이라고 정의한다. 프레임 종류에는 클래스 프레임, 부클래스 프레임, 인스턴스 프레임으로 나뉜다.

- 클래스 프레임: 유사한 성격을 갖는 객체들의 집합을 표현하는 프레임이다.
- 부클래스 프레임: 어떠한 클래스에 속하는 일부 객체들을 표현하는 프레임이다.
- 인스턴스 프레임: 어떤 클래스에 속한 특정 객체를 표현하는 프레임이다.

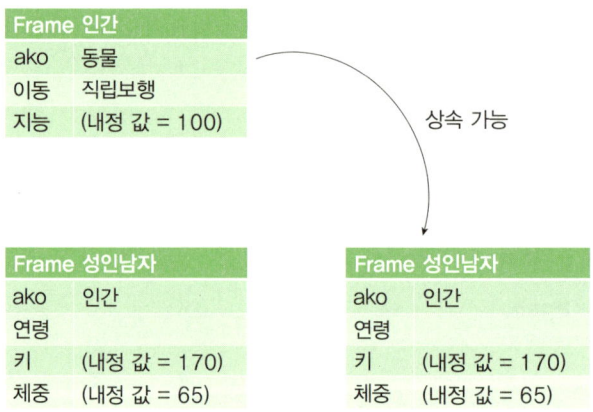

그림 9-7 ● 프레임 개념도

규칙

규칙은 주어진 상황을 위한 권고, 지시, 전략을 나타내는 정형화된 표현 방법이다.

　IF a THEN b 형태로 표현

사실 또는 데이터 항목들과 이에 대해 적용할 규칙들을 모아 지식베이스를 구성하고,

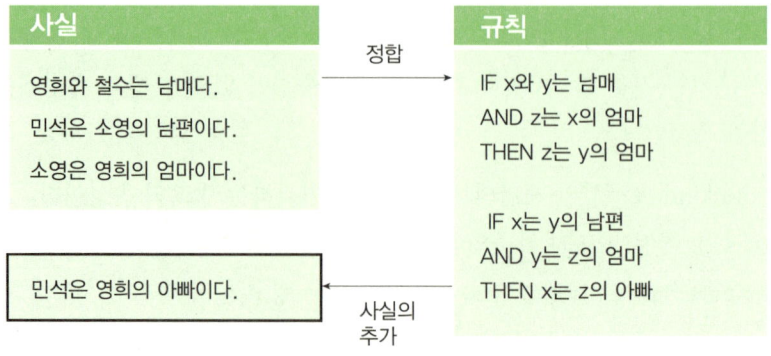

그림 9-8 ● 규칙 개념도

추론 기관이 현재 상태에 의해 만족되는 규칙을 지식베이스에서 선택해서 실행한다.

(2) 학습 및 추론 기술

로봇이 음성과 행동이라는 출력을 내기 위해서는 청각과 시각적인 감각의 입력 데이터에서부터 데이터를 입력받는다. 로봇도 하나의 시스템이기 때문에 이런 입력 데이터를 가지고 로봇 내부의 학습, 추론, 진화, 감성 모델링 등의 데이터 시스템을 통해 데이터 마이닝을 거친 후 알맞은 데이터를 추출한다. 이런 데이터를 이용해서 음성과 행동으로 출력을 하게 된다. 지식표현, 학습 및 추론 기술에 대한 시스템 구성도는 다음과 같다.

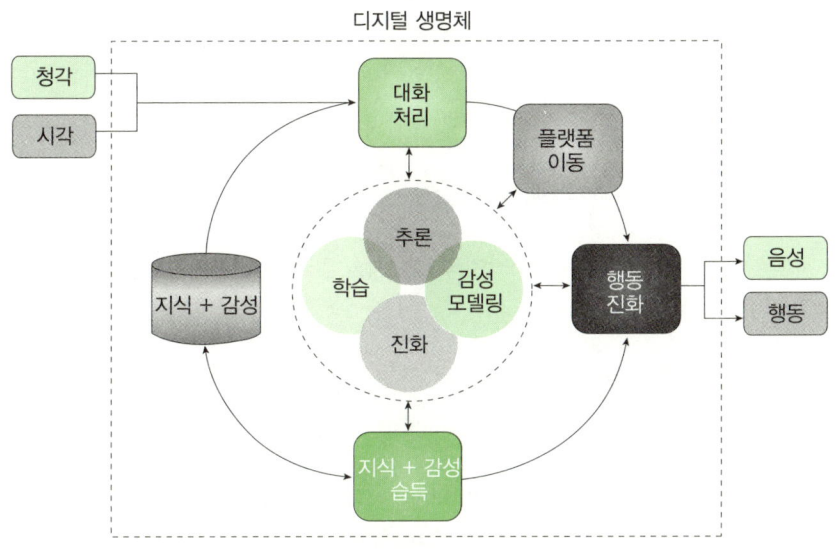

그림 9-9 ● 지식표현, 학습 및 추론 기술의 시스템 구성도

로봇은 먼저 입력 데이터들을 통해 학습을 하게 된다. 학습은 주로 패턴을 찾게 되는데, 이런 패턴으로 사용자의 취향을 파악하거나, 새로운 지식을 배우게 된다.

Herb Simon은 학습을 "이전에 수행한 경험이 있는 동일한 모집단에 대한 작업을 다음에는 보다 효율적이고, 효과적으로 수행할 수 있게 하는 시스템의 적응적 변화"라고 정의했다.

로봇은 이런 학습 데이터를 가지고, 상위 수준의 정보를 추론해서 다음 행동을 예측하는 것이다. 그리고 이런 추론 데이터의 정확도가 높아지면 로봇은 진화하게 된다. 진화를 한다는 것은 로봇 스스로도 판단하게 된다는 것이며, 여기에 사람의 감정까지 표현한다면, 로봇이 진짜 사람처럼 되는 것이다.

감정이란 우선 사전적 정의부터 살펴보면, '감각, 지각에 의하여 불러 일으켜져 그것에 지배되는 심적 체험적 전체, 또는 인상을 받아들이는 힘'이라고 정의되어 있다.

그리고 앞에서 언급한 학습, 추론, 진화, 감정 모델링에 대한 세부 내용은 그림 9-10과 같이 정리할 수 있다.

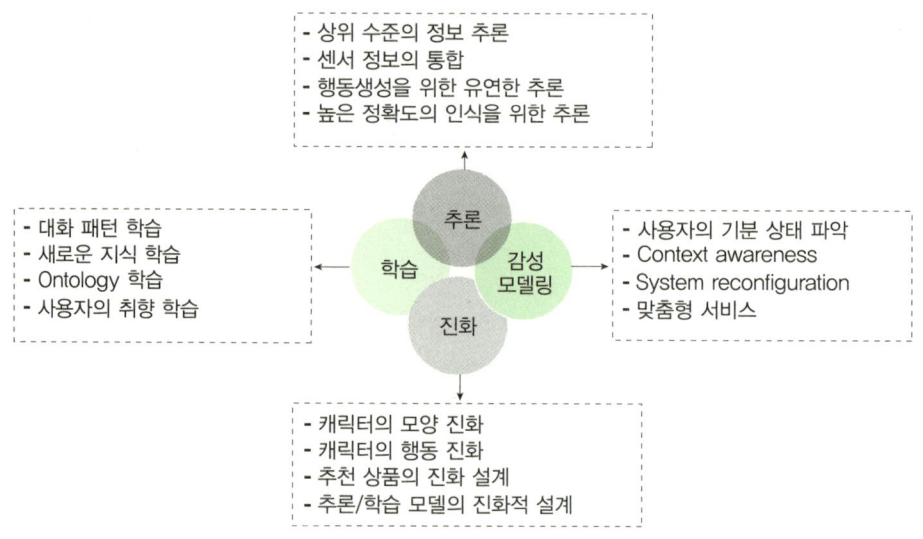

추론
- 상위 수준의 정보 추론
- 센서 정보의 통합
- 행동생성을 위한 유연한 추론
- 높은 정확도의 인식을 위한 추론

학습
- 대화 패턴 학습
- 새로운 지식 학습
- Ontology 학습
- 사용자의 취향 학습

감성 모델링
- 사용자의 기분 상태 파악
- Context awareness
- System reconfiguration
- 맞춤형 서비스

진화
- 캐릭터의 모양 진화
- 캐릭터의 행동 진화
- 추천 상품의 진화 설계
- 추론/학습 모델의 진화적 설계

그림 9-10 ● 지식표현, 학습 및 추론 기술

(3) 감성 인식 및 표현 기술

요즘은 감정, 감성을 인식하고 표현하는 기술에 집중하고 있다고 해도 과언이 아니다.

감성은 인간의 내면적 작용으로써 학문분야에서는 주로 철학 및 심리학 분야의 주요한 연구 대상이었으나, 감성공학이라고 해서 공학적 측면에서 감성에 대한 접근이 활발해지고 있다.

감성 공학을 정의하자면, 인간의 감성을 정성, 정량적으로 측정/평가하고, 이를 제품이나 환경설계에 응용하여 인간의 삶을 쾌적하게 하고자 하는 기술이다.

실제로 감성공학은 요즘 나온 기술은 아니다. 1986년에 일본의 마쯔다 자동차의 스포츠카 "미야타"의 개발과정 설명회에서 야마모토 회장이 처음 사용한 것으로 알고 있다.

감정을 인식하는 기술은 크게 세 가지로 분류할 수 있다.

감성 신호 측정 기술, 얼굴 및 표정 인식 기술, 그리고, 음성에서의 감성 인식 기술이 있다.

▌감정 신호 측정 기술

먼저, 감성을 인식하는 기술은 표정, 동작, 억양 등을 수집할 수 있는 시청각 능력이 필요하다. 또한 웨어러블 컴퓨터를 활용하여 인간의 체온, 심장박동수를 측정한다면, 감성 인식 능력을 높일 수 있다. 그림 9-11은 MIT에서 개발한 감성 인식용 웨어러블 컴퓨터들이다.

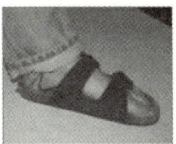

그림 9-11 ● MIT에서 개발한 감성 인식용 웨어러블 컴퓨터들

가장 왼쪽에 있는 것이 심장박동(BVP: Blood Volume Pressure)을 측정하는 귀걸이이고, 중간에 있는 것은 피부 반응 상태(GSR: Galvanic Skin Response)를 측정하는 반지와 팔찌이고, 오른쪽에 있는 것도 피부 반응 상태(GSR: Galvanic Skin Response)를 측정하는 신발이다.

얼굴 및 표정 인식 기술

인간이 외부에 대한 정보를 입력 받아서 인식하는 과정에서 시각이 차지하는 비율이 70% 정도 된다고 한다. 따라서 감성 신호 측정 기술 외에 얼굴 및 표정을 인식하는 기술의 연구가 많다.

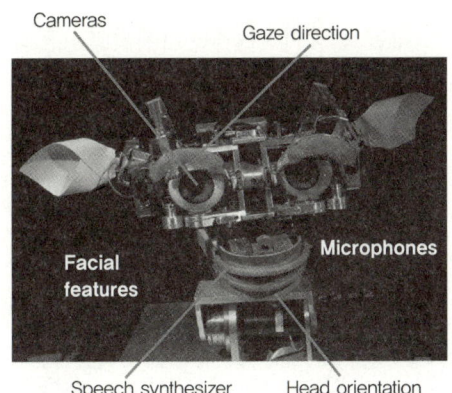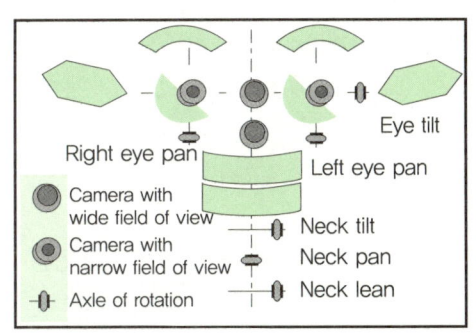

그림 9-12 ● MIT에서 개발한 감성 지능형 로봇 시각 시스템

실제로 얼굴 및 표정 인식 기술은 보안 시스템이나 인사 자료 등에 사용이 된다. 이 부분은 정보 보호 부분의 생체 인식 기술부분에서 보다 자세히 다루도록 하겠다.

음성에서의 감성 인식 기술

개인 음성도 하나의 특성을 갖는다고 한다. 성대의 길이, 성대의 특성 등과 같이 선천적으로 타고나는 조음 기관으로부터 개인의 차이를 보인다고 한다. 또한 말하는 습관 등에서도 차이가 난다. 하지만 모방률이 높다. 우리나라 영화 중 "그 놈 목소리"라는 영화에서 한 배우가 범인의 목소리를 철저히 연습해서 90% 이상의 유사율을 보였다고 한다.

▌ 감성 표현

감성 표현이라는 것은 감성을 인식하고 감성 발생 상황에 관한 추론을 통해 감성 상태를 예측하고 나타내는 것이다. 이를 위해 Illinois 대학에서는 1980년대 후반부터 연구를 수행하면서 OCC(Ortony, Clore, Collins) 모델을 정립하였다. 이 모델의 이름은 고안한 세 사람의 이름을 따서 만든 것이라고 한다. 이 모델을 기초로 Northwestern 대학에서는 감성을 정의하고 추론에 대한 연구를 진행하였다.

감성 유형을 평가하는 요인을 사건, 개체, 에이전트로 나누어 최종 28가지 감성의 유형을 돌출해 냈다.

그 대표적인 감성은 즐거움, 고뇌, 희망, 두려움, 자부심, 수치심, 감탄, 치욕, 분노, 감사, 민족, 그리고 후회이다.

9.3 유비쿼터스 환경의 지능형 로봇 시장동향

세계 시장이든 국내 시장이든 지능형 서비스 로봇은 현재 시장이 형성되는 초기 단계에 있기 때문에 시장 데이터의 산출 및 향후 시장에 대한 전망이 어렵다. 기계산업진흥회 로봇산업통계(2006.12) 기준으로 전문 서비스 로봇, 개인 서비스 로봇, 네트워크 로봇 등의 생산액을 기준으로 보고, 로봇 산업 통계 세부 분류인 전문 서비스 로봇 및 개인 서비스 로봇, 네트워크 로봇의 2003년~2005년 연평균 성장률을 적용하여 시장을 다음과 같이 전망한다.

표 9-3 ● 세계 지능형 서비스 로봇 시장 전망

단위: 억 달러

구분	2006	2007	2008	2009	2010	2011	2012	CAGR
지능형 서비스 로봇	22	49.4	79.1	130	231.6	410	725.7	179%

출처: IDC, 04.12

표 9-4 ● 국내 지능형 로봇 시장 전망

단위: 억 원

구분	2006	2007	2008	2009	2010	2011	2012	CAGR
전문 서비스용 로봇	105	126	1521	182	218	262	315	20%
개인 서비스용 로봇	497	690	959	1,334	1,854	2,577	3,582	39%
네트워크 로봇	268	511	970	1,844	3,504	6,657	12,648	90%
지능형 로봇(합계)	870	1,327	2,081	3,360	5,576	9,496	16,545	59%

출처: 한국지능로봇산업협회, 07.02

9.4 유비쿼터스 환경의 지능형 로봇 기술동향

(1) 네트워크 로봇 인프라 분야 대상 기술

국내의 네트워크통신 기술은 xDSL, Cable, LAN 기술 등을 통한 초고속인터넷 가입자 기반과 QoS를 보장하기 위한 BcN망 가입자 기반 간에 접속망을 공유하고 백본망을 구분할 수 있는 신 인증 체계가 구축되고 있으며 KT, LG그룹, SKT 등 기업이 BcN망 구축을 통해 QoS 제공 기술을 적용할 예정이며 상용화를 진행하고 있다.

WiBro 사업을 위해 KT와 SKT가 상용 서비스를 진행하고 있으며, WiBro용 중계 라우터 개발은 삼성전자가 생산 중에 있다.

국외는 Cisco, Juniper, 로렐 등이 QoS 제공을 위한 라우터를 생산하고 있으며, WiBro 기술의 경우 미국 Bell South가 2.3 GHZ대역, Rioplex Wireless가 2.6 GHz MMDS 대역 및 캐나다 Bell canada가 1.8 GHz대역으로 상용 또는 시범 서비스를 하고 있다.

(2) 로봇 서버 기술

국내 로봇 서버 기술은 2004년 1월부터 정보통신부 선도기반기술개발 사업으로서, ETRI 주관 하에 URC 인프라시스템 개발이 착수되었으며, 2005년도에 1차 시제품이 개발되었다.

2005년말에 개발된 URC서버는 (주)KT를 통해 상용화가 추진되고 있으며, 삼성전자, 유진로봇, 한울로보틱스, 다사테크, 아이오테크, 모스트아이텍 등 국내 다수의 로봇과 연동되어 시범 서비스를 준비 중에 있다. 2006년 3월부터는 1단계 개발된 URC서버의 기능 고도화 및 지능화를 위한 기술 개발에 착수하였으며, 2008년말까지 보다 지능화된 능동형 서비스 지원하는 고가용성 URC서버 출시를 추진 중에 있다.

일본의 경우 2004년 후반부터 총무성 지원 ATR 주관으로 네트워크 로봇을 시작하였으며, Physical Robot, Unconcious Robot, Virtual Robot 등과의 Collaboration을 위한 서버 개발을 추진 중에 있으며, Ubiquitous Computing 기술 개발과 연계되고 있다.

유럽은 2006년부터 IST EURON program으로 네트워크 기반 로봇 개발에 착수하였으며, Embedded Sys-tems, Ambient Intelligent and Mobile Telecommunication 등 기술 개발과 함께 진행 중에 있다.

미국은 군사, 우주, 보안 분야의 첨단 로봇 시스템 및 인공지능 관련 연구를 선도하고 있으나, URC 개념의 네트워크 기반 서비스 로봇 연구는 추진되고 있지 않다.

이와 같이 로봇 시장을 종합해 볼 때, 지능형 로봇은 다음과 같이 발전할 전망으로 보인다.

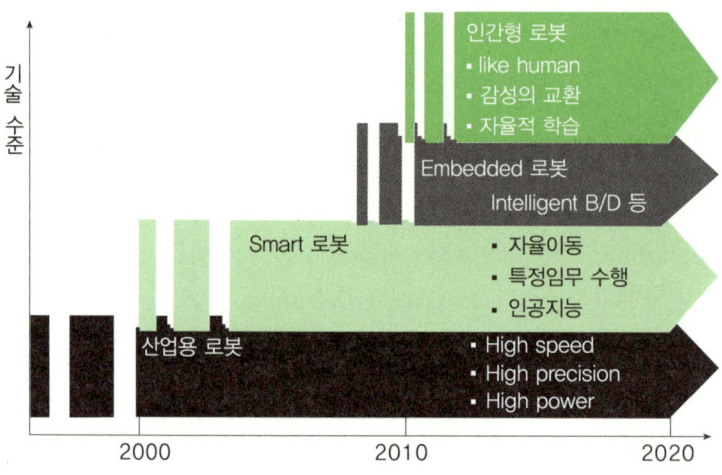

그림 9-13 ● 지능형 로봇 발전 전망

(3) 핵심 소프트웨어 기술

국내 실시간 임베디드 운영체제 분야는 MDS테크놀로지가 2006년 7월 '네오스(NEOS)'를 출시하였는데 작은 메모리 요구량, 빠른 부팅 속도와 신속한 기술지원이 가능하여 SoC, 홈 컨트롤러, DMB, 카 내비게이션 분야에 적용하고 있다.

한국전자통신연구원에서도 Qplus, Nano Qplus 실시간 운영체제와 ESTO, Target Builder와 같은 개발도구를 개발하고 있다.

국내통신 및 배포 미들웨어 분야에서는 로봇통신 및 배포 미들웨어로서 RSCA(Robot S/W Communicaton Architecture)를 개발하여 URC 로봇 플랫폼에 적용 중에 있다.

원격 제어 및 진단 분야에서는 국방과학연구소에서 개발 중인 XAV 1 & 2는 무인자율차량과 무선네트워크를 통해 이를 제어하는 원격제어 시스템을 구성하였다. 뿐만 아니라, 한국 과학기술연구원(KIST)과 유진로보틱스에서 공동으로 개발한 롭헤즈는 원격조정스테이션을 통해 제어가 가능하다.

한국해양연구원에서도 원격제어 시스템을 이용하여 로봇팔을 제어하고 해저 정밀작업과 시료채취 임무를 수행하는 '원격제어 로봇'을 개발하였다.

자율행위선택 분야는 주로 학계를 중심으로 연구가 진행 중이며 한양대에서 2004년부터 정통부 URC 프로젝트에서 자율행위선택 기술을 개발 중에 있다.

국외 기술개발 현황 중 실시간 임베디드 운영체제 분야로는 VxWorks, QNX, pSOS, LynxOS, RTLinux 등 다양한 제품이 출시되어 임베디드 분야에 활용되고 있다.

통신 미들웨어 분야로는 CORBA, DCOM 등이 사용되고 있다.

미국의 원격 제어 및 진단 분야의 경우, 미래전투체계(FCS: Future Combat System)라는 통합전력요소로써 무인화 로봇 및 원격통제 시스템을 대대적으로 개발 중이고, 무인화 로봇무기는 소/중/대대급 원격통제 시스템과 다수 로봇 간의 군집제어를 통해 다양한 임무를 수행할 예정이다.

독일의 로보워치사는 원격제어 및 영상정보 모니터링이 가능한 실외 경비 및 정찰용 로봇인 OFRO를 개발하였으며, 2006년 독일월드컵경기장 공식 경비로봇으로 활용되고 있다.

9.5 유비쿼터스 환경의 지능형 로봇 정책동향

(1) 네트워크통신 기술

우리나라의 네트워크통신 기술 정책은 네트워크 QoS 제공을 위해 BcN사업 등을 통해 국가적으로 지원중이며, WiBro의 경우 정부의 IT839전략의 8대 신규정보통신서비스로 신성장 동력 아이템으로 선정되어 사업을 추진중에 있다.

미국은 여러 장비업체의 제품들과 연동하여 유무선 서비스를 통합하는 단일 융합 IP 네트워크를 구축하고 있고, CISCO 및 Juniper 등의 주요 제조사에서 네트워크 QoS 제공 기술을 적용하고 있다.

일본은 "e-Japan전략"의 성과를 기반으로 새로운 환경정비 등을 위한 국가전략을 수립했고, 영국은 통합 단일 네트워크 구축을 추진하고 있으며 저비용 고기능의 유무선 통합 플랫폼을 구축 중에 있다.

(2) 콘텐츠 기술

우리나라의 로봇 콘텐츠 기술 정책은 URC 기술개발사업의 일환으로 정부지원하에 산학연 공동으로 정보콘텐츠 로봇을 추진중이며 국민로봇사업을 통해 교육, 육아, 정보콘텐츠 서비스 로봇 상용화에 박차를 가하고 있다.

미국은 국방산업을 바탕으로 하는 무인항공기, 자동차 등 첨단로봇 시스템에 지원을 집중하고 있으나, 아직 로봇 콘텐츠 분야의 육성정책은 없다.

일본은 '네트워크로봇기술개발사업' 출범(2004년)을 통해 2008년부터 로봇 어플리케이션 고도화 수단으로서 지능형 에이전트 기반의 콘텐츠 기술 개발에 착수했다.

EU는 2005년 유럽의 주요 로봇회사들이 안보, 우주분야로 사업 범위를 넓히는 데 필요한 지원책을 발표하고, 향후 3년 동안 어드밴스드 로보틱스라는 로봇 프로그램에 1억 달러를 추가로 투자할 예정이다.

(3) 핵심 소프트웨어 기술

우리나라의 핵심 소프트웨어 기술 정책은 IT389 전략의 일환으로 임베디드 운영체제 및 관련 소프트웨어 분야를 적극적으로 지원하고 있다.

산업 자원부에서는 국가 성장동력 사업으로 진행하고 있는 원격제어가 가능한 재난 극복로봇 등이 연구되고 있다. 우리나라의 지능형 로봇 정책 방향을 정리해 보면, 다음과 같다.

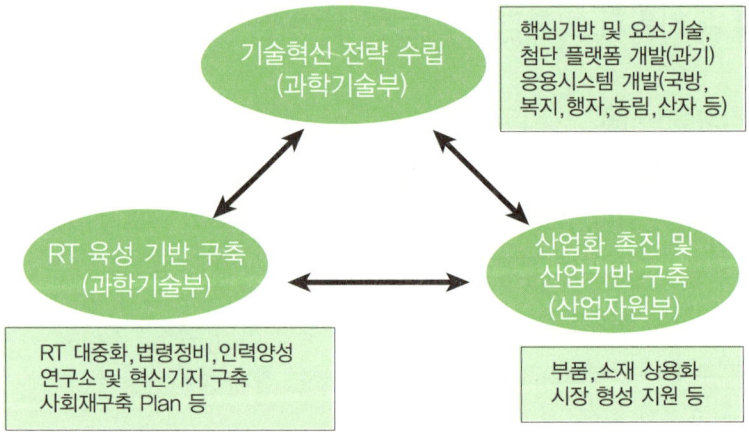

그림 9-14 ● 우리나라의 지능형 로봇 정책 방향

미국은 국가차원에서 군사/과학용 임베디드 운영체제 및 시스템 소프트웨어를 21세기 핵심 분야로 선정, 매년 4천억원 이상을 연구개발에 투자하고 있다. 미국은 미래전투체계(FCS: Future Combat System)라는 통합전력 요소로서 원격제어 및 통제가 가능한 로봇무기를 대대적으로 개발 중이다. 미 국방부, NASA 등이 주도가 되어 군사용, 우주작업용 등 특수 목적을 위한 로봇 시스템이 활성화되어 있으며, 자율 행위선택 기술은 특정 응용분야에 필요한 형태로 적용되고 있다.

일본은 Fujitsu, Hitachi, Mitsubishi Electric, NEC 등의 기업체들을 중심으로 TRON이라는 협회를 만들고 운영체제 표준안인 ITRON과 임베디드 운영체제 표준안인 uITRON 등의 표준을 만들어 실제 현장에 활용하고 있다. 특히 휴머노이드 로봇, 애완용 로봇 등 인간 친화적인 로봇 개발이 활발히 진행중에 있으며, 감성 기반 자율 행위선택 기술을 이용한 가정용, 애완 로봇 등을 개발하고 있다.

유럽은 군사/교통용 임베디드 운영체제 및 시스템 소프트웨어에 1999년부터 7년간 3조8천억을 투자했다. 특히 독일 프라운호퍼연구소에서는 척추 수술을 위한 외과수술용 로봇을 개발 중이며, 스웨덴의 린셰핑 대학은 사람의 혈액 속에서 간단한 수술 등의 작업이 가능한 초소형 로봇을 개발하였다.

참고문헌

[1] 정보통신연구진흥원, "지능형서비스로봇 기술개발전략수립을 위한 기획연구", 2003.5

[2] 정보통신연구진흥원, "IT839 전략기획보고서(지능형서비스로봇편)", 2005.6

[3] 정보통신연구진흥원, "URC 중간성과 보고회 발표자료", 내부자료, 2005.6

[4] 산업자원부 · 정보통신부, "지능형로봇산업 비전과 발전전략", 2005.12

[5] 일본 총무성, "네트워크 로봇의 실현을 향해서", 2004.3

[6] 홍성태, "Intelligent Service 로봇분야 마케팅 전략 수립에 관한 연구", 정보통신정책개발과제보고서, 2005.12

[7] KT, "국민로봇 사업추진을 위한 서비스 기획방향", 내부자료, 2005.12

[8] 정보통신연구진흥원, "100만원대 국민로봇 보급 계획 수립", 2005.12

IT 대한민국은 ITC(Info Tech Corea)가 함께 하겠습니다.
www.itcpub.co.kr

유비쿼터스 디지털 TV와 방송

전기, 전자, 컴퓨터 기술들이 발달하면서 이들 기술을 이용한 다양한 기기들이 우리의 생활 곳곳으로 파고들기 시작하였다. 그 중 디지털 TV를 통하여 방송 분야에서 어떤 다양한 서비스를 제공되는지 이 장에서는 유비쿼터스 기반 기술 중 디지털 TV와 방송 기술에 대해 알아본다.

10.1 유비쿼터스 환경의 디지털 TV와 방송 개요

(1) 유비쿼터스 환경의 디지털 TV와 방송의 정의

방송 콘텐츠의 제작, 전송 및 재현에 이르는 모든 과정을 디지털화함으로써, 고품질의 방송 프로그램 및 다채널 서비스를 실현하고 방송통신 융합형 서비스를 포함한 다양한 부가 기능을 제공하는 방송 기술이다. 디지털 TV/방송의 개념도는 다음과 같다.

그림 10-1 ● 디지털TV/방송의 개념도

이제 아날로그 TV에도 변환 장치(셋톱 박스)와 안테나만 달면, 디지털 TV를 볼 수 있다. 현재 아날로그 TV보다 5~6배 선명한 고선명(HD) 영상과 CD급 고음질의 음향이 제공된다. 이렇게 됨으로써 언제 어디서나 실감나는 TV, 대화형 TV로 TV가 똑똑해지고 있다.

그리고 시간, 공간적 제약 없이 영상, 음성, 음향, 문자, 그래픽 등 다양한 형태의 정보와 TV 수상기, 컴퓨터 모니터, 이동통신단말 등 여러 가지 매체를 통합하여 멀티미디어 방송과 시청자가 참여하는 양방향 서비스 기능이 가능하다.

고속 이동 중에도 선명한 방송시청이 가능한 DMB방송은 기존 방송의 공간적 한계를 극복하며, 통신망과 연계된 융합형 차세대 멀티미디어 서비스를 제공한다. 하지만 유료화 논란으로 시장이 복잡하게 얽혀 있다.

디지털 TV는 양방향 데이터 방송, TV전자상거래, T-Government 등 멀티미디어 부가 서비스를 이용하여 디지털 인프라간 통합의 구심점 및 정보 플랫폼(Home Gateway) 역할을 수행할 것이다.

(2) 위성 방송 기술의 정의

통신 및 방송 품질이 보장되는 광대역 멀티미디어 서비스를 언제 어디서나 끊김없이 안전하게 이용할 수 있고, 비상재해 및 국가비상사태 발생시 국가의 긴급통신 인프라 망으로 활용될 위성통신방송망 기반 기술이다. 그 개념도를 보면, 다음과 같다.

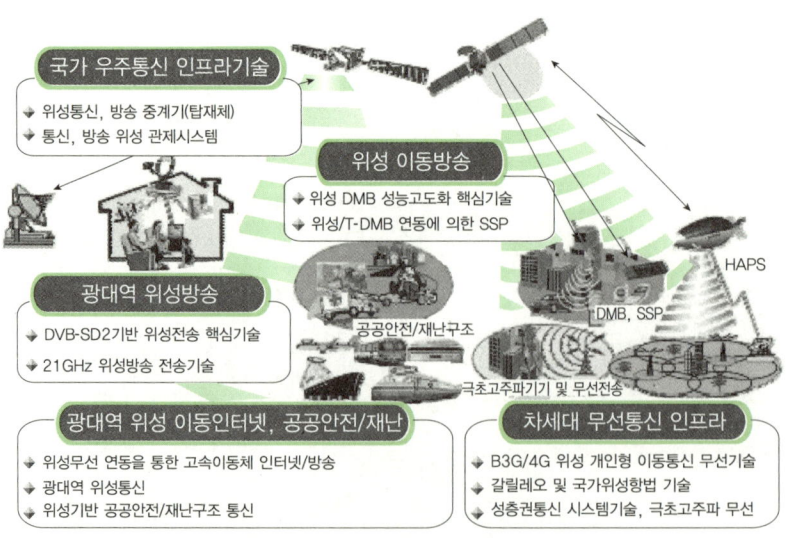

그림 10-2 ● 위성통신방송의 개념도

위성통신방송 기술은 글로벌 정보사회가 요구하는 『Global service and Seamless 정보통신 인프라』를 확보할 수 있는 핵심 수단으로서, 광역성을 장점으로 하는 위성 인프라와 지상 이동통신 및 무선 액세스 인프라를 상호 연계하여 하나의 단말기로 육 · 해 · 공지역에서 글로벌 메가 셀 기반의 끊김없는 통신 및 방송 서비스를 융합하는 U-Korea 건설에 기여할 것이다.

위성과 지상파 이동방송의 장점을 결합하여 SFN(Single Frequency Network: 단일 주파수 방송망)의 광역 휴대이동 방송서비스에 유비쿼터스 방송이 가능한 SSP(Satellite Service to Potable) 방송서비스를 제공한다.

내재해성, 생존성이 강한 위성 인프라, 지상 무선통신 인프라 등을 이용하여 국가 긴급상황 및 재난발생 시 지역에 구애받지 않는 통신 서비스를 제공하는 광역 긴급통신 시스템에 응용할 수도 있다.

성층권 플랫폼을 이용하여 정지 또는 이동 중에 음성, 데이터, 동영상 등의 멀티미디어 정보를 글로벌 메가셀부터 피코셀까지 휴대 단말을 통해 광범위하게 제공하는 차세대 이동통신방송 서비스뿐만 아니라, 전 세계 어디에서나 실시간으로 무선통신 기술을 통하여 정확한 3차원 측위정보 및 시각정보를 제공하는 위성 항법 서비스에도 응용된다.

10.2 유비쿼터스 환경의 디지털 TV와 방송 기술

이런 방송 기술을 분류하면 방송 시스템 기술, 방송 서비스 기술, 그리고, 방송 콘텐츠 기술로 나누어 볼 수 있다. 방송 콘텐츠 기술은 다음 장에서 자세히 다뤄볼 예정이며, 방송 세부 기술은 다음과 같다.

표 10-1 ● 디지털 TV와 방송 기술

항목	소분류	요소기술
방송 시스템 기술	지상파TV 방송	신호처리 및 변복조 기술
		양방향 리턴채널 기술
	케이블 TV방송	광대역 고차 변복조 전송 기술
		IP 기반 케이블 TV 전송 기술
	위성 TV방송	광대역 고효율 변복조 기술
		적응형 신호처리 기술
		양방향 리턴채널 기술
방송 서비스 기술	데이터 방송	데이터방송 콘텐츠 생성 및 저작 기술
		데이터방송 콘텐츠 처리 및 표현 기술
	맞춤형 방송	메타데이터 생성 및 저작 기술
		개인형 콘텐츠 저장 기술
	실감방송	3D 오디오/비디오 생성 및 처리 기술
		3D 방송시스템 기술
		초고화질 방송 콘텐츠 생성 및 처리 기술
	방통융합	방통융합용 콘텐츠 생성 및 처리 기술
		통신망 연동 기술

(계속)

표 10-1 ● 디지털 TV와 방송 기술(계속)

항목	소분류	요소기술
방송콘텐츠 기술	콘텐츠 부호화 기술	오디오/비디오/그래픽 부호화 기술
		데이터 표현 기술
		콘텐츠 변환 기술
	콘텐츠 제작/관리 기술	콘텐츠/메타데이터 저작 기술
		콘텐츠 관리 및 저장시스템 기술
	콘텐츠 보호관리 기술	접근/사용/복사/내용 제어 기술
	콘텐츠 검색 기술	콘텐츠 데이터베이스 기술
		콘텐츠 검색엔진 기술

이번 장에서는 디지털 TV와 방송의 핵심 디스플레이인 IPTV에 대해 알아보자.

(1) IPTV

▌IPTV 출현배경

통신은 정보 강화에 대한 요구, 방송은 연결 강화에 대한 요구가 증대되면서, 통신과 방송을 융합하고자 하는 움직임으로 IPTV가 등장하게 된다. 디지털 기술을 근간으로 망 기술, 전송 기술, 교환 기술, 압축 기술 및 저장 기술을 접목하고, 이런 기술을 바탕으로 새로운 수익 창출을 위한 서비스가 등장한 것이다.

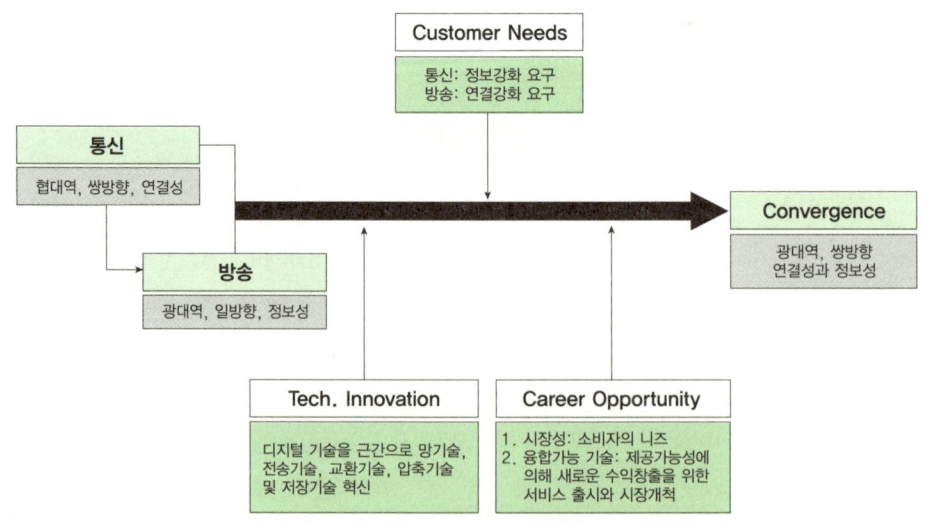

그림 10-3 ● IPTV 출현배경

▌IPTV 정의

IPTV를 정의해 본다면, 기반의 통신망(xDSL, FTTH)을 통하여 다양한 콘텐츠(방송, Video)를 기존의 TV를 이용하여 제공받을 수 있는 서비스 또는 기술이다.

좁은 의미에서는 초고속 인터넷의 부가 서비스로 서비스 제공영역을 PC에서 TV로 확장한 것이지만, 넓은 의미로는 초고속 인터넷망을 물리적인 방송매체로 활용하여 방송 채널을 적극적으로 수용하는 것이기도 하다. 케이블 TV 망 대신에 초고속 인터넷 망을 TV에 직접 연결하여 영화, 드라마, 스포츠 등을 즐기는 멀티미디어 서비스이다.

이런 IPTV의 이름은 미국에서 유래되었는데, 유럽에서는 ADSL TV, 일본에서는 Broadband 방송이라고 부른다고 한다. 유럽을 중심으로 2002년 시범서비스로 2003년 상용 서비스가 진행 중에 있고, 우리나라에서는 KT가 IP 미디어, 정보통신부에서는 iCOD(Internet Contents on Demand)라고 불렀다.

이 IPTV의 개념도는 다음과 같다.

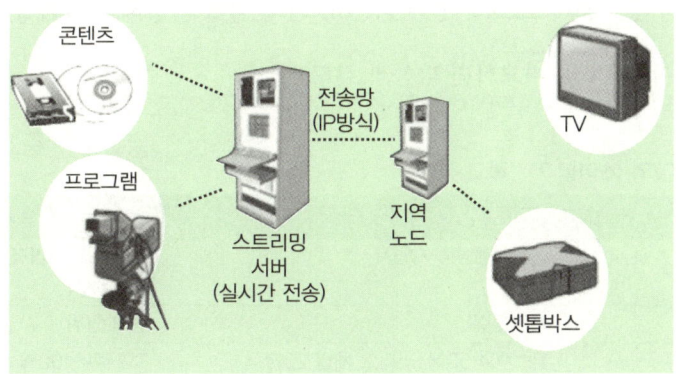

그림 10-4 ● IPTV 개념도

방송 콘텐츠를 스트리밍 서버를 통해 실시간으로 전송한다. 이때 사용하는 액세스 기술은 VDSL이나 FTTH 등이 있다.

방송 콘텐츠는 비디오 압축 기술 MPEG-2, MPEG-4 visual, MPEG-4 AVC(H.264[1])를 이용하여 압축한 후 지역 노드들로 전송된다.

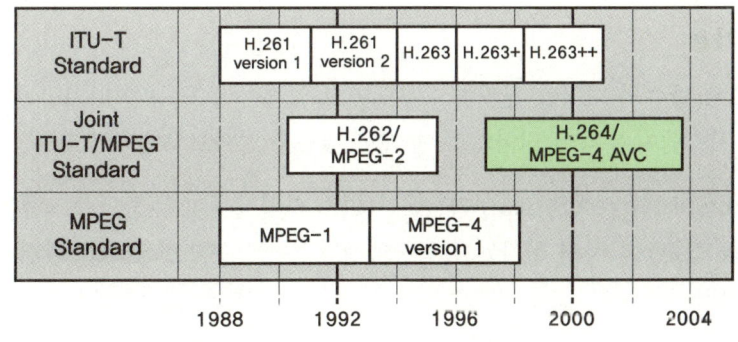

그림 10-5 ● 비디오 압축 표준의 역사

---

[1] 뛰어난 비디오 이미지 압축 성능을 약속하는 새로운 표준안이다.

각 지역 노드는 셋톱 박스를 통해 외부 망과 연결이 되며, 이 셋톱 박스는 가입자가 채널 선택, 쌍방향 디렉터리 보고, 쌍방향 TV에 접근, 게임 수행, 인터넷 엑세스, PVR, 가입자 관리, 과금 처리까지 담당하게 된다.

IPTV 특징

IPTV 특징은 다음과 같다.

- 쌍방향(Interactive) 서비스: 소비자가 원하는 대로 비디오 서비스(VOD)와 T-Commerce 구현이 용이하다.
- 개인화 서비스 가능: Point-to-Point 전달 방식으로 개인화된 채널을 볼 수 있고, 개인화된 TV 포털이 등장하게 된다.
- 번들 서비스 용이: 초고속 인터넷, VoIP와의 결합을 통해 TPS 제공이 가능하다.

지금 있는 케이블 TV와 비교하면 다음과 같다.

표 10-2 ● IPTV와 케이블 TV 비교

구분	케이블 TV	IPTV
사업 주체	종합유선방송 사업자	기간통신 사업자 KT, SKT
서비스 지역	지역 단위	전국 단위
채널 수	TV 채널 50개, 라디오 채널 20개 데이터 채널 15개	TV 60~100개 채널
서비스 형태	디지털 양방향 서비스 가능	디지털 양방향 서비스 가능
부가 서비스	VOD(Video on Demand) 서비스 EPG(Electronic Program Guide)[2] 서비스 예약 및 SMS 서비스 TV 쇼핑 홈뱅킹 서비스	VOD 서비스 EPG 서비스 VoIP[3], SMS, 메시징 서비스 TV 쇼핑 홈뱅킹 서비스 게임 웹 검색 서비스

(2) CAS 기술

전세계적으로 방송의 디지털 전환이 이루어지고 있어 방송을 통한 디지털 콘텐츠 배포와 관련된 시스템이 부각이 되어 CAS에 대한 내용을 알아보도록 하겠다.

CAS(Conditional Access System) 기술은 서비스 가입자들이 특정 프로그램 시청 시 수신자를 자동으로 인식하여 허가된 가입자에게만 수신하는 시스템으로 제한 수신 시스템이라고 한다.

---

[2] 텔레비전 방송 프로그램의 편성표를 텔레비전 화면 상에 표시하는 것이다. 이것을 통해, 텔레비전을 시청하는 사람은 원하는 프로그램을 선택하거나 시간, 제목, 채널, 장르 등을 검색할 수 있다.
[3] 데이터통신용 패킷망을 인터넷 폰에 이용하는 것으로, VoIP(Voice over Internet Protocol)라고 한다.

이런 시스템이 등장한 데에는 여러 가지 이유가 있겠지만, 무엇보다도 디지털 콘텐츠는 아날로그 콘텐츠와 달리 매체의 특성상 완벽한 복제가 가능할 뿐만 아니라 편집 및 배포가 용이하기 때문일 것이다. 따라서 콘텐츠에 대한 접근과 보호가 필수적이다. 서비스 면에서 허가된 가입자만이 해당 콘텐츠에 대해 접근할 수 있도록 허용되어야 한다는 것이다.

시스템 구성도는 다음과 같다.

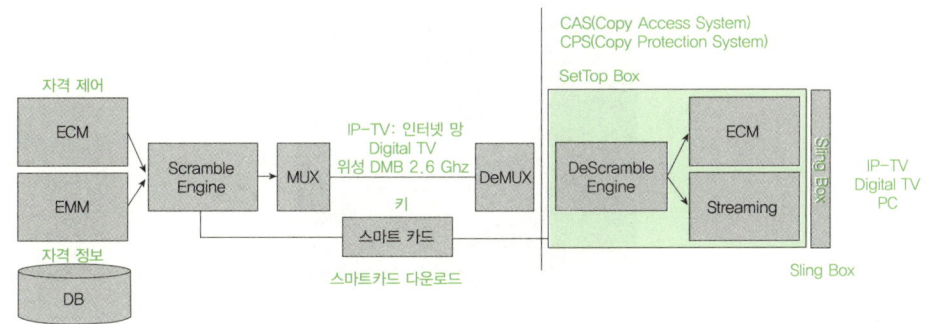

그림 10-6 ● CAS 개념도

제한 수신 시스템이 갖추어야 할 기본적인 기능 요건은 프로그램 및 데이터를 스크램블링하고, 통신 링크상에서 보호되어야 하며, 인증 기능과 접근 제어 기능을 갖추어야 한다. 위의 그림에서 보는 바와 같이 송신단에서 자격 제어를 통해 자격 정보를 얻고, 그 데이터를 스크램블링하는 과정과 스크램블링에 사용되는 인증 키를 암호화하는 과정으로 나누어진다. 수신단에서는 송신단과 동일한 구성을 가지며 역의 과정을 통해 인증키를 복호화하고 복호화된 데이터를 디스크램블링하여 시청 가능한 형태의 신호와 자격 정보를 출력하게 된다.

▌ 자격 관리

자격 관리(Entitlement Management)는 수신기에 사용자의 자격을 부여 · 갱신 · 관리하는 기능을 한다. 여기서 EMM(Entitlement Management Message) 인증 키를 생성하고 암호화하여 수신자에게 전송한다.

EMM은 해당 수신자 고유의 비밀키를 이용하여 암호화하여 전송된다.

▌ 자격 제어

자격 제어(Entitlement Control)는 ECM(Entitlement Control Message)이라는 메시지를 만들어 수신자에게 선송한다. 보인을 위한 제어단어이다. 수신된 ECM은 정당한 사용자로 판단될 경우에만 제어단어를 해독하고, 이를 이용하여 수신된 프로그램을 디스크램블링한다.

▌ 스크램블링/디스크램블링

수신자격이 없는 수신자는 시청이 불가능하도록 데이터를 암호화하는 과정을 스크램블링(Scrambling)이라고 하고, 수신 자격이 있는 수신자는 시청 가능하도록 데이터를 복호화하는 과정을 디스크램블링(Descrambling)이라고 한다. 송신부와 수신부에는 보안성을 높이기 위해 스마트 카드 등을 사용하여 사용자에게 전달한다.

그림 10-7 ● 분리형 제한 수신 모듈

10.3 유비쿼터스 환경의 디지털 TV와 방송 시장동향

(1) 방송 시스템 분야

국내 기업의 제품 서비스 현황은 2005년 말 지상파DMB 서비스 개시 이후에 다양한 단말기가 연달아 출시되고, 서비스 개시 1년 만에 240여만 명이 서비스를 이용하는 등 기대 이상으로 성공하였으며, 현재는 양방향 데이터 서비스, 교통 및 여행 서비스, 미들웨어 기술, 제한 수신 기술 등 다양한 데이터 서비스를 위하여 기술개발과 서비스를 준비 중에 있다.

위성DMB는 TU미디어에서 약 60여 개의 다양한 채널을 유료 서비스하고 있으며, 지상파DMB는 기존 지상파방송국 및 DMB 사업자 6개사가 28개 채널을 무료서비스로 제공하고 있다.

휴대전화기반 위성DMB 방송서비스는 세계 최초로 상용화되었고, DMB 단말기와 Gap Filler 기술은 세계적인 수준이다.

DTV 수신 단말 시장과 이동TV 수신 단말 시장은 다음과 같다.

표 10-3 ● DTV 수신단말 시장   단위: 백만 달러

구분		2006	2007	2008	2009	2010	2011	2012	CAGR
DTV	세계	55,389	57,465	55,683	53,718	–	–	–	–1%
	국내	2,298	2,510	2,774	3,232	3,282	3,290	3,067	5%

(계속)

표 10-3 ● DTV 수신단말 시장(계속)   단위: 백만 달러

구분		2006	2007	2008	2009	2010	2011	2012	CAGR
STB	세계	13,984	14,639	15,138	14,978	14,263	13,615	–	–1%
	국내	153	174	168	276	252	168	111	–5%
PVR	세계	8,302	10,197	12,135	13,695	–	–	–	18%
	국내	12	19	27	33	34	34	29	16%
전체(합계)	세계	77,675	82,301	82,956	82,391	–	–	–	2%
	국내	2,463	2,703	2,969	3,541	3,568	3,492	–	4%

출처: 세계 시장–In–Stat, 'Worldwide Digital TV Sets'(2005. 4)
In–Stat, 'Worldwide PVR Unit Shipments'(2005. 5)
IMS, 'Digital TV Market Intelligence Service'(2006.11)
국내 시장–ETRI, '디지털 방송산업의 경제적 기대효과'(2006. 4)

표 10-4 ● 이동TV 수신단말 시장   단위: 백만 달러

구분		2006	2007	2008	2009	2010	2011	2012	CAGR
이동TV	세계	1,931	4,881	10,101	16,052	21,189	25,119	28,276	56%
	국내	4	5	8	9.6	11.5	11.9	12.8	21%

※ 휴대폰 결합형 단말에서 이동TV 기능추가로 인한 판매가격 상승분만 반영함
출처: MDR & Instat, "Global Forecast for DAB and Mobile TV"(2005.8)
ETRI, "이동TV 산업의 경제적 기대효과"(2006.5)

휴대이동방송 표준은 세계 최초로 휴대이동방송을 상용화한 한국의 DMB, 유럽에서는 노키아가 주도하고 있는 DVB-H, 미국 퀄컴의 기술로 전력 효율과 이동통신 칩과의 통합화 장점이 있는 MediaFLO가 있고, 일본에서는 기존 지상파TV를 위한 밴드 중 일부를 사용함으로써 주파수 자원 절약 및 지상파 콘텐츠를 그대로 이용할 수 있는 ISDB-T가 있다.

세계 이동TV 서비스 산업은 2004년 일본의 위성DMB를 시작으로, 2005년 한국의 지상파 및 위성DMB 서비스가 개시되었으며, 2006년 이후 유럽의 DVB-H, 미국의 MediaFLO 등이 가세하여 본격적인 성장을 시작하고 있고, 2006년 6월 독일월드컵과 더불어 유럽지역을 중심으로 지상파DMB 서비스가 개시되었다.

이동위성방송분야에서는 위성 DAB로 영국의 BBC, 독일의 ADR, 룩셈부르크의 Global Radio, 미국의 Sirus Radio, WorldSpace사, XM Radio사 등이 위성을 이용한 오디오방송을 서비스 중이며 멀티미디어 방송(DMB)으로 전환을 계획 중이다.

유럽연합은 ESTEC을 중심으로 위성과 지상파 이동방송을 결합하여 휴대 및 이동방송이 가능한 UBS(Ubiquitous Broadcasting Service)와 SSP(Satellite Service to Portable device)와 같은 유비쿼터스 방송 기술개발을 추진 중에 있다.

전 세계에서 4천 7백만여 가구가 디지털 CATV를 시청(2004년 말 기준)하고 있으며, 세계 디지털 케이블TV용 STB 판매는 2004년 말 현재 2,681만 대, 매출액 규모는 55억 8천만 달러이다.

북미지역의 디지털 케이블 STB 시장규모는 2006년에 35억 달러로 세계 시장의 57%를 차지하고 있으며, 유럽 디지털 케이블 STB 시장이 2009년에 세계 시장의 50% 차지할 것으로 전망한다.

표 10-5 ● 위성 분야 시장규모   단위: 억 달러

구분		2006	2007	2008	2009	2010	2011	2012
위성통신 (광대역)	세계	127	182	259	374	528	–	–
	국내	–	–	–	–	–	–	–
탑재체	세계	121	126	133	137	–	–	–
	국내	–	–	–	–	–	–	–
위성관제 기술	세계	1.4	1.5	1.6	1.7	1.8	1.9	2.0
	국내	0.1	0.2	0.2	0.2	0.2	0.2	0.2
위성항법 시장	세계	180	205	225	300	400	500	620
	국내	8	12	15	23	30	38	50
위성통신 (공공안전)	세계	9.0	10.0	11.0	12.5	14.4	–	–
	국내	–	–	–	–	–	–	–
전체(합계)	세계	438.4	524.5	629.6	825.2	944.2	501.9	622
	국내	8.1	12.2	15.2	23.2	30.2	38.2	50.2

출처: 김수현, 여재현, "국내 위성산업의 경제적 파급효과," Journal of Information Technology Applications & Maagement, 제13권 제 1호 pp 67~75, 2006. 논문의 State of Space Industry 2004년 자료, 탑재체 비용은 위성체의 2/3로 가정.

(2) 방송 서비스 분야

국내 방송 서비스 분야는 지상파TV의 데이터방송이 2006년 6월에 지상파 4사에서 본격화됨에 따라 삼성전자는 데이터방송 개시 시점에 맞춰 지상파TV의 ACAP 미들웨어 기반의 양방향데이터방송용 셋톱박스를 상용화하였다.

영국/미국/일본의 경우 아날로그 또는 디지털 방송을 통해 상용화를 진행 중이나 국내의 경우 맞춤형방송 실험방송을 진행 중이며, 2007년에 상용화되었다.

통신업계에서는 와이브로(WiBro) 및 고속 하향 패킷 접속(HSDPA)을 이용한 UCC 활용 서비스를 기대하고 있으며, 방송사 포탈인 SBSi 등에서는 자사의 방송 콘텐츠를 자유롭게 편집, 가공할 수 있는 것 외에도 외부 블로그나 미니홈피로 스크랩이 가능한 'NeTV' 이름의 UCC 저작 도구를 제작 배포하였다.

국외 방송 서비스 분야를 살펴보면, 영국의 BBC는 2004년초 TV-Anytime기반 맞춤형 방송 서비스를 실시하고 있고, 미국의 TiVo는 아날로그이지만 초보적인 맞춤형방송을 실시 중에 있으며 NHK, WowWow 2005년 말 축적형(저장형) 서비스를 실시하고 있다.

Google의 경우는 'Google Video'를 통해 다양한 동영상 UCC 서비스를 제공할 예정이며, Yahoo는 PC의 멀티미디어 동영상 UCC를 TV에서 시청할 수 있는 'Yahoo! Go for TV' 베타버전을 공개하였다.

(3) 방송 콘텐츠 분야

국내 방송 콘텐츠 분야는 MPEG-4 오디오 코덱 표준에 채택된 삼성전자의 BSAC과 ITU-T에 채택된 ETRI의 G.729EV가 있고, MPEG-4 비디오는 국내, 휴대폰, PMP, DivX 플레이어에 탑재되어 판매되고 있다.

국외 방송 콘텐츠 분야는 MPEG 또는 ITU-T에 표준으로 채택된 오디오 및 비디오 코덱 기술들에 대한 라이브러리, SDK 등을 판매하는 기관이 다수 있는데, 미국의 경우 Dolby사와 DTS사의 오디오 코덱이 미국 방송 표준이나 DVD 표준에 채택되어 제품화되고 있고, 유럽의 경우 MPEG, ITU-G, 3GPP의 표준으로 채택된 기술을 보유한 Frounhoffer, Philips, CodingTechnologies사의 오디오 코덱이 제품화되고 있다.

Microsoft사는 윈도우 미디어 플레이어를 통해 오디오와 비디오 분야에서 콘텐츠 보호관리 기술을 제공하고 있다.

10.4 유비쿼터스 환경의 디지털 TV와 방송 기술동향

(1) 방송 시스템 기술

국내 기술개발 현황을 보면, 세계 최초로 이동형 멀티미디어 방송인 DMB 핵심 기술을 개발하고 2005년부터 서비스를 개시하여, 2004년 World DAB 표준으로 채택되었으며, 2005년 ETSI(유럽표준화기구) 국제표준으로 채택되어 이동형 멀티미디어 지향의 방송, 통신 융합시대에 핵심 경쟁력을 보유하고 있다.

BcN망의 가입자망으로서 HFC망을 이용한 초고속 양방향 서비스를 구현하기 위하여 하향 1Gbps 케이블 송수신 시스템을 개발 중에 있으며, DVB-S2 기반 위성방송전송시스템은 ETRI를 중심으로 관련업체와 전송 핵심 기술 기발 및 단말 핵심부품 ASIC 기술을 개발 중에 있다.

휴멕스, 삼성, LG, 현대디지털테크 등 위성셋탑박스 업체는 DVB-S2기반 위성방송 셋탑박스를 개발중에 있다.

미국의 경우는 CableLabs를 중심으로 OpenCable, DOCSIS 3.0, PacketCable, CableHome 및 DCAS 기술을 개발하고 있고, 이동멀티미디어 서비스를 위하여 유럽에서는 DVB-H, 미국에서는 MediaFLO 기술을 개발하고 있다.

(2) 방송 서비스 기술

방송 서비스 분야의 국내 기술개발 현황은 양방향 데이터(ACAP 방식) 수신이 가능한 디지털TV와 셋톱박스를 보유한 가구는 2006년 6월 8일부터 셋톱박스나 TV 수상기에 인터넷을 연결만 하면 동영상 방송 외에 날씨 · 교통 · 증권 · 출연자 등 다양한 부가 서비스를 이용할 수 있게 되었다.

지상파 DMB 망을 통하여 TPEG기반의 교통 및 여행자 정보방송 서비스, 미들웨어 기반의 응용프로그램 다운로드 서비스 등의 데이터방송 서비스를 제공하기 위한 서비스 플랫폼 기술을 ETRI를 중심으로 개발하고 있다.

방송업계에서는 KBS DMB가 프리챌과 제휴를 맺고 동영상 기반 엔터테인먼트 홈피큐(Q)에 사용자들이 올린 동영상 UCC를 DMB 방송망을 통하여 시청할 수 있는 사업을 추진하고 있다.

국외 기술을 살펴보면, 2006년 4월까지 서유럽에서 380개의 데이터방송 서비스가 제공되었고, 그들 중 약 250개의 서비스가 Standalone 서비스이고, 약 130개의 서비스가 Enhanced 서비스가 제공되고 있다. 이 중 Games, Betting, Lottery 서비스가 ITV 서비스에 가장 큰 비중을 차지하고 있다.

영국에서는 BskyB가 Casino와 유사하게 모든 종류의 도박을 TV상에서 제공하고 있고, Screen Digest 라는 조사기관은 유럽에서 2007년도에서 상기 서비스로 인하여 50억 유로화의 시장이 형성되어, 서비스 공급자는 7억 9백만 유로화의 순수 이익을 얻을 있을 것으로 예측하고 있다.

(3) 방송 콘텐츠 기술

국내의 방송 콘텐츠 분야는 AV코덱의 고도화로 MPEG-2/4를 활용한 디지털 방송 기술의 상용화에 성공했으며, 연구소와 대학을 중심으로 영상의 해석을 통한 부호화 효율 향상 연구를 진행하고 있다.

10.5 유비쿼터스 환경의 디지털 TV와 방송 정책동향

먼저 우리나라 방송계에서는 방송통신위원회가 2010년 지상파의 디지털전환 완료를 목표로 디지털방송 활성화 추진정책 수립을 위한 본격적인 활동을 전개하고 있다.

세계 최초로 상용화한 지상파DMB와 위성의 장점을 활용하여 세계 최초로 언제, 어디서나 이동방송 수신이 가능한 유비쿼터스 방송 서비스 제공으로 T-DMB의 완성도 제고할 필요가 있다.

DVB를 중심으로 연구 초기 단계에 있는 DVB-UBS 및 DVB-SSP에 지상파DMB 기반의 유비쿼터스 방송 서비스 개발로 세계 이동방송 기술 및 서비스 시장 선도도 밝다.

미국의 경우, 콘텐츠 보호관리 기술은 FCC 주도로 미국내 판매되는 모든 디지털TV 수신 기능을 갖춘 제품에 Broadcast Flag를 적용하는 보호장치의 의무 탑재화를 추진하였으며, 2005년 5월, 미국 콜롬비아 항소법원의 위법판결로 시행에 난관을 겪었으나, 2006년 현재 상원에서 공청회 개최 및 법안제출 등 기술개발과 병행하여 DTV 불법복제 근절을 위한 의무화 방안의 법제화를 강력히 추진하고 있다.

영국은 2005년 4월 기준으로 전체 가구의 62%가 디지털 방송을 수신하는 등 세계 최고의 디지털 전환율을 보이고 있으며, 2010년까지 디지털 전환을 마칠 계획이다.

일본에서는 지상파 디지털방송(ISDB-T)에 암호화를 적용함으로써 콘텐츠의 저장은 가능하나 다른 기기로 복사가 불가능한 Copy-once 정책을 실시하고 있으나, 최근 일본 총무성은 Copy-once 정책 완화의 대안으로 EPN(Encryption Plus Non-assertion) 방식의 도입을 검토하고 있다.

참고문헌

[1] 전자부품연구원 전자정보센터, IPTV 개념 및 해외 동향
[2] 하나금융경영연구소, Broadband TV(IPTV) 서비스
[3] LG경제연구원, IPTV 비즈니스 모델 및 사업 활성화 방안
[4] ETRI CEO Information, 인터넷의 새로운 선물, IPTV

IT 대한민국은 ITC(Info Tech Corea)가 함께 하겠습니다.
www.itcpub.co.kr

유비쿼터스 환경의 디지털 콘텐츠

CHAPTER
11

사람과 컴퓨터, 사물들이 서로 커뮤니케이션을 하고 상호작용을 할 때 디지털 콘텐츠를 주고받게 된다. 이 장에서는 유비쿼터스 환경하에서는 디지털 콘텐츠의 기본 개념과 현재까지 적용 가능한 기술에 대해 알아보도록 한다.

11.1 유비쿼터스 환경의 디지털 콘텐츠 개요
11.2 유비쿼터스 환경의 디지털 콘텐츠 기술
11.3 유비쿼터스 환경의 디지털 콘텐츠 시장동향
11.4 유비쿼터스 환경의 디지털 콘텐츠 기술동향
11.5 유비쿼터스 환경의 디지털 콘텐츠 정책동향

11.1 유비쿼터스 환경의 디지털 콘텐츠 개요

(1) 디지털 콘텐츠의 정의

디지털 콘텐츠는 부호·문자·음성·음향·이미지 또는 영상 등으로 표현된 자료 또는 정보로서 그 보존 및 이용에 있어서 효용을 높일 수 있도록 전자적 형태로 제작 또는 처리된 자료다(온라인디지털콘텐츠산업발전법 제2조).

그럼 디지털 콘텐츠 기술이란 무엇인가?

디지털 콘텐츠 기술이란 영상, 음향, 문자 등 다양한 형태의 정보 콘텐츠를 디지털화된 서비스나 제품의 형태로 가공, 생산, 유통하기 위한 기술이다.

개념도는 그림 11-1과 같다.

디지털 콘텐츠 기술은 고도화되는 서비스 환경에 상응하여, 기술의 형태도 보다 복합적이고 다양하게 변화되어 가고 있다.

(2) 디지털 콘텐츠 산업

기존 콘텐츠를 디지털화하거나 재가공하고 또한 새로운 디지털 콘텐츠를 제작·유통시켜 부가가치를 생산하는 산업으로 기존의 아날로그 콘텐츠 산업들의 대부분이 현재 디지털화되어 가고 있으며, 디지털 콘텐츠 산업은 크게 '영화', '애니메이션', '음악', '방송영상', '게임', '정보 콘텐츠', '교육 콘텐츠' 등 콘텐츠의 생산 및 창작에 관련된 산업분야와 '전자 상거래', '저작권 보호' 등의 콘텐츠 보호와 유통에 관련된 산업으로 분류된다.

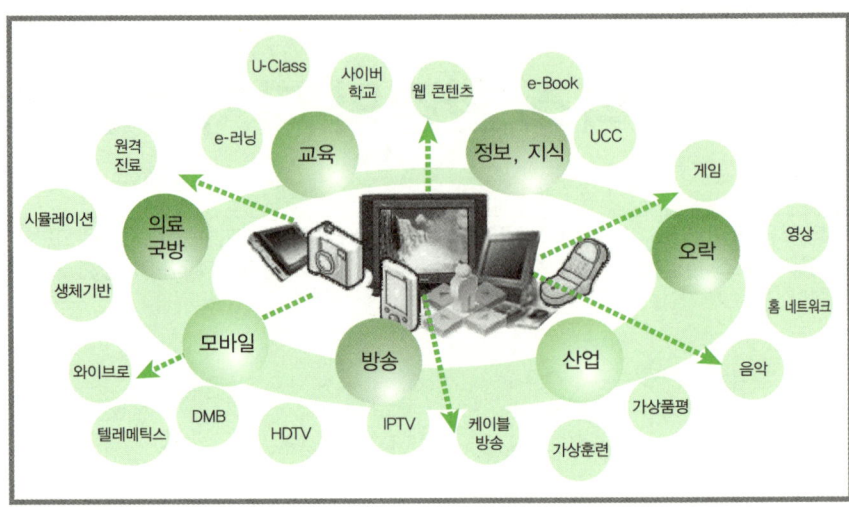

그림 11-1 ● 디지털 콘텐츠 개념도

11.2 유비쿼터스 환경의 디지털 콘텐츠 기술

디지털 콘텐츠 기술이란 다양한 형태의 콘텐츠를 디지털화된 서비스 혹은 상품의 형태로 가공, 생산, 유통하는 데 필요한 기술로서 소프트웨어 측면의 기술뿐만 아니라 하드웨어 기술도 포함한다. 오늘날 디지털콘텐츠 기술은 양질의 디지털 콘텐츠를 생산하고, 복잡하지만 유비쿼터스 지향적인 서비스 환경을 제공하는 보다 고도화된 기술적 융합을 요구한다.

세부 기술을 분류해 보면, 다음과 같이 디지털 콘텐츠 제작 부분과 디지털 콘텐츠 관리 부분으로 나누어 볼 수 있다.

표 11-1 ● 디지털 콘텐츠 세부 기술

항목	소분류	요소기술
디지털 콘텐츠 제작	디지털 영상	모델링
		렌더링
		애니메이션
	게임	실시간 게임그래픽
		디지털 사운드
		게임 인공지능
		게임 플랫폼
	e-러닝	교수학습 모델링
		멘토/멘티 학습 엔진
		지식/학습 관리 · 평가 · 검증

(계속)

표 11-1 ● 디지털 콘텐츠 세부 기술(계속)

항목	소분류	요소기술
디지털 콘텐츠 제작	가상현실	혼합현실
		실감형 인터랙션
		몰입형 가시화
		생체신호 인터페이스
디지털 콘텐츠 관리	콘텐츠 보호	디지털 워터마킹
		디지털 핑거프린팅
		콘텐츠 추적
		콘텐츠 인식
		미디어 포렌식
	콘텐츠 유통	콘텐츠 패키징
		라이센스 관리
		도메인 관리
		DRM(Digital Rights Management) 연동
		DRM 클라이언트 시스템

디지털 콘텐츠 기술은 고도화된 복합 서비스를 창출하는 콘텐츠를 산업전반의 여러 형태로 개발하여 적용되는 기술로서 광대역 인프라 환경에 따른 콘텐츠의 다양성과 고도화를 지원하고 OSMU(One Source Multi Use)의 효과를 기대할 수 있다.

디지털 콘텐츠 기술 중에서 제작 부분에 대해서 알아보도록 하자.

(1) 요소 기술별 세부 기술 설명

▌디지털 영상

- 실사기반 모델링: 피사체를 촬영한 복수의 사진 혹은 동영상으로부터 피사체의 3차원 기하구조와 텍스처를 복원하는 기술이다.
- 실측기반 모델링: 피사체에 레이져 빔이나 특별하게 고안된 패턴을 투사하고, 이를 촬영한 영상으로부터 3차원 기하구조를 복원하는 기술이다.
- PR(Photo Realistic) 렌더링: 실사와 같은 품질을 목표로 하는 기술이다.

- NPR(Non-Photo Realistic) 렌더링: 예술적 감성에 기반한 인간 친화적 영상 콘텐츠 제작을 위한 비사실적(만화, 펜화, 수묵화 등) 렌더링 기술이다.
- AI: 인공 지능을 이용하여 행동(behavior)패턴을 나타내는 기술로 군중 애니메이션이 대표적인 예이다.
- Deformation: 얼굴 표정, 근육 표현, 피부 표현 등 피부 변형을 표현하는 기술이다.
- UCC(User Created Contents): 개인 창작 의지에 의한 디지털 영상물을 저비용으로 제작할 수 있도록 지원하는 도구를 개발하는 기술이다.

▌e-러닝

교수/학습자 모델링: 학습상황에서 나타나는 학습자 모델링, 교수 모델링을 구성하는 기술로서 교수자, 학습자 행위를 예측하거나 추론하기 위하여 계산적인 모델을 구성하는 기술이다.

- e-러닝 콘텐츠 제작: 동영상, 영상, 오디오, HTML, CG, VR 기반의 학습자원을 편집/패키징하여 연결된 객체로 이루어진 학습 콘텐츠로 만드는 기술이다.
- 멘토/멘티 학습엔진: 학습효과가 극대화 되도록 IT를 이용하여 가르치는 주체가 배우는 주체에게 콘텐츠를 전수하는 기술로, 인공지능 기술을 이용한 개인 맞춤형 기술, 협력학습 기술, 게임 기반 학습, 창조형 학습 등 다양한 학습엔진을 포함한다.

▌가상현실

유비쿼터스 가상현실은 사용자의 요구와 꿈을 실현하는 공간이다. 이런 공간을 만들기 위해서 현실 공간의 정보를 가상환경에 융합시킨다. 이런 유비쿼터스 가상현실은 가상 공간의 서비스와 콘텐츠들을 가상 공간 내에서만 생성하고 조작되는 것이 아니라 현실 공간과도 연동하여 동시에 가상환경을 편재하도록 하는 것을 목표로 하고 있다.

가상현실의 시스템 구성도는 다음과 같다.

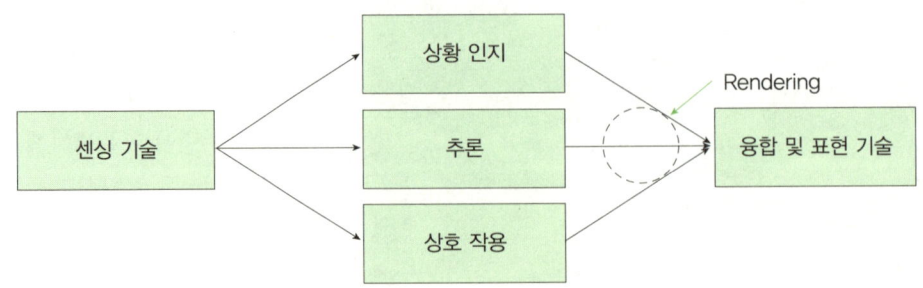

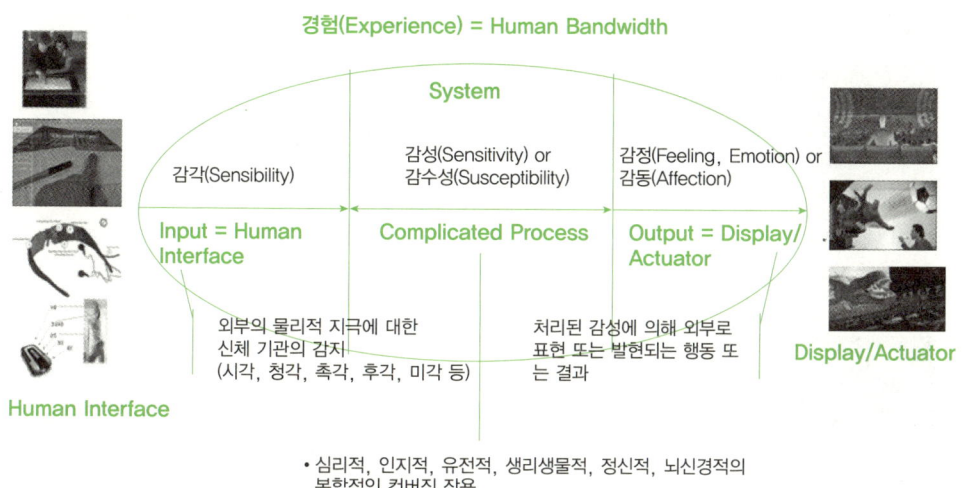

경험(Experience) = Human Bandwidth

그림 11-2 ● 가상현실의 시스템 구성도(출처: 미래 기술 경영 대예측, Matrix Business, 차원용)

현실 세계의 데이터를 센싱하고, 센싱한 데이터들을 이용하여 상호 작용한 후 렌더링 작업을 거치게 되는데, 가상현실을 구현하기 위해서 사용되는 시스템의 종류는 데스크탑 VR, 프로젝션 VR, 시뮬레이토 VR, 몰입형 VR로 나뉜다.

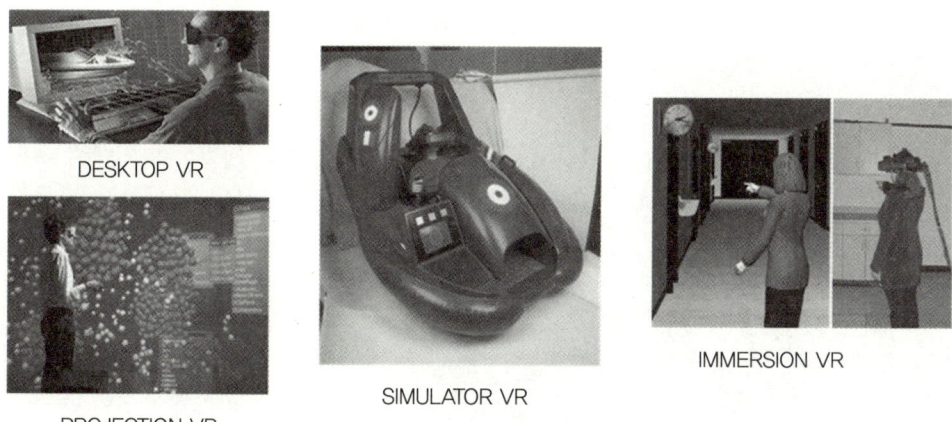

그림 11-3 ● 가상현실의 시스템 분류

그림11-3에서 보는 바와 같이 가상현실 구현 시스템은 우리가 사용하는 개인용 PC를 이용하는 VR과 놀이 동산에서 흔하게 볼 수 있는 시뮬레이터 VR이 대표적이다.

이런 가상현실 시스템의 입력 장치와 출력 장치는 그림11-4와 같다.

● **Input Device**

  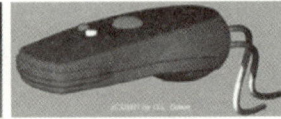

Data Glove   Wand/Wanda™
(3D Mouse)

● **Output Device**

HMD   MicroOptical Inc.:   Eye Trek   V8
    Eyeglass Display System   Olympus   Virtual Research System

그림 11-4 ● 가상현실 시스템의 입력 장치와 출력 장치

아직까지는 가상현실을 즐기기 위해서는 입력 장치와 출력 장치가 있어야 하지만, 조만간 사람의 손과 눈으로 그 기술을 직접 만져보고, 볼 수 있을 날이 그리 멀지 않은 것 같다.

가상현실의 세부 기술을 살펴 보자.

혼합현실 기술: 사용자에게 현실과 가상세계의 구분 없이 몰입감을 제공할 수 있도록 실사와 그래픽을 합성하여 가상공간을 구축하는 기술로서, 가상 객체와 실사와의 정합 및 실사 그래픽 합성 등의 세부 기술이 있다.

옆의 그림은 자동차 카탈로그인데, 특정 패널 위에 카탈로그를 올려놓게 되면, 카탈로그 안에 그림이 3차원 그림으로 화면에 표시되어 실제로 차의 느낌을 사용자가 느끼고, 시뮬레이션까지 해 볼 수 있다. 이 사진은 2007년 8월 씨그라프 전시회에 가서 저자가 직접 찍은 사진이다.

실감형 인터랙션 기술: 생체신호, 오감 및 햅틱 기반의 체감형 상호작용을 통하여, 사용자가 가상환경의 특정 객체와 직관적이고도 실감적인 조작을 할 수 있도록 하여 몰입감을 향상시키는 기술이다.

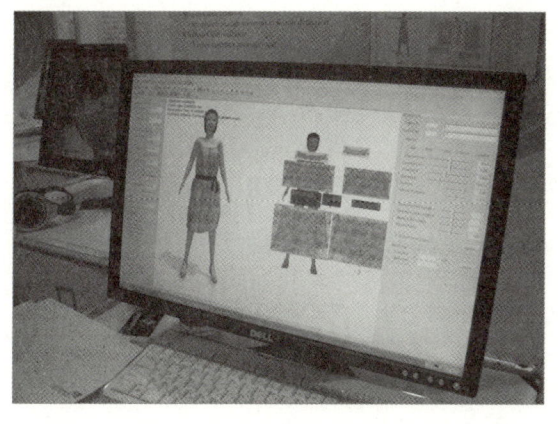

몰입형 가시화 기술: 개방형 또는 폐쇄형의 대형 및 고해상도의 디스플레이 상에 가상환경을 구축하여 사용자에게 가상세계에서의 존재감을 극대화시키는 기술로서, 렌더링 클러스터 기반의 CAVE, Tiled Display 등의 시각화 형태가 있다.

옆의 그림도 역시 씨그라프(SIG-GRAPH 2007)에서 찍은 사진으로 한국에 있는 대학교에서 출품한 작품으로 기억한다. 이것은 사용자의 신체 사이즈를 등록해놓으면, 원하는 옷을 선택했을 때, 직접 입어 보지 않고도 컴퓨터 상에서 시뮬레이션 해 볼 수 있는 시스템으로 온라인 쇼핑몰에서 주로 이용될 수 있는데, 국내 모 온라인 쇼핑몰에 적용이 되어 있다.

홀로그램 기술: 두 개의 레이저 광이 서로 만나 일으키는 빛의 간섭효과를 이용하여, 사진용 필름과 유사한 표면에 3차원 이미지를 기록하는 방법으로 입체 영상을 생성하는 기술로서 생성 방법에 따라 투과형, 반사형, 무지재, 엠보싱, 스테레오 등으로 구분할 수 있다.

옆의 그림도 씨그라프(SIGRAPH 2007)에서 찍은 사진으로 가로로 세워진 투명 막에 영상을 쏘아 실제로 그 사람과 리액션할 수 있도록 설계된 시스템이다. 스타워즈에서는 3차원으로 영상을 보면서 대화나 회의를 하는 장면들이 많이 나오는데, 그 장면을 바로 현실 속에서도 직접 체험할 수 있었다. 이 시스템은 2차원이지만, 3차원 영상으로 연구를 진행 중에 있다.

(2) 디지털 콘텐츠의 기술의 융합

먼저, 인간에게 흥미와 재미를 통해 몰입감을 제공할 수 있는 콘텐츠 및 서비스 시나리오와 시각, 청각, 촉각, 후각, 미각 등의 인간의 오감에 실제에 가까운 자극을 인공적으로 지원하고, 가상현실 구현 기술을 융합한다면, 우리가 이상으로 생각하는 현실을 그대로 가상 공간에, 또는 가상 공간을 현실로 옮겨 놓을 수 있다.

디지털 콘텐츠의 융합은 다음 장인 IT 융합 부분에서 자세히 다루도록 하겠다.

콘텐츠 및 서비스 시나리오

인간에게 흥미와 재미를 통해 몰입감을
제공할 수 있는 콘텐츠 및 서비스
시나리오 요구(영화/게임 등)

오감을 통한 감성 구현 기술

시각, 청각, 촉각, 후각, 미각 등 인간의
오감에 실제에 가까운 자극을 인공적으로
지원하여 완전몰입감을 제공

가상공간 구현 기술

- Autonomy : 실제와 동일한 물리적 속성을 가짐
- Interaction : 가상공간에서 자유롭게 활동 및 조작
- Presence : 가상공간에 존재하고 있는 것과 같은 느낌을 창출

그림 11-5 ● 디지털 콘텐츠의 융합

11.3 유비쿼터스 환경의 디지털 콘텐츠 시장동향

(1) 디지털 콘텐츠 시장

디지털 콘텐츠의 시장 동향은 급격하게 고도화되고 있는 기술 환경, 다양화되고 있는 생활환경 및 사용자 요구의 급격한 변화에 상응하여 효율적이고 지속적인 변화와 혁신이 예상된다.

네트워크 및 단말기기의 고도화, 통방융합, 콘텐츠 유통 채널의 다양화에 따른 사업모델 및 시장 · 소비의 형태 또한 다변화 현상이 뚜렷하여 DMB, WiBro, IPTV 등 새로운 매체에 맞는 차별화된 콘텐츠의 확보가 사업성공의 관건으로 대두됨에 따른 콘텐츠 확보의 경쟁이 심화되고 있다.

디지털 콘텐츠의 기술적 측면에서 시각적, 감성적 사실감을 극대화하기 위한 고품질화와 더불어, 사용자와 콘텐츠간의 상호작용성 및 인식성, 자유로운 이동성을 지원하기 위한 디바이스간의 상호 호환성 및 연동성 등이 중요한 발전 트렌드로 나타나고 있는 가운데, 디지털 콘텐츠 시장 전망은 보면 다음과 같다.

표 11-2 ● 세계 디지털 콘텐츠 시장 전망 　　　　　　　　　　　　　　　단위: 백만 달러

구분	2004년	2005년	2006년	2007년	2008년	2009년	2010년	CAGR ('05~'10)
게임	39,392	43,153	51,677	61,029	68,642	75,243	80,214	13.2 %
디지털영상	99,180	120,607	141,308	163,599	187,912	211,658	236,003	14.4 %
온라인음악	4,141	6,748	10,379	15,159	20,219	25,198	30,231	35.0 %
e-러닝	6,431	8,080	10,250	12,662	15,831	18,481	21,267	21.4 %

(계속)

표 11-2 ● 세계 디지털 콘텐츠 시장 전망(계속) 단위: 백만 달러

구분	2004년	2005년	2006년	2007년	2008년	2009년	2010년	CAGR ('05~'10)
웹정보콘텐츠	36,506	38,629	41,579	44,869	48,674	54,555	59,678	9.1%
온라인출판	884	1,458	2,393	3,696	5,362	7,511	9,338	45.0 %
온라인포털	15,616	19,859	24,419	28,848	33,324	37,684	42,125	16.2 %
디지털 콘텐츠 솔루션	3,211	3,956	4,895	5,715	6,794	7,930	8,989	17.8 %
모바일콘텐츠	6,364	11,284	18,028	25,529	33,012	41,316	50,704	35.1%
세계 시장 전체	205,361	242,488	286,899	335,576	386,747	438,261	487,846	15.0 %

주: 중복집계를 피하기 위해 전체 시장 규모에서 모바일콘텐츠는 제외 함. 모바일의 게임, 음악, 정보는 각각 게임, 온라인 음악, 웹정보콘텐츠에 포함하여 집계함
주: 모바일콘텐츠는 Traffic과 커뮤니케이션을 제외한 순수한 모바일콘텐츠임
주: 남미시장의 경우 e-러닝, 온라인출판, 디지털 콘텐츠솔루션은 시장규모가 작으므로 집계에서 제외함
주: e-러닝 부분은 콘텐츠만을 포함하며, 인프라 및 서비스는 제외함
출처: '05년 해외 DC 시장조사 보고서, KIPA, 2006

2005년도 세계 디지털 콘텐츠 시장 규모는 약 2,425억 달러 규모 수준으로 매년 15% 성장을 하여 2010년에는 약 4,878억 달러 규모에 이를 것으로 전망된다.

분야별로는 디지털 영상(49.7%), 게임(17.8%), 웹정보 콘텐츠(15.9%) 분야가 대부분을 차지하고, 지역별로는 미주(55.1%), 유럽(26.6%), 일본(9%)이 주도하고 있다.

세계 각국의 브로드밴드 확산과 더불어 온라인출판, 온라인음악, e-러닝 시장이 향후 5년간 연평균 20%이상 성장할 전망이다.

표 11-3 ● 국내 디지털 콘텐츠 시장 전망 단위: 억 원

구분	2004년	2005년	2006년	2007년	2008년	2009년	2010년	CAGR ('05~'10)
게임	20,797	24,138	27,647	31,391	35,204	38,804	42,097	11.8%
애니메이션	3,778	3,926	4,261	4,825	5,539	6,293	7,027	12.3%
디지털영상	3,891	5,591	7,497	9,175	11,028	12,965	14,840	21.6%
정보콘텐츠	5,854	6,847	7,975	9,242	9,966	10,669	11,657	11.2%
e-러닝	5,819	6,724	8,044	9,610	10,978	12,530	14,220	16.2%
디지털음악	2,112	2,486	3,055	3,758	4,617	5,374	6,139	19.8%
디지털출판	573	735	955	1,235	1,509	1,758	2,010	22.3%
콘텐츠 거래 및 중개	14,484	17,268	19,994	22,686	25,445	27,962	30,104	11.8%
콘텐츠솔루션	11,578	12,750	14,257	15,749	17,235	18,665	19,876	9.3%
합계	68,886	80,465	93,685	107,671	121,521	135,020	147,970	13%

주: 디지털 콘텐츠 매출 = 콘텐츠 + 광고 매출
출처: '05년 국내 DC 시장 조사 보고서(KIPA, 2006)를 연도별로 재구성

국내 시장은 게임 시장을 중심으로 급속도로 성장하고 있으며 2001년 이후 지난 5년간 연평균 29.3%의 높은 성장을 기록하여 2010년에는 14조 7천억원 규모로 성장할 것으로 전망된다.

그림 11-6 ● 디지털 콘텐츠의 사례

국내 디지털 콘텐츠 시장의 30%를 점유하고 있는 게임 시장의 급속한 성장이 전체 시장 성장을 주도하고 있다.

국내 온라인 콘텐츠 시장은 2005년 6조 3천억원 수준이며 향후 5년간 15%의 지속적 성장이 예측된다.

이와 상응하여, 국내 디지털 콘텐츠 제작 및 서비스 시장의 규모 역시 꾸준한 상승세를 보이며, 대부분의 분야에서 15% 이상의 가파른 성장률을 보여주고 있다.

시장의 규모면에서는 게임산업의 시장규모가 전체의 36%를 차지하여 가장 높으며, 콘텐츠 거래 및 유통 등이 그 뒤를 이어 25%를 차지함으로써 게임 콘텐츠 및 디지털 콘텐츠의 유통 및 거래에 관련된 서비스 시장이 콘텐츠 산업의 견인 요인이 될 것으로 추정한다.

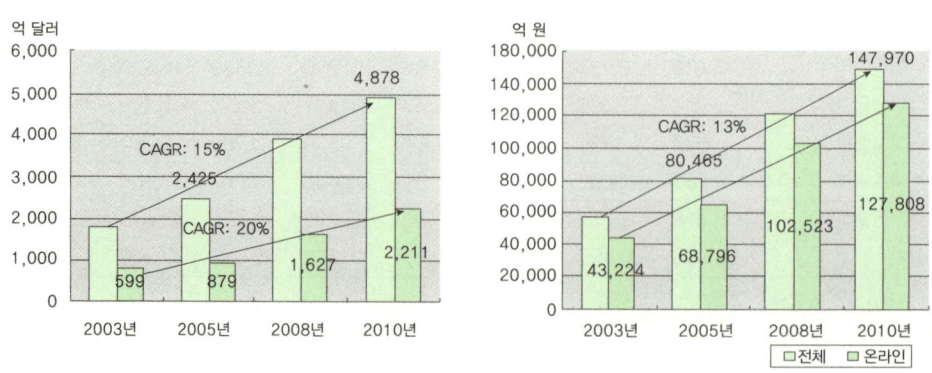

※ 주: 전체 시장은 오프라인과 온라인 디지털 콘텐츠 시장의 합

그림 11-7 ● 세계 디지털 콘텐츠 시장 규모와 국내 디지털 콘텐츠 시장 규모

이를 종합해 볼 때, 디지털 콘텐츠 주요 발전 트렌드는 다음과 같다.

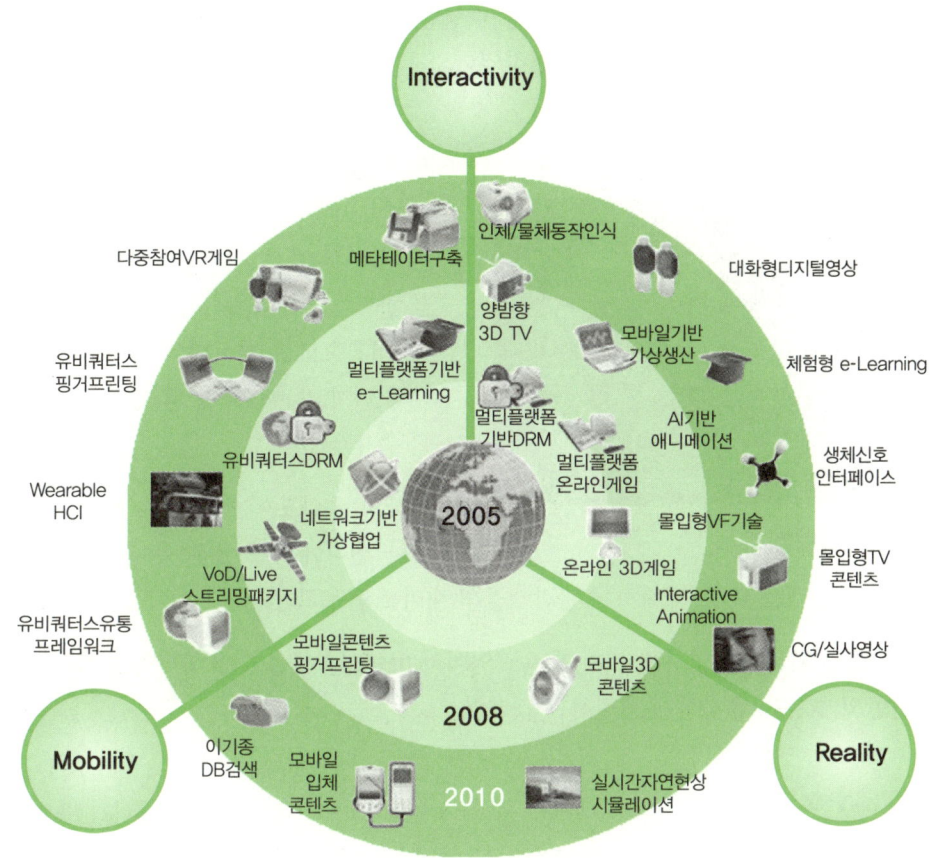

그림 11-8 • 디지털 콘텐츠 주요 분야의 발전 트렌드

11.4 유비쿼터스 환경의 디지털 콘텐츠 기술동향

(1) 디지털 영상

국내 기술개발 현황을 보면, 사실적 디지털 그래픽 제작 기술 분야에서 고품질의 디지털 영상 콘텐츠 제작 기술, 영상기반 모델링 시스템, 사실적 디지털 인간표현 기술, 지능형 군중 애니메이션 시스템, CG/실사 합성, SW 개발 기술 등을 국내 영화에 적용하여 기술 검증이 이루지는 단계에 있다고 한다.

디지털 동영상 생성에 있어 사실성을 추구하던 기존 접근 방법과는 달리 예술적 감성에 기반한 인간 친화적 콘텐츠 제작을 위한 기술로서 비사실적 렌더링/애니메이션 저작 도구 등을 개발하여 이 기술을 SIGGRAPH 2006 게릴라 스튜디오에 전시 및 검증하였다.

해외 기술개발 현황은 Square pictures USA 회사는 Maya SW를 이용하여 2001년 8월

에 처음으로 실제 배우를 대체한 3D human character로 'Final Fantasy: The Spirits Within'이라는 상용 영화를 제작했었다. 실사 CG 영화의 교본처럼 사실적인 얼굴 표현, 머리카락 표현, 모션 캡쳐, 립싱크 등 다양한 표현 기술이 최초로 상용 영화에 시도되었으며, 23명의 디지털 액터가 출연하였다.

Universal Studio "SHEREK 4D"

2004년 12월에 제작된 영화 'Polar Express'에서도 실사, 블루 스크린, 퍼포먼스 캡쳐의 세 가지 세트 실험을 거쳐 퍼포먼스 캡쳐 등을 활용한 실사 영화의 방법으로 만든 3D 애니메이션이었다. 아이맥스 3D 버전으로도 제작되어 영화관에서 3D 안경을 끼고 관람하여 3차원의 느낌을 느낄 수가 있었다.

미국의 올란도에 있는 유니버설 스튜디오나 샌디에고에 있는 유니버설 스튜디오에서는 슈렉을 4D로 제작하여 관람객들의 재미를 돋우고 있다.

4D라 함은 기존 3D 영상에 의자의 움직임이나 바람, 물 등을 이용해서 영화에 나오는 주인공의 행동을 유사하게 재현하는 것이다.

(2) 가상현실

국내 가상현실 기술개발 현황 중 혼합현실 콘텐츠 기술 분야에서는 ETRI 및 포항공대에서 가상공학 및 e-러닝에 적용한 응용 시스템 및 저작도구를 개발한 경험을 보유하고 있다.

포항공대, 한국과학기술원, 울산대 등 혼합현실 기반 기술 및 기초 응용 기술 보유 수준은 세계 최고에 근접하고 있다.

휴대형 정보기기의 3차원 그래픽 효과는 전용 처리장치를 탑재해서 사용 가능한데, 휴대형 정보기기에는 고성능 소형 동영상 카메라가 기본적으로 내장되어 있으며, 자이로스코프 등 각종 센서가 부착되어 있다.

해외 기술개발 현황으로 벨기에에서 Barco사가 IMAX Tycho Brahe planetarium(2006년도)이라는 이름의 세계 최초의 입체영상 돔 디스플레이(직경 24 m, 4대 프로젝터, 1920 × 1080 HDTV 소스, 전면투사 방식)를 개발하였다. 초고화질 기술과 함께 몰입 가능한 대화각을 지원하는 돔 디스플레이 기술로 초대형 가상현실 체험관, 초고화질 대화각 영상 산업 등 신규 영상 서비스 창출이 가능할 것으로 예상된다. Barco사는 고화질 프로젝터 산업의 독보적인 존재로 입체영상 돔 디스플레이의 세계 최초 개발은 상당한 영향력을 지닐 것으로 예상된다.

혼합현실 콘텐츠 기술 연구개발 동향을 살펴보면, 미국, 유럽, 일본 등 선진국 유수 대학 중심 혼합현실 기반 기술 및 다양한 응용 분야를 연구중에 있는데, 특히 Total Immersion(프랑스), Metaio(독일) 등 산업 응용 가능 혼합현실 기술 전문 개발 업체들은 PC기반 혼합 현실 콘텐츠 기술 초기 상용화를 시도하고 있다.

11.5 유비쿼터스 환경의 디지털 콘텐츠 정책동향

(1) 디지털 콘텐츠의 정책적 방향성

한국

최근 우리나라는 국내 온라인 디지털 콘텐츠 사업을 고도화시키고 국제적 경쟁력을 강화하기 위하여 보다 체계적인 디지털 콘텐츠 산업 지원을 위한 정책 수립에 임하여, '온라인 디지털 콘텐츠 산업 발전 기본 계획안'을 발표하였다. 본 계획안을 통해 정부는 디지털 산업을 생산, 유통, 소비의 통합적 생태계 환경 구도로서 재조명하고 세부 과제에 대해 단계적 지원을 실시할 예정이다.

우리나라의 디지털 영상 정책은 90년대 중반부터 첨단 디지털 콘텐츠 산업의 육성을 시작하였으며, 2002년 7월에 "온라인 디지털 콘텐츠 산업 발전법"의 시행으로 범정부 차원의 본격적인 디지털 콘텐츠 산업 육성기반을 마련했다.

디지털콘텐츠 산업을 2003년에는 '10대 차세대 성장동력' 중 하나로 선정하였고, 2004년에는 IT839 전략중 디지털 콘텐츠 산업을 9대 신성장 동력 중 하나로 선정하였다.

미국

미국의 영화산업 지원 정책을 보면, 할리우드 영화의 높은 경쟁력으로 인력 양성 등에 힘을 기울이고 있으며 타국의 영화 시장 개방을 유도하여 영화 수출 환경을 적극적 조성하고 있다.

가까운 일본은 2001년 8월 "e-Japan 프로젝트" 후속 조치로 "21세기 정보 통신 기술 계획" 수립을 통해 콘텐츠 산업의 활성화 방안을 구체화하고 있으며, 국제 경쟁력 있는 콘텐츠를 형성하고, 멀티 유즈에 대응한 콘텐츠 유통환경을 정비(1999년 1.5조엔 → 2005년까지 3조엔 시장 달성)한 바 있다.

유럽

유럽은 할리우드 영화에 대응하고 자국 문화 보존를 지원하기 위해 전 지구적 차원의 지역 문화적 영화 및 영화산업 취약 국가에 적극 지원하고 있다.

(2) 가상현실

▍한국

우리나라의 가상현실 정책은 산학연에서 산발적으로 진행되는 감성공학 관련 기술개발을 위한 정부차원의 지원을 하고 있으며, 과거 G7 국책 선도 기술개발 사업으로서 인간감성을 측정, 정량화 및 DB화하는 감성공학 기반 기술 개발 사업이 추진되었고, 한국전자통신연구원 등에서는 뇌파 등의 생체 신호를 통한 감정 인식 및 인터페이스에 대한 관련 요소 기술 연구가 진행 중에 있다.

시청각 연구에 비해 낙후돼 있던 후각, 촉각, 미각 등의 인간의 오감에 관련된 데이터를 통합하고 이를 콘텐츠와의 인터페이스를 통해 지원하고자 하는 시도가 실험실적인 수준에서 진행 중에 있다.

▍미국

미국의 가상현실 정책은 기초 기술 중심으로 중장기 연구개발 지원 및 응용분야로 지원을 아끼지 않고 있으며, 특히 MIT 등의 학계가 주축이 된 감성컴퓨팅(affective computing) 그룹은 산업계의 적극적인 투자 하에 감성 정보를 콘텐츠와의 상호 작용 도구로 활용하려는 노력을 꾸준히 진행하고 있다.

이런 노력으로 오감의 재현 및 표현 부문에서는 다른 나라에서 선례가 없는 다양한 형태의 입체영상 생성 기술도 시도되고 있다.

감성공학의 기반 기술이라 할 수 있는 오감, 감성지표화 기술이 학계와 산업 전반에 보편화되어 있으며 항공, 우주, 군수, 자동차 산업 등을 중심으로 제품 설계 시에 주로 활용했던 인간의 감성정보를 최근 들어 세계 최고 수준의 인공지능 구현 기술과 결합시켜 문화 콘텐츠 분야에도 광범위하게 적용하려는 노력을 보이고 있다.

▍유럽

마지막으로 유럽의 정책은 감성형 콘텐츠 및 오감형 인터페이스 기술개발에 투자하고 있다. 유럽연합(EU) 주요국을 중심으로 추진되고 있는 ESPRIT, BRITE. PROME THEUS와 같은 대형 연구개발 사업의 내용에 감성 관련 연구가 다수 포함되어 있고, 2002년부터 인간의 주변 환경을 인터페이스로 활용하는 오감형 다중 감각 인터페이스 기술을 개발하고 있다.

참고문헌

[1] 한국소프트웨어진흥원, 2005 국내/외 디지털 콘텐츠 시장 조사서, 2006. 2.

[2] 2005년 해외 디지털 콘텐츠 시장조사: 디지털영상 KIPA 자료

[3] http://www.digitalspy.co.uk/article/ds33398.html

[4] 문화 콘텐츠 산업과 투자활성화 방안, 2004년도

[5] 2006 대한민국 게임백서, 문화관광부 한국게임산업개발원, 2006.6

[6] Time2Learn: A Loadmap for Professional eTraining , Time2Lear Consortium, 2004

[7] e-러닝산업실태조사보고서, 산업자원부, 2004

[8] e-러닝백서, 산업자원부, 2004

[9] The Market for Visual Simulation Virtual Reality System - Sixth Edition, CyberEdge Information Services, Inc., winter 2003-2004

[10] World Visual Simulation Markets, Frost & Sullivan, 2001.10.

[11] 가상현실 기술/시장 보고서, 50대 품목기술/시장보고서, 한국전자통신연구원, 2001

[12] PowerWall, http://www.fakespace.com/powerwall.shtml, fakespace systems.

[13] HeyeWall, http://www.heyewall.com/, Darmstadt IGD.

[14] Vision station, vision dome., http://www.elumens.com/, Elumens.

[15] Polhemus, http://www.polhemus.com

[16] Intersense, http://www.intersense.com

[17] Immersion, http://www.immersion.com

[18] Polhemus, http://www.polhemus.com

[19] Motion Analysis, http://motionanalysis.com

[20] Measurand, http://www.measurand.com

[21] Barco, http://www.barco.com

[22] 콘텐츠 보호/유통 분야 특허동향,특허청, 2006. 9

[23] I.J. Cox, M.L. Miller, and J.A. Bloom, Digital Watermarking, Morgan Kaufmann, 2002.

[24] S. Katzenbeisser and F.A.P. Petitcolas, Information Hiding Techniques for Steganography and Digital Watermarking, Artech House, 2000.

CHAPTER

12

유비쿼터스 정보보호

유비쿼터스 컴퓨팅 환경은 무수한 정보 기술들이 융합되어 구현되는데, 그 과정에서 각 단계마다 ID와 비밀번호, 인증이 필요하다. 정보가 홍수처럼 넘치게 될 유비쿼터스 컴퓨팅 체계에서는 현재의 정보보호 시스템보다 더욱 치밀한 보안 대책이 준비되어야 하는데, 이 장에서는 유비쿼터스 정보보안에 대해 알아보도록 한다.

12.1 유비쿼터스 정보보호 개요   12.2 유비쿼터스 정보보호 기술
12.3 유비쿼터스 정보보호 시장동향   12.4 유비쿼터스 정보보호 기술동향
12.5 유비쿼터스 정보보호 정책동향

12.1 유비쿼터스 정보보호 개요

(1) 유비쿼터스 정보보호 정의

정보통신망의 마비, 개인정보의 유출, 불건전 정보의 유통 등 정보통신 환경을 저해하는 위협과 부작용에 대응할 수 있도록 정보통신 시스템 및 데이터의 기밀성(정보 유출 방지), 무결성(데이터 위조 및 변조 방지)을 유지하고 시스템의 가용성을 보장하는 기술이다.

정보보호 기술은 사용자 측면에서 개인정보 및 프라이버시 제공, 서비스 및 디바이스

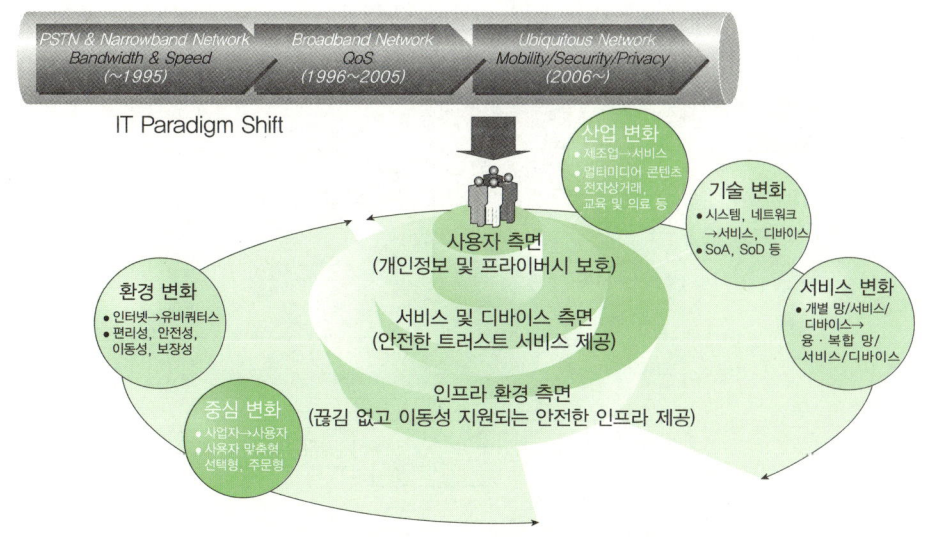

그림 12-1 ● IT 환경 변화에 따른 정보보호

측면에서 안전한 신뢰 서비스 제공, 인프라 환경 측면에서 끊김 없고 이동성이 지원되는 안전한 인프라를 제공하는 기술로 정의할 수 있다. 그 개념도는 그림 12-1과 같다.

(2) 유비쿼터스 정보보호의 목표

유비쿼터스 정보보호의 목표는 다음과 같다.

- 기밀성: 정보 누출을 방지한다.
- 무결성: 정보의 변조 및 파괴를 예방하고 방지한다.
- 가용성: 해킹으로 인한 시스템 동작 불능을 예방한다.
- 인증: 정당한 사용자임을 확인한다.
- 책임 추적성: 행위를 부인하는 것을 봉쇄한다.

12.2 유비쿼터스 정보보호 기술

정보보호 산업 및 기술의 분류는 보는 관점에 따라 다양하게 분류할 수 있다. 우선 그림 12-2를 살펴 보자. 먼저, 관리적 보안, 물리적 보안, 기술적 보안이 있다. 관리적 관점에서는 보안 조직, 출입 관리, 교육 훈련, 보안 정책이 있다. 보안 조직에는 시스템 운영자와 망 관리자, 사용자로 나뉘어 보안 등급에 따라 시스템 사용의 차등을 부여하게 되는데, 비인가된 사용자는 크래커나 해커로 분류한다.

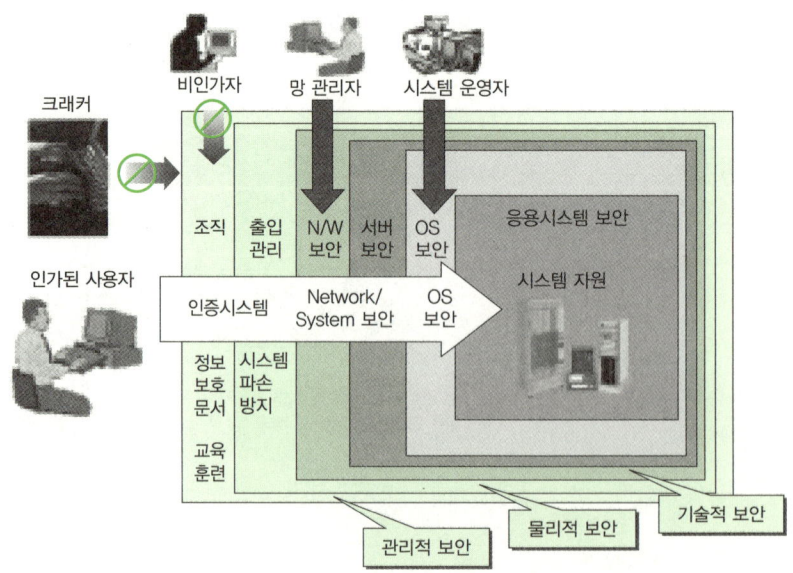

그림 12-2 ● 유비쿼터스 정보보호 분류

물리적 관점에서 보면, 시스템 자원 보안, 응용 시스템 자원 보안, OS 보안, 인터넷 보안, 네트워크 보안으로 나뉜다.

기술적 관점에서의 보안은 공통/기반 보안 기술과 네트워크/응용 보안 기술로 나뉘며, 그 세부 기술은 다음과 같다.

표 12-1 ● 유비쿼터스 정보보호 기술 분류

항목	소분류	요소기술
공통/기반 보안 기술	암호/인증 기술	암호
		인증
		접근제어
	개인 정보보호 및 바이오 보안 기술 해킹/바이러스/ 범죄 대응 기술	개인 정보 관리
		바이오 정보 관리(얼굴, 지문, 홍채 인식 등)
		해킹 및 웜/바이러스 방지
		디지털 포렌직
	보안관리 기술	위험 관리
		시험 및 평가
		통합 보안 관리
네트워크/응용 보안 기술	인프라 보호 기술	BcN 보안(IPv6 보안 포함)
		소프트인프라웨어 보안
		RFID/USN 보안
	디바이스 및 서비스보호 기술	이동통신서비스/기기 보안(Wibro 포함)
		지능형 로봇 서비스/기기 보안
		u-Home 서비스/기기 보안
		텔레매틱스 서비스/기기 보안
		광대역융합서비스/기기 보안(IPTV 등)
		바이오 보안 응용(의료 정보보호 포함)
		디지털 콘텐츠 서비스 보안
		IT SoC 보안
		VoIP/MoIP 보안 ※ MoIP: Multimedia over IP
		임베디드 SW 보안
		웹서비스 보안

공통/기반 보안 기술: 안전한 정보통신 환경을 구축하기 위해 필수적으로 요구되는 기술로서 차세대 IT 및 BT 환경에 적용 가능한 원천 기술(암호/인증 기술, 콘텐츠 보호 기술, 해킹/바이러스 대응 기술, 보안관리 기술)로 정의할 수 있다.

네트워크/응용 보안 기술: 다양한 IT 인프라, 디바이스 및 서비스에 대한 안전성 및 신뢰성을 제공하기 위한 기술이다.

좀 더 간략화해보면 다음 그림 12-3과 같다.

우리는 여기서 기술적 관점으로 접근 제어와 권한 관리, 그리고 유출 방지에 대해서 알아 보도록 하자.

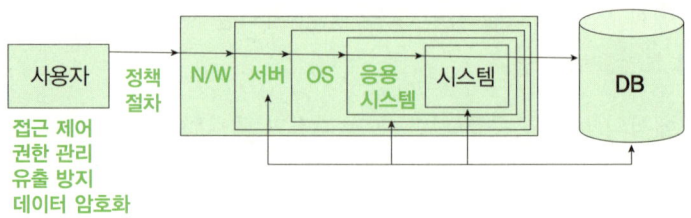

그림 12-3 ● 유비쿼터스 정보보호 분류

(1) 접근 제어

주체(사용자 및 프로세스)가 정보 객체에 접근하려고 할 때 주체가 가지고 있는 권한에 기초하여 접근을 허용할 것인지, 차단할 것인지를 결정하는 기술이다.

이 기술의 유형에는 접근 제어 유형은

- DAC(Discretionary Access Control): 임의적 접근 제어
- MAC(Mandatory Access Control): 강제적 접근 제어
- RBAC(Roll-Based Access Control): 롤 기반 접근 제어

세 가지 형태로 구분되며, 각각을 비교해 보면 다음과 같다.

표 12-2 ● 접근 제어 유형 비교

항목	DAC	MAC	RBAC
기반	ID 기반 ACL (Access Control List)	보안 등급별 SL (Security Level)	롤 기반
중앙 관리	구현 어려움	구현 용이	조직 사용자나 그룹별
개별 보안	가능	적용 어려움	개별 롤 지정
장점	유연, 단순	정보 흐름 통제 가능	조직이나 경영 전략 유연
단점	효율성 저하 트로이 목마에 취약	개별적, 객체 단위 접근 불가	

(2) 권한 관리

권한 관리 종류에는

- 생체 인식
- 패스워드 관리
- 스마트 카드
- 메시지 인증
- PKI(Public Key Infrastructure)[1] 인증, SSO(Single Sign On)[2] 연동

---

[1] 기본적으로 안전이 보장되지 않은 공중망 사용자들이 신뢰할 수 있는 기관에서 부여받는 데이터로 이 데이터를 이용하여 공중망의 사용을 인증받는다.
[2] 사용자가 네트워크에 한 번 로그온하여, 인트라넷, 인터넷 내의 허가된 모든 자원에 접근할 수 있는 인증 방법이다.

- OTP(One Time Password)[3]

6가지 형태로 구분한다. 이중에서 생체 인식에 대해 알아 보도록 하자.

생체 인식은 생체의 일부분에서의 유일한 특징을 추출하고 이를 활용하여 대상을 식별 후 권한을 부여하는 기술이다.

생체 인식의 특징을 보면 다음과 같다.

- 보편성: 모든 사람이 가지고 있는 특성을 이용한다.
- 유일성: 각 개인을 구분할 수 있는 고유한 특성을 이용한다.
- 영속성: 영구적으로 변하지 않고 변경이 불가능하다.

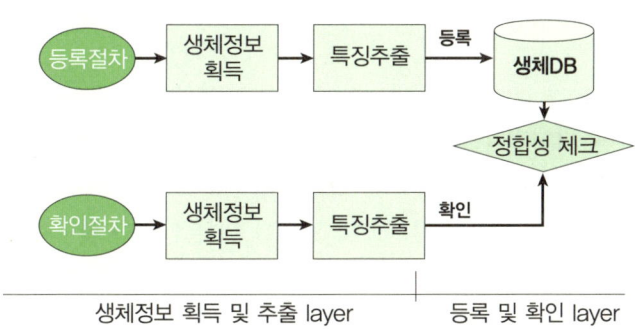

그림 12-4 ● 생체 인식의 개념도

생체 유형에는 지문, 정맥, 얼굴, 홍채, 음성, DNA 등이 있으며, 각 유형별로 비교하면 다음과 같다.

표 12-3 ● 생체 유형 비교

유형	설명
지문	지문의 융선 모양으로 측정하는 기술로 보안성이 높고, 시스템 비용이 저렴하나 손상되거나 건조한 지문은 인식이 어렵다.
정맥	손등 정맥의 모양을 통해서 인증하는 방법으로 작은 상처나 오염에 무관하게 측정이 가능하나 정맥 추출이 어렵고, 가격이 비싸다.
얼굴	얼굴의 특징점 사이의 거리 등을 이용하는 기술로 사용자 편의성이 탁월하나 조명이나 각도, 머리 스타일, 표정에 따라 시스템이 민감하게 반응할 수 있다.
음성	음성의 특징을 추출하여 인증하는 기술로 원격지에서도 신분 확인이 가능하나 타인의 목소리를 흉 내낼 수 있는 단점이 있다. 특히 감기에 걸렸을 때는 시스템이 오동작할 수 있다.
DNA	혈액, 타액의 DNA 형태를 이용하는 것으로 위조 및 해독이 원천적으로 불가능하다. 프라이버시 문제 등이 제기될 수 있다.

---

[3] 매 세션마다 패스워드를 다르게 입력하여 사용자를 인증하는 시스템이다. 실제 크기는 성인 엄지손가락만 하다.

(3) 유출 방지

접근 제어, 권한 방지와 유출 방지를 비교해 보자.

접근 제어와 권한 방지는 외부에서 내부로 들어가는 방향에서의 보안 기술이라면, 유출 방지는 내부에서 외부로 나오는 방향에서의 보안 기술이다.

유출 방지는

- DRM(Digital Rights Management)
- 워터마킹[4]
- Finger Printing
- Steganography

위와 같이 네 가지 형태로 구분해서 볼 수 있다.

DRM에 대해 알아보자.

DRM의 정의

DRM을 정의하면, 디지털 콘텐츠의 지적재산권이 디지털 방식에 의해서 안전하게 보호, 유지될 수 있도록 디지털 콘텐츠의 창작에서부터 소비에까지 모든 유통 시점에서 규칙이 적용되는 기술로 디지털 콘텐츠의 보호를 위한 암호화 및 사용자 인증 키 관리, 디지털 유통 환경을 구성하는 주체들 간의 지적재산권 및 과금, 디지털 콘텐츠의 이용 및 분배 등 투명한 전자상거래를 위한 전반적인 기술이다.

DRM의 구성요소

- 패키저(Packager): 콘텐츠를 메타 데이터와 함께 배포 가능한 단위로 묶는 기능으로 보안 컨테이너로 포장된다.
- 보안 컨테이너(Secure Container): 원본을 안전하게 유통하기 위한 전자적 보안 장치이다.
- 클리어링 하우스: 콘텐츠 배포 정책 및 라이선스의 발급을 관리한다.
- 컨트롤러: 배포된 콘텐츠의 이용 권한을 통제한다.

---

[4] 멀티미디어 데이터 상에 보이지 않는 디지털 형태의 신호를 삽입하여 저작권을 보호하는 기술로 워터마킹, 핑거 프린팅, 스테가노 그래피를 비교하면 다음과 같다.

항목	워터마킹	핑거프린팅	스테가노 그래피
은닉 정보	판매자 정보	구매자 추적 정보	메시지
트래킹	가능	가능	불가
불법 예방 효과	중	상	하
저작권 증명 효과	중	상	하
공격 강인성	공격에 상대적으로 강함	공격에 상대적으로 약함	공격에 강함

DRM의 구성도

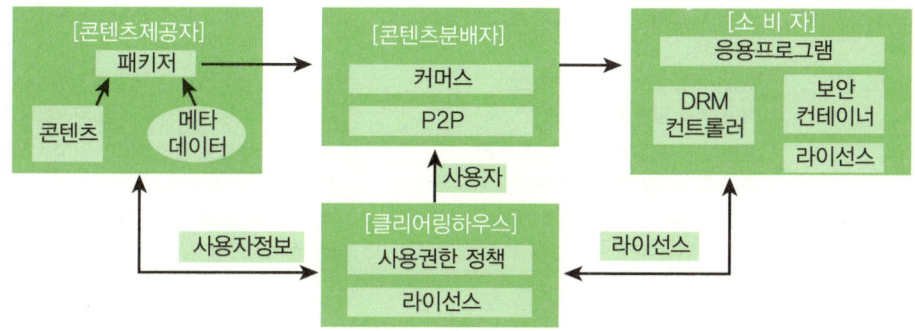

그림 12-5 ● DRM의 구성도

DRM의 기능

기능	내용
DOI 서비스	다양한 콘텐츠 종류 및 콘텐츠 유통 도메인별 콘텐츠 식별을 체계적이고 손쉽게 분류 검색하고 정산 및 통계처리를 위한 콘텐츠 고유번호 부여
인증 서비스	콘텐츠 유통주체, 사용자, 유통시스템, 기기, SW, 콘텐츠 등 다양한 콘텐츠 유통에 관련되는 Entity에 대한 확인을 통해 유통 인프라에 대한 안전성과 신뢰성 부여
라이센스 서비스	콘텐츠 사용권한을 안전하게 보호하고, 허가정보에 대한 위조방지 기능 제공
거래인증 서비스	사용자 권리보호를 위해 거래내역 및 사용범위를 제3자의 신뢰성 있는 기관이 보증함으로써 분쟁 조정
CDN[5]	사용자 환경에 최적화된 형태로 콘텐츠 서비스의 QoS를 고려하여 효과적으로 전송하기 위한 전달체계
불법콘텐츠 추적서비스	콘텐츠 제작자 및 저작권 소유자의 권리를 보호하기 위해 다양한 방법으로불법 콘텐츠 파악 추적
저작권 보호	콘텐츠의 불법사용을 방지하고 지정된 사용자에게 지정된 범위내에서 콘텐츠를 사용하게 함
메타 데이터 관리	콘텐츠의 검색을 신속하게 하고 콘텐츠의 주요 정보를 효율적으로 관리함으로써 콘텐츠 제공자 및 사용자에게 편리성 제공
콘텐츠 검색/저장	사용자의 필요에 따라 필요한 콘텐츠를 검색하고 빠른 시간내에 전송받을 수 있는 환경 제공

요즘은 디지털 콘텐츠도 표시되는 단말기가 다양해져 인터넷 DRM과 모바일 DRM으로 종류가 구분되는데, 비교하면 표 12-4와 같다.

---

[5] 콘텐츠전송네트워크(CDN: Content Delivery Network)로 각종 디지털 콘텐츠를 취급하는 인터넷 업체들이 다수의 이용자들에게 안정적인 서비스를 제공할 수 있도록 네트워크의 주요 지점에 전용 서버를 설치해 콘텐츠를 미리 저장해 놓은 후, 이용자의 요구가 있을 때 가장 가까운 지점에서 해당 콘텐츠를 전송해 주는 기능을 한다.
  차세대 CDN 기술은 CCN(Cloud Computing Network)으로 부르며, 최신 클라우드 컴퓨팅 기술을 기반으로 인터넷상의 분산된 리소스를 하나로 통합하여 가상의 슈퍼컴퓨터와 대형 네트워크 대역폭을 만든 뒤, 이를 고속 콘텐츠 전송에 활용하는 서비스로 기존의 CDN 서비스 대비 네트워크의 효율성이 높아서 절반의 비용으로 최소 3배 이상의 전송속도 향상을 기대할 수 있는 서비스이다.

표 12-4 ● DRM 유형 비교

항목	인터넷 DRM	모바일 DRM
콘텐츠	Rich Media, High Value 콘텐츠 위주로 사용된다.	Light Media 콘텐츠 위주로 사용된다.
서비스 업체	Value Chain에서 상대적으로 적은 역할 담당한다.	Value Chain에서 큰 역할을 담당하며, 다양하고 안정적인 서비스를 제공한다.
패치	충분한 자원의 지원으로 자유로운 업그레이드 및 패치가 가능하다.	부족한 자원으로 업그레이드 및 패치의 제약을 받는다.
사용자	무료 콘텐츠라는 인식으로 DRM 적용이 어렵다.	대부분의 유료화 콘텐츠라는 인식으로 DRM 거부감이 적다.

12.3 유비쿼터스 정보보호 시장동향

(1) 제품 및 서비스 현황

국내 정보보호 시장은 2005년 6,967억 원 규모에서 2010년에는 1조 1,544억 원 규모에 이를 전망이며 연평균 10.64%의 성장률을 보일 것으로 예측된다. 성장률 측면에서는 정보보호 서비스 분야가 연평균 19.88%의 성장으로 2010년에는 시장 규모가 약 2,148억 원에 이를 것으로 전망된다.

정보보호 하드웨어 및 소프트웨어 분야는 각각 2010년도에 시장 규모가 5,386억 원 및 4,009억 원에 이를 것으로 전망되며 연평균 성장률은 각각 8.84% 및 9.28%로 예측된다.

예측 데이터는 다음과 같다.

표 12-5 ● 국내 정보보호 시장전망　　　　단위: 백만 원

구분	2005	2006	2007	2008	2009	2010	CAGR (%)
정보보호 H/W	352,675	387,912	425,594	463,275	500,958	538,639	8.84
정보보호 S/W	257,289	286,573	315,274	342,708	372,105	400,946	9.28
정보보호 서비스	86,755	113,645	138,734	162,427	188,919	214,823	19.88
합계	696,719	788,130	879,602	968,410	1,061,982	1,154,408	10.64

출처: 국내 정보보호산업 통계조사(2005~2010), KISIA, 2005.12.

▎바이오인식 분야

현대정보 기술은 지문 마우스와 사용자 보안소프트웨어로 구성된 보급형 제품과 서버 모듈을 개발했으며 노트북용 소형 마우스도 추가로 출시했다.

▎PKI

국내 PKI 솔루션 업체인 소프트포럼은 제큐어웹 PDA를 비롯한 무선 공인인증서 분야를 연구개발 중이며, X인터넷 업체와 제휴하여 홈 네트워크 사업으로 영역을 확대하고

있고, 이니텍은 보안 컨설팅 등 서비스 강화에 초점을 맞추고 있으며, 무선 인터넷 콘텐츠를 비롯한 서비스로부터 신규 서비스를 도출하고 있다.

SSO

펜타시큐리티의 SSO 솔루션인 eGsign은 전자 정부 및 공개키 기반 환경을 기본으로 하며 여러 도메인 간의 SSO를 지원하고 있고, 한국 후지쯔는 국내 웹 해킹 및 피싱 패해에 대응하기 위해 앱스캔(Appscan)을 개발하였으며, SSO 기능 등을 추가 지원하고 있다.

세계 정보보호 시장은 2004년 274억 달러 규모로 파악되며, 향후 연평균 16.9%로 성장하여 2009년에는 600억 달러에 이를 것으로 전망된다.

표 12-6 ● 세계정보보호 시장전망   단위: 백만 달러

구분	2004	2005	2006	2007	2008	2009	CAGR(%)
정보보호 H/W	5,237	6,309	7,413	8,703	10,275	11,761	17.6
정보보호 S/W	10,000	11,852	13,689	15,552	17,396	19,222	14.0
정보보호 서비스	12,210	14,488	17,284	20,590	24,521	29,002	18.9
합계	27,447	32,649	38,386	44,845	52,192	59,985	16.9

출처: IDC, Worldwide IT Security Software, Hardware, and Services 2005~2009 Forecast: The Big Picture

부문별로는 정보보호 서비스 시장이 연평균 18.9% 성장률로 2009년에는 전체의 약 50%를 점유함으로써 가장 큰 시장을 형성할 전망이며, 소프트웨어 분야가 192억 달러, 하드웨어 부문은 117억 달러에 이를 전망이다.

2009년까지 연평균 성장률 측면에서는 정보보호 서비스 부문이 약 19%의 성장률로 가장 높을 것으로 전망되고 소프트웨어 분야는 14%의 성장률을 보일 전망이다.

소프트웨어의 단독 제품들이 여러 가지 소프트웨어 기능을 가진 하나의 하드웨어 제품에 통합되어 가는 경향 때문에, 소프트웨어 부문보다 하드웨어 부문의 성장률이 더 높은 것으로 분석된다.

(2) 시장규모 전망

세계 정보보호 시장은 2004년 274억 달러 규모로 파악되며 향후 연평균 16.9%로 성장하여 2009년에는 600억 달러에 이를 것으로 전망된다.

국내 정보보호 시장은 2005년 6,967억 원 규모에서 2010년에는 1조 1,544억 원 규모에 이를 전망이며 연평균 10.64%의 성장률을 보일 것으로 예측된다.

표 12-7 ● 세계정보보호 및 국내정보보호 시장전망
단위: 백만 달러(세계), 백만 원(국내)

구분		2005	2006	2007	2008	2009	CAGR (%)
정보보호 H/W	세계	6,309	7,413	8,703	10,275	11,761	17.6
	국내	352,675	387,912	425,594	463,275	500,958	8.84
정보보호 S/W	세계	11,852	13,689	15,552	17,396	19,222	14.0
	국내	257,289	286,573	315,274	342,708	372,105	9.28
정보보호서비스	세계	14,488	17,284	20,590	24,521	29,002	18.9
	국내	86,755	113,645	138,734	162,427	188,919	19.88
전체(합계)	세계	32,649	38,386	44,845	52,192	59,985	16.9
	국내	696,719	788,130	879,602	968,410	1,061,982	10.64

출처: IDC, Worldwide IT Security Software, Hardware, and Services 2005~2009 Forecast: The Big Picture

12.4 유비쿼터스 정보보호 기술동향

(1) 국내 공통/기반 보안 기술

▌인증

국내 전자서명인증 관련 기술수준은 세계적 수준으로서 기반 기술의 개발은 완료된 상태에서 다양한 응용 기술이 개발되어 도입되는 과정이다. 현재 유선 PKI 부문은 사용자 증대와 더불어 다양한 응용 기술이 도입되고 있고 보안성 증대를 위한 기술 개발이 진행 중에 있다. 무선 PKI 부문은 기술 개발이 완료된 상태로 실제 환경 적용을 눈앞에 두고 있다.

전자서명을 이용한 사용자 인증 관련 기술은 개발 단계를 넘어 적용단계에 있으며, 보안이 중요한 금융관련부문은 모두 적용을 마쳤고, 현재는 일반 전자 상거래나 웹사이트에까지 적용이 확대되는 단계이다.

생체를 이용한 온라인 상의 사용자 인증은 현재 기술 개발이 완료되어 지문인식을 이용한 사용자 인증 기술이 일부 금융권에 적용되는 단계로, 기술 개발은 복합 생체 인증과 고속화에 맞춰져 있다.

▌접근제어

접근제어 기술은 보안의 기본적인 기술로 단순히 데이터의 접근을 통제하는 기술에서부터 유비쿼터스 환경에서 사용자의 개인정보를 보호하는 기술에 이르기까지 수많은 정보보호 환경에서 활용되고 있다.

네트워크 자체를 보호하기 위해 호스트의 네트워크 접근을 제어하는 NAC(Network Access Control) 기술, RFID 환경하에서의 접근제어 기술, 홈 네트워크 서비스를 지원하기 위한 경량화된 접근제어 기술 등이 연구 개발되고 있다.

최근에는 사용자의 프라이버시를 보호를 위한 접근제어 기술이 요구되고 있으며, 더 나아가 사용자 스스로 자신의 정보를 안전하고 편리하게 관리할 수 있도록 도와주는 기술이 연구되고 있다.

바이오 정보 관리

전자정부/전자거래 등의 바이오정보를 이용한 신원확인 절차가 온라인, 실시간으로 정확하게 처리되어야 하므로 등록된 사용자 수의 증가에 독립적인 1:N 다중 바이오 인식 전용 시스템 개발이 요구된다.

국내에서 개발된 일부 바이오인식 알고리즘의 대부분 하드웨어적 자원 제약이 거의 없는 PC에 기반한 소프트웨어 솔루션이어서 임베디드 시스템에서의 실시간 다중 바이오인증을 위해서는 경량 알고리즘과 전용 하드웨어의 개발이 필수이나 이에 대한 기술 개발 경험이 국내업체에는 없는 것으로 파악된다.

국내에서의 홍채 인식 기술은 아직 초기단계에 머물러 있으나, 최근 몇몇 회사들을 중심으로 홍채인식 기술의 상용화를 시작하고 있다. LG 전자의 경우 미국의 IriScan사와 제휴하여 IrisAccess3000 제품을 판매하고 있는데, 이 제품은 아직 홍채영상 입력시스템에 국한되어 있고, 시스템 자체의 크기와 가격 면에서도 일반적인 장소에서는 사용하기 어렵다는 단점이 있다.

바이오인식 기술 보급의 역 기능으로 예상되는 바이오 정보의 취약한 관리 및 불법적인 유통에 의한 피해를 예방하기 위한 바이오 정보의 안전한 관리 기술 개발이 현재 진행 중에 있고, 바이오인식 기술의 응용분야가 다양화, 복합화됨에 따라 일관되고 안정적으로 적용할 수 있는 국가적 표준 기술 개발이 진행 중에 있다.

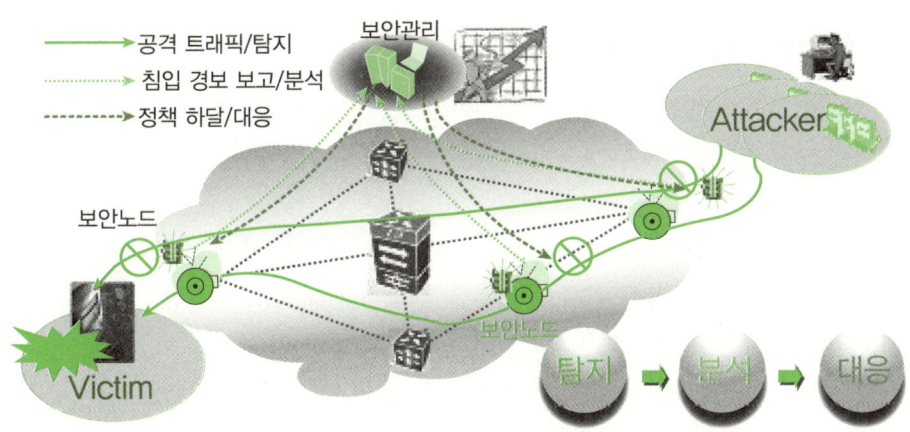

그림 12-6 ● 고성능 네트워크 종합위협대응시스템 개념도

(2) 국외

▌인증

현재 전자서명인증 관련 기술은 다양한 환경과 요구 사항을 충족시키기 위한 기술 개발이 진행되고 있다.

Mobile Ad Hoc Network과 Ubiquitous Sensor Network 환경을 위한 PKI 기술도 개발되고 있고, 온라인 상의 사용자 인증 관련 기술은 인증 강도를 높이기 위한 방향과 상호연동성을 높이는 방향으로 개발되고 있다.

TPC(Trusted Computing Platform)를 통해 OTP, PW, Biometrics, SmartCard, Sim 등 여러 인증 기술이 동일한 플랫폼 하에 선택적으로 사용될 수 있도록 하는 기술이 개발되고 있고, RFID와 기타 무선 기술을 사용한 토큰 인증 기술이 개발되어 도입 단계에 있다.

익명성을 유지하며 사용자를 인증해야 할 환경에 대한 필요성이 증대되어 관련 연구가 진행 중에 있고, 인증 결과의 공유 및 이를 통한 SSO는 SAML이라는 표준을 중심으로 기술 실제 적용 범위를 확대시키고 있는 단계이다.

▌접근제어

BM, MS, Sun, CISCO 등 세계적인 기업들은 통합 보안 시스템에 대한 제품을 지원하며, 이에 핵심적인 요소로 접근제어가 포함되어 있다. 네트워크를 보호하는 NAC, 엔터프라이즈 솔루션 EAM, IAM 등의 기술은 많은 곳에 도입되고 운영되고 있고, 프라이버시에 대한 관심이 증가됨에 따라 정보의 실소유자가 직접 제어할 수 있는 기술이 진척되고 있다.

특히 모든 단말에 보안 기능을 활성화시켜 네트워크 위협 공격을 효과적으로 제어하기 위해 인트라넷내의 모든 단말기의 네트워크 접속을 제어하는 NAC 기술이 개발되고 있으며, 네트워크 인프라 자원의 그 핵심이 되는 라우터, 스위치 등의 네트워크 장비들에서 체계화되고, 효과적인 방어 기능을 수행하는 기술 등이 연구 개발되고 있다.

▌바이오 정보 관리

사회 전반의 활동이 비대면 사이버 공간으로 전환되어 신원을 위장, 도용함으로써 온라인 활동의 안전성을 위협하는 상황이 빈번히 발생하여 바이오인식 기술의 중요성이 부각되고 있다.

미국이 비자 면제국인 27개국에 대해 전자여권의 제작을 요구함에 따라 선진 각국은 이에 대한 기술 확보를 진행하고 있고, 미국과 국제민간항공기구(ICAO), 국제노동기구(ILO) 등을 중심으로 얼굴, 지문, 홍채를 이용한 다중 바이오인식 기반의 신원 확인 서비스가 활용되기 시작하였으며, 선진 각국에서는 ICAO 표준안을 기반으로 하는 얼굴, 지문, 홍채인식 기술과 IC 카드 기술을 접목한 바이오 여권/비자 도입을 추진하고 있다.

바이오인식 기술이 적용되는 영역이 출입통제, 시스템 접근뿐만 아니라 전자거래 등으로 영역을 넓혀감에 따라서 바이오 인식 및 인식된 정보의 전송과 저장에 관련된 표준이 활발히 연구되고 있고, 출입통제용 빌트인 바이오 인식 하드웨어 시스템의 개발과 함께 스마트카드 기반의 SoC(Store-on-Card)나 MoC(Match-on-Card) 기술이 많이 연구되고 있다. 특히 바이오 정보의 프라이버시 보호를 더욱 강화하기 위해 MoC에 대한 연구가 더욱 활발히 진행되고 있다.

12.5 유비쿼터스 정보보호 정책동향

(1) 한국

국내에서는 전자정부 및 공공부문에서의 개인정보보호를 위해 최근 행안부를 중심으로 일반법으로서의 "개인정보보호법"을 제정하였고, 개인정보보호법을 통해 민간분야와 공공분야를 아울러서 일관적이고 체계적으로 규율하려는 법제화에 노력하고 있다.

암호알고리즘의 구현 정확성과 공격에 대한 안전성을 확인하기 위하여 2005년부터 국가용 암호 모듈, 2006년부터는 모든 민간 암호 모듈에 대한 시험·검증을 실시하였다.

2004년 10월, 070 인터넷전화번호체계가 발효되어 2005년 7월부터 기업 대상의 본격적인 VoIP 상용서비스가 제공되고 있으며 9월에는 공공기관 대상 VoIPv6 참조모델 v1.0을 발표하고, 2006년부터는 본격적인 시범사업이 추진되었다.

2000년도에 차세대인터넷 기반구축 계획사업을 시작으로 하여 2001년 도입 기본계획을 수립하여 IPv6 시범망을 운영 중이며, 2004년 IPv6 보급 촉진 기본계획으로 IT839 시범서비스를 추진하고 있다. 2003년도에는 정통부 주도하에 홈 네트워크 보안 기술 정립을 위한 "홈 네트워크시큐리티포럼(HNSF)"이 발족되었으며, 2005년 정보통신부 주도하에 ETRI, 전산원, KISA, 홈 네트워크 ITRC 등에서 '홈 네트워크 보안 가이드라인'을 작성하고, 지금은 KISA에서 담당하고 있다.

(2) 미국

2006년 4월, 「Interagency Working Group on Cyber Security and Information Assurance(CSIA IWG)」는 미국의 사이버 보안 및 정보 보증(CSIA: Cyber Security and Information Assurance) 분야의 연구 개발 필요성을 제창한 「Federal Plan for Cyber Security and Information Assurance Research and Development」를 발표하였다. 이 계획을 작성한 CSIA IWG는 미 연방정부 내의 통합적인 네트워킹 및 IT 관련 연구 개발 프로그램인 NITRD(Networking and Information Technology Research and Deve-lopment)의 일환으로서 2005년 8월, National Science and Technology Council (NSTC)에 의해 새롭게 설립된 작업 그룹이다.

연방정부의 많은 기관들이 사이버보안과 관련한 연구개발에 자금지원을 하고 있으며,

213

그 중에서도 특히 국토안보부(DHS)와 국가과학재단(NSF), 국방첨단연구계획국(DARPA), 첨단연구개발국(ARDA) 등이 상대적으로 활발한 투자를 수행하고 있다.

국토안보부(DHS) 산하 과학기술국(Science and Technology Directorate)은 2004년 3월 DHS의 사이버 보안 연구개발 활동을 포괄적으로 조정하고 수행하는 사이버보안 연구개발 센터(Cyber Security R&D Center)를 설립하였다.

(3) 유럽

정보보호 분야의 FP6의 첫 번째 단계에서는 약 7,500만 유로의 자금지원으로 총 17개의 프로젝트(통합 프로젝트: 6, 네트워크 분야: 3, 특정 목적의 연구 프로젝트: 6, 조정 활동: 3)가 착수되었으며, 이들 활동은 최첨단의 세련된 연구를 포함하고 있으며, 또한 신뢰성과 안전성에 대한 정책 개발과 밀접한 상호관련성이 있으며, 표준화와 상호운용가능성에 대한 지원에 크게 주목하고 있다.

FP6가 2006년에 종료됨에 따라 2007년부터는 FP7이 2013년까지 7년간 EU의 R&D 정책을 주도하고 있다. FP7의 전반적인 구조와 연구의 우선순위는 '연구와 기술개발, 시연 활동을 위한 유럽 공동체의 FP7에 관한' the Communication of April 2005에서 제안되었다.

'공동연구'라는 특정 프로그램의 ICT 주제로 제안된 'Technology Pillars(TP)' 중 하나는 유용성을 제공하는 S/W 및 Grids, 안전성과 신뢰성(역동적이고, 적용가능하며, 믿을 수 있는 S/W 및 서비스), 프로세싱 아키텍처 등에 관한 연구 활동을 포함한다. 또한 그러한 영역 중 하나인 'Application Research(AR)'는 신뢰성과 확신성을 위한 ICT(신분 관리, 인증, 개인정보보호, 지적재산권, 사이버 위협에 대한 보호)가 되어야 하는 것으로 정의된다.

(4) 일본

일본 총무성은 U-Japan 정책 실현을 위해 위해 ICT를 활용한 안심, 안전 대책추진 및 ICT 연구개발의 추진 등 정보보호 분야의 정책 및 연구개발 분야에 투자를 꾸준히 증대시켜 나가고 있다. ICT를 활용한 안심, 안전 대책의 추진 분야에서는 인터넷상의 사이버 공격에의 총합적 대처를 추진하고 있으며, 이를 위해 2006년 19.3억 엔의 예산을 배정받았다.

또한 ICT를 활용한 안심, 안전 대책추진 분야에서는 인터넷 이용자, 단말의 인증 기술 및 단말의 이용환경 조건에 따른 암호를 이용한 안전한 최적통신수단의 확립 등과 같은 정보보호 기술개발을 수행하고 있는데, 2006년의 경우 전년대비 1.8% 늘어난 38억 엔의 예산을 배정받았다. 그리고 세계를 선도하는 ICT 연구개발의 추진을 위해, 창의성, 독자성 있는 연구개발, 유비쿼터스 네트워크의 기반 기술의 연구개발, 그리고 신

ICT 패러다임의 창출을 위한 연구개발을 추진해오고 있는데, 그중 극도로 높은 안전성을 보증받는 양자암호네트워크와 광통신을 초월하는 초용량통신을 위한 양자정보통신 네트워크의 실현에 필요한 기술의 연구개발을 실시해오고 있다.

참고문헌

[1] 정보통신연구진흥원, "IT839전략기술개발 Master Plan 기획보고서 차세대 성장동력 기획보고서(정보보호)," 2006.3

[2] 정보통신부, "유비쿼터스 정보보호 기본전략", 2006.12

[3] 한국정보보호산업협회, "국내 정보보호산업 통계조사(2005~2010), 2006.12

[4] 한국전자통신연구원, "미래 u-Society 안착을 위한 생활속의 u-정보보호 기술 개발 계획 Vision 2010", 2006.10

[5] IDC, "Worldwide IT Security Software, Hardware, and Services 2005-2009 Forecast", 2005.

[6] 한국정보사회진흥원, "주요국 정보보호 동향조사–유비쿼터스시대의 정보보호 정책을 중심으로 (수탁기관: 한국정보보호진흥원)-2006.12

[7] DHS(미국, 국토안보부), Homeland Security Budget-in-Brief Fiscal Year 2007

[8] Simon Szykman, Ph.D., The Federal Networking and Information Technology Research and DevelopmentINITRD) Program, NICT Forum Briefing, 2006.2.22

[9] ISTweb, ICT for Trust and Security, 2006

[10] Jacques Bus, Building Trust and Security in Information Society: A Strategic Challenge for European R&D

[11] 일본 총무성, 平成18년도 총무성소관예산(안)의 개요, 平成17년 12월

[12] 일본 경제산업성, 平成18년도 경제산업성예산안의 개요, 平成 17년 12월

[13] ETRI 「2003 정보통신 기술/산업 전망 (2003년~2007년)

[14] 2006년 국내 생체인식 산업현황 조사 보고서/생체인식포럼

유비쿼터스 IT 융합

유비쿼터스 환경에서는 무수한 정보, 기기, 사물들을 제어하는 기술들이 복합적으로 융합되는 것이 기본이다. 이 장에서는 유비쿼터스 IT의 융합에 대해서 알아보도록 한다.

13.1　유비쿼터스 IT 융합 개요

(1) 유비쿼터스 IT 융합 기술의 개념

융합 기술이란 이종 기술간 융합을 통하여 신제품/서비스를 창출하거나 기존 제품의 성능을 향상시키는 기술로 IT-NT와 IT-BT분야에서 활발히 전개되고 있으며, 향후에도 동분야가 기술간 융합을 주도할 전망이다.

IT-NT 융합 기술 분야는 나노센서, 나노일렉트로닉스, 나노포토닉스, 양자컴퓨터 분야가 있으며, IT-BT 융합 기술 분야는 바이오인포매틱스, 바이오전자, 생체정보인터페이스, 생체정보보호, 바이오컴퓨터 분야가 있다. 그 기술 분야를 나눠보면 다음과 같다.

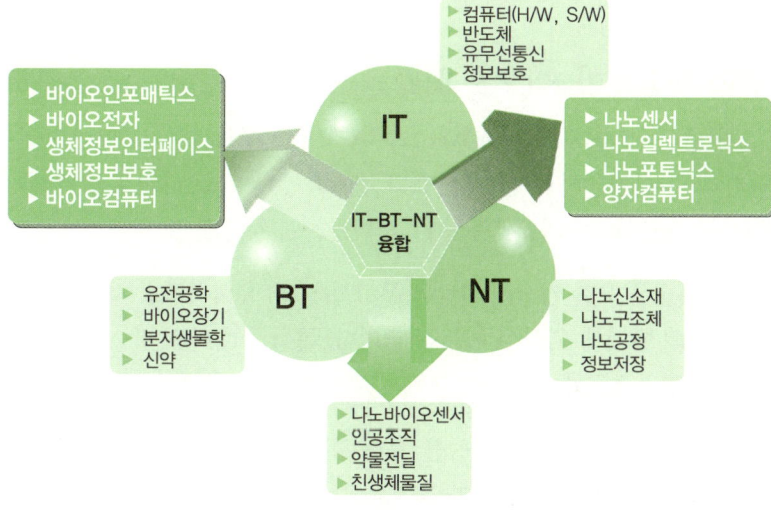

그림 13-1 ● IT-NT-BT 융합 기술 분야

(2) 유비쿼터스 IT 융합 기술의 정의

넓은 의미의 융합 기술은 정보 기술을 바탕으로 나노 기술 또는 바이오 기술이 접목되는 기술 분야를 총칭하며, 인지과학(Cognitive Science)도 포함한다.

- IT (bit) > NT (atom) > BT (gene) > CS (neuron)

IT중심 시각에서 정의하면 콘텐츠/컴퓨팅/네트워크를 기본 축으로 한 인간 (Human)/사물(Thing)/가상공간(Cyber)에서의 융합 기술을 말하며, IT의 발전과 더불어 NT, BT 등과의 융합발전은 휴먼, 사물, 환경(Real, Cyber)의 능력 신장과 지능화(고도화)를 가져올 것이다.

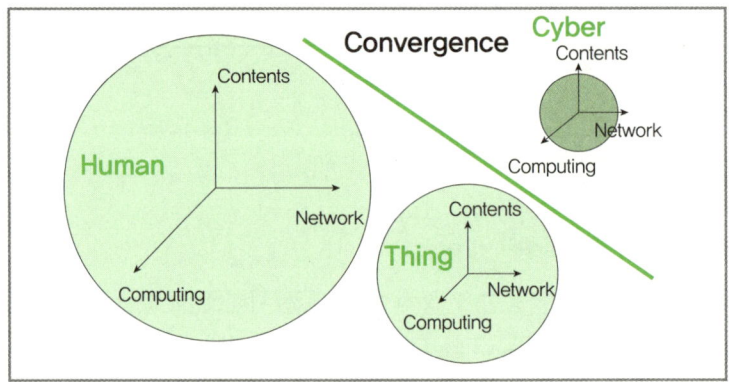

그림 13-2 ● 유비쿼터스 지능화 사회 개념도

(3) 유비쿼터스 IT 융합 기술의 기본 개념

IT 산업은 1차(생산), 2차(지식유통: Web), 3차(서비스: 정보가공)로 분류할 수 있으며, 현재는 2단계의 지식기반 사회에서 3단계의 정보가공 서비스 사회로 발전해가고 있으며, 3단계에서는 다양한 지능형, 맞춤형 IT 서비스들이 창출될 것이다.

21세기 선도 신 기술은 융합 기술에 바탕을 두고 있으며, 유비쿼터스 지능화 사회(Intelligence Society)로의 발전에 핵심이 되는 기술이다. 특히 임베디드 지능화를 가능케 하는 Invisible 실리콘 및 소프트웨어는 소비자에게 많은 가치를 전달할 것이다.

통신 및 인터페이스 기술, 인지과학 등을 통해 휴먼, 사물, 환경(Real, Cyber)의 융합이 가능해짐으로써, 궁극적으로는 이들이 유기적으로 연결되어 고도의 지능형 사회를 실현하고, 유비쿼터스 지능화 사회에서는 세계 어느 곳에 있든 사물, 환경, 사람으로부터

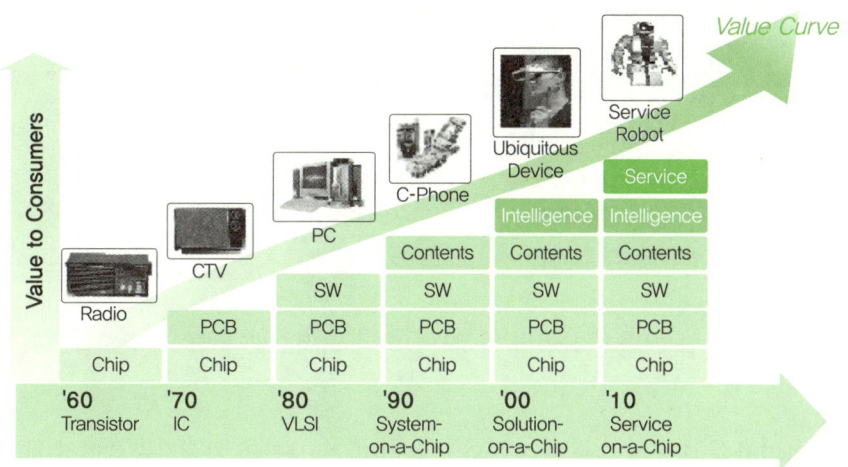

그림 13-3 ● 유비쿼터스 지능화 사회 발전 방향

의 정보에 접근할 수 있는 정보환경을 가지게 될 것이며, 실용 학문적 정보 및 개인에
게 특화 가공된 정보 등을 통한 새로운 IT 서비스들이 창출하게 될 것이다.

다음은 유비쿼터스 인텔리전트 사회 개념도이다.

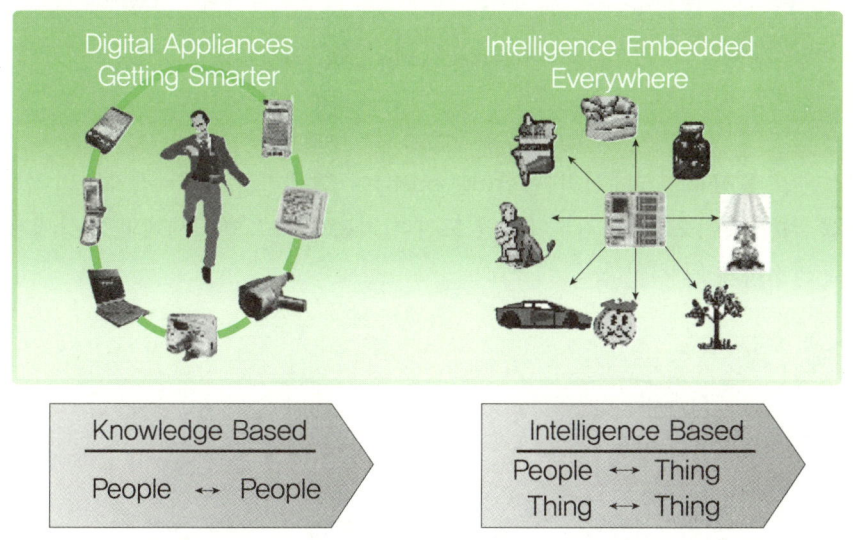

그림 13-4 ● 지식기반 사회에서 유비쿼터스 지능화 사회로의 변화

다양한 나노 기술에 의해 IT융합은 가속화되어 정보 생성/처리/표시/저장/통신 기술
등 100배 향상할 것으로 전망한다.

유비쿼터스 IT 융합 기술의 특징을 보면, 융합 기술은 전통/현재 기술과 달리 다학제적
(interdisciplinary) 기술로서 기존 과학 기술 패러다임의 변화를 촉진할 것이다. 정리
하면 표 13-1과 같다.

표 13-1 ● 유비쿼터스 IT 융합 기술의 특징

전통 기술	현재 기술	융합 기술
단일 · 독립학문지향적	양학제적 · 계층적	다학제적
거시시스템적	미시시스템적	시스템적
국가차원	지역차원	범세계적
물질위주	정보위주	지식위주

출처: Anton&Schndider(2001), KIET (2004)

유비쿼터스 IT 융합 기술은 산업별 가치사슬의 수평적으로 통합 및 수직적으로 확장될 것이다.

산업별 가치사슬 내에서 수평적 통합과 더불어 다른 산업의 가치사슬로의 수직적 확장 및 영역 재구성을 하면 다음과 같다.

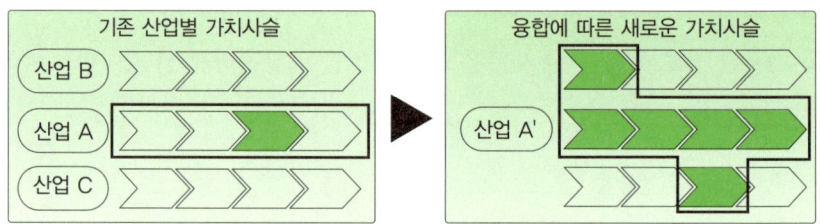

그림 13-5 ● 산업별 가치사슬 재구성 ※출처: 강홍렬(2004), KIET(2004)

나노스케일 및 IT 영역에서의 융합(the push)이 발생하고, 인간 잠재력의 실현(the pull)을 위한 바이오 및 인지분야에의 도전이 가속화되고, 현실세계와 가상세계의 융합으로 발전하게 될 것이다.

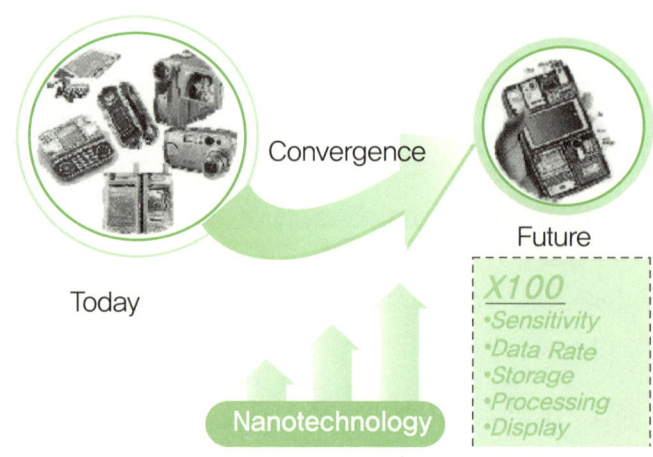

그림 13-6 ● 나노 기술을 통한 융합의 가속화

IT융합을 살펴보면, IT와 타 신 기술(BT, NT 등)과의 결합을 통하여 새로운 기술이 창출되는 현상으로서, 기존 전통산업의 제품 또는 공정에 IT 기술개발 결과를 응용하여 신제품 · 신공정을 창출하는 IT접목과는 구별되는데, IT 신산업 창출의 핵심을 보면 다음과 같다.

IT와 NT의 융합				IT와 BT와의 융합	
NT	미래 IT기술의 한계 극복을 위한 원천기술 제공 예) 양자점 광통신 기술, 나노전자소자 기술, 나노구조 전지 기술	IT		IT와 융합을 통한 기술적 한계극복 예) DNA 컴퓨터, 휴먼컴퓨팅 기술, 인체정보감지, 휴먼인터페이스 기술	BT
	NT 분야에서의 효율적 R&D를 위한 인프라 제공 예) 나노단위 시뮬레이션이 가능한 컴퓨터 기술, 나노기술종합정보시스템			BT기술/산업발전 촉진 및 신산업 창출 예) Bioinformatics, DNA칩, 바이오닉스 장기, 생체인증	

신산업 창출은 시장요구에 의해 이루어지기도 하나 신 기술의 급속한 발전에 따라 기술주도에 의해 이루어지는 것이 일반적이다. 전 세계적으로 기술 개발 초기단계이므로 기술적 기회가 무한하다고 볼 수 있으며, 새로운 기술패러다임 특성을 가지는 융합 기술 분야의 기회 포착을 통하여 선진국과의 원천 기술 격차 해소 및 신 시장 선점이 가능할 것이다.

IT와 다양한 과학 및 기술 분야의 협력을 위한 첨단인프라 및 다학제적 전문 인력의 확보가 연구 성패를 좌우할 것으로 보고, 이 분야의 연구가 요구된다.

이런 유비쿼터스 IT 융합 세부 기술은 다음과 같다.

13.2 유비쿼터스 IT 융합 기술

표 13-2 ● 융합 기술 분류 체계도

항목	소분류	요소기술
바이오/나노 헬스	바이오 전자	바이오센서
		바이오칩
		생체이미징
	생체 정보	생체인식
		생체신호인터페이스
		생체정보보호
환경/안전	재해/테러	스마트 먼지 센서
		지능형 유도 센서
		생화학 센서
		테러/재해 예측 감지

(계속)

표 13-2 ● 융합 기술 분류 체계도(계속)

항목	소분류	요소기술
환경/안전	교통 안전	지능형 교통/도로 관리 시스템
		교통안전 정보망 구축
	기상/환경	기상/환경 모니터링
		기상/환경 정보망 구축
나노/바이오 통신	나노/바이오 정보생성	나노/바이오 센서
		오감 멀티 센서
	나노/바이오 정보처리	나노/바이오 정보 인식 및 표현
		나노/바이오 인터페이스
	나노/바이오 정보표시 및 저장	나노 바이오 정보표시
		나노 바이오 정보저장

위의 기술을 이용한 산업별 융합 기술을 세분화하면 다음과 같다.

표 13-3 ● 산업/융합 기술 분류

現 산업군	컨버전스 관련 기술	1단계 서비스(2010)	2단계 서비스(2015)	3단계 서비스(2020)
의료	– 원격진료/치료 – 인공장기 – 의료용 로봇 – 신약개발 – 바이오정보처리	– u-digital health	– DNA 조절 – 생체장기 복제 – 맞춤형 신약개발	– 인공생명 감성 및 감정조절 기술
문화 컨텐츠	– 가상현실 – 게임엔진 – 휴먼인터페이스 – 오감 융합 – 인공지능 – 대용량 정보 처리 – 문화 원형 복원 – 생체정보인식/보안	– u-business – u-learning – u-digital health – virtual entertainment	– 로봇도우미	– 휴머노이드
통신/방송/ 메카 서비스	– DMB – 이동멀티미디어 – 휴대인터넷 – 위성통신 – 지능형로봇	– u-digital health (응급구조) – 4세대 통신	– 멀티미디어 실감통 – 실감입체방송 – 로봇도우미 – RFID	– 유비쿼터스 통신 – 휴머노이드
운송/유통	– u-sensor – GPS – LBS – 대용량 정보 저장 – 무인 자동차 – DSRC	– 실시간 유통 관리 – 신선도/원산지 관리 – u-office	– 바이오 조정/조절 (식품 개선)	– u-transportation
전통산업 고도화	– 지능성 전자섬유 – 기상 정보 처리 – 농업기술의 고도화	– u-digital health (의식주 고도화) – 환경 모니터링	– 환경 최적화 – 기상조절	– 인공피부 섬유

(계속)

표 13-3 ● 산업/융합 기술 분류(계속)

現 산업군	컨버전스 관련 기술	1단계 서비스(2010)	2단계 서비스(2015)	3단계 서비스(2020)
국방	− 스마트 먼지 센서 − 지능형 유도 센서기술 − 합성개구 전파센서 기술 − 비파괴 검사 기술 − 생화학 센서 기술	− u-digital health (방어)	− 가상 대리전	− 현실 워 게임 (대리전)
우주/항공	− 위성체 기술 − 우주정거장 요소기술 − 위성발사체 기술 − 무인기 기술	− 무인비행체 − 우주정거장 설계	− 우주정거장 − 유인우주기술	− 유인 우주정거장

13.3 유비쿼터스 IT 융합 시장동향

(1) 건강/의료

산업별 융합 기술의 시장동향을 살펴보자. 먼저 건강/의료 산업의 시장규모를 전망하면, 한국의 65세 이상 인구가 2005년에 7%에서 2019년 14%로 세계 최단기간에 2배 증가하며 2020년경에는 한국인구 중 50대 이상이 40% 수준을 차지할 것으로 예상됨에 따라 고령인구의 실버케어와 서비스 시장이 급부상할 것이다. 대상 시장으로는 노인을 대상으로 하는 헬스케어 시장으로 노인 요양/간호 시장, 고령친화산업 시장, 바이오 칩 시장 등이 있고, 원격 진단의료 시장으로 원격 영상진단 시장, 피부 미용 시장, 예방의학 시장 등이 있다.

표 13-4 ● 시장 규모　　　　　　　　　　　　　　　　　　　　　　　단위: 억 달러

구분		2006	2007	2008	2009	2010	2011	2012	CAGR
건강/의료	세계	850	915	972	1,042	1,113	1,190	1,273	7%
	국내	14.4	18.3	19.4	20.1	24	25.9	27.9	8%

표 13-5 ● 유비쿼터스 헬스케어 시장(2010년 건강의료 시장의 3.8%)　　　단위: 억 달러

구분	2006	2007	2008	2009	2010	2015	CAGR
세계 시장	27.18	32.11	36.00	39.97	42.61	106.53	33%

출처: STEMI. 2004, 2015년 수치는 필립스의 의료기기 부문 성장을 참조하여 예상

표 13-6 ● 의료영상진단기기 세계 시장(2010년 건강의료 시장의 15.7%)　　　단위: 억 달러

구분	2006	2007	2008	2009	2010	2011	2012	2015	CAGR
국내 시장	9.2	9.7	10.2	10.7	11.2	11.8	12.4	−	5.0%
세계 시장	148.9	155.1	161.5	168.2	175.1	182.3	189.9	284.9	15.9%

출처: 한국과학기술정보연구원, 정밀의료영상기술정책, 2002; Frost & Sullivan(1999), 국내는 SDi Report(2003)을 기반으로 연도별 시장치 추정, 2015년 수치는 필립스의 의료기기 부문 성장을 참조하여 예상

융합 기술의 중요한 시장으로 부상되고 있는 u-헬스케어는 일반인, 고령자를 대상으로 국내에서도 광범위한 서비스가 시도되고 있으나 시장은 형성 단계이고 삼성, LG 등 국내 대기업에서 당뇨폰, 웰빙폰 등 휴대전화를 이용하여 혈당, 체지방 등을 측정할 수 있는 제품들을 개발하여 상용화 준비를 하고 있다.

미국에서는 노후생활용품 생산자협회가 조직되어 운영 중이며, Elite Care 사에서 독거노인의 생활 지원을 위한 모니터링 서비스를 제공 중이며, Intel 사는 시스템이 대상자의 상황을 인식하고 대안을 제시하며 반응하고 최종적으로 Action을 취하는 시스템을 개발하는 Pro Active Healthcare 프로젝트를 수행 중에 있고, 일본은 연간 1조엔에 달하는 실버용품 시장이 형성되어 있으며, 연평균 9.4% 이상 성장하고 있으며, 개인의 호출이나 감지센서로 감지된 위험 상황시 출동 서비스, 노인의 생활보조 서비스 등이 제공 중에 있다.

EU는 고령화 사회에서 예방을 통한 의료비 지출 절감을 위해 SAFE21 프로젝트를 통하여 노인생활 관리에 대한 연구개발을 정부차원에서 지원하고 있다.

(2) 엔터테인먼트/교육

2007년까지 748억 달러의 시장형성으로 세계 게임/교육 산업의 급격한 성장이 예상되고, 이 중 세계 모바일 게임시장은 2004년 30억 달러에서 2009년에는 185억 달러로 급격한 성장이 예상되며, 교육의 다양성을 요구하는 유럽과 인구 밀집도가 높은 아시아 지역에서 40%를 넘는 높은 성장률이 예상된다.

표 13-7 ● 엔터테인먼트/교육 분야에서의 IT 융합 기술 시장규모   단위: 백만 달러

구분		2006	2007	2008	2009	2010	2011	2012	CAGR
스마트폰		24,800	34,900	47,100	71,100	107,500	162,800	247,000	46.6%
휴대 단말 반도체 부품		37,500	38,000	40,000	43,000	44,000	46,600	49,500	4.8%
기기간 접속	RFID	410	530	785	1,160	1,720	2,550	3,780	44.8%
	DWDM 광원	1,245	1,407	1,592	1,801	2,039	2,309	2,616	13.2%
인지/인식 및 신호처리 SoC		8,928	12,564	16,956	25,596	38,700	58,608	88,920	46.7%
입출력		8,680	12,215	16,485	24,885	37,625	56,980	86,450	46.5%

국내 모바일 게임시장이 2007년에는 4,723억원으로 연평균 30% 증가가 예상되는 핵심 서비스로 등장하고 세계 모바일 인구증가를 고려할 때 서비스 시장의 확대가 예상된다. u-교육의 국내 시장규모는 2004년 EBS 수능과 기업 시장에서의 높은 수요로 1,500억 원에 이르는 시장으로 성장하였으며, 2005년에는 1,650억원 수준의 시장으로 성숙하였다.

u-엔터테인먼트/u-교육 서비스를 수용하는 실감통신 모바일 인터페이스 시스템은 현재 스마트폰이나 무선 PDA의 진화된 형태로 될 것이며 시장 규모가 2005년 248억 달러에서 2012년 2,470 달러로 연평균 46.6% 성장이 예측된다. 이 수치는 전체 휴대폰 시장(Gartner Dataquest, 2004)에서 스마트폰과 Wireless PDA 시장에서 대당 300달러를 고려 시장규모로 예측한 데이터이다.

국내기업의 이동통신 사업자들과 40여 업체가 모바일 엔터테인먼트 서비스를 제공하고 있으며, 모바일 게임 서비스와 DMB 서비스가 주류를 이루고 있다. 기존의 e-교육 솔루션 업체뿐만 아니라 포털 및 인터넷 SW 등 다른 분야에서 인지도를 높인 기업들이 대거 e-교육 솔루션 시장으로 진입 및 서비스 시장를 확대하고 있다.

한국정보사회진흥원은 세계 최초 모바일 RFID 시범 서비스를 계획하고 있으며, SK텔레콤의 '유-포털'은 음반판매 매장 등에서 디지털 콘텐츠 감상 서비스를 제공하고 있으며, KTF의 '유-스테이션'은 버스 정류장 등 일정 장소에서의 필요한 정보를 즉시 얻을 수 있는 서비스를 제공하고 있다.

국내 기업 및 대학의 u-교육 솔루션 도입 및 서비스체제 구축도 꾸준히 추진되고 있으며, 2002년 기업시장에서는 33.3%의 도입에서 2004년에는 56.5%의 도입률 증가를 보이고 있으며 대학시장에서는 2002년 38.6%에서 2004년 60.2%로 급격한 증가를 보이고 있다.

미국은 벤처 캐피탈의 모바일 엔터테인먼트 사업투자와 특화분야를 공략 중에 있으며, 일본도 이동통신사들 위주로 다양한 모바일 게임을 제공하고 있다. 일본이 세계의 모바일 엔터테인먼트 시장을 18.6% 차지하고 있는데, 일본의 NTT 도코모와 KDDI 등 이동통신신사들 위주로 다수의 모바일 게임을 제공하고 있으며, 일본에 이어 한국이 2위의 시장을 점유하고 있다.

모바일 RFID의 움직임은 미국의 썬마이크로시스템즈 · HP · 오라클 · IBM · MS · SAP 등이 시장에서 주요기업들로 부상하고 있으며, 일본의 Nokia에서는 13.56 MHz 대역의 RFID 리더를 휴대폰에 탑재하였다.

(3) 환경/공공안전

환경정보 센싱 시장은 2010년 460억 달러에 달하는 거대 시장을 형성할 것으로 전망한다. 현재는, 환경유해물질 검지의 기본이 되는 개별 가스센서 시장이 환경 경보 서비스업 시장보다 크나, 점차적으로 환경 정보를 국민에게 알려주는 환경 경보 서비스 시장의 기하급수적인 증가가 예상된다. 환경유해물질 경보 서비스는 장차 선진국에서는 전국적인 환경 센서네트워크를 통해 국가적 규모로 이루어질 가능성이 높기에 그 사업 및 시장 규모가 개별 센서 시장과는 비교가 안 될 정도로 클 것으로 예상된다.

식품안전 바이오센서의 현재 시장규모가 작은 이유는, 개발된 관련 센서가 거의 없기 때문이다. 최근 식품유통, GMO, 신종 바이러스 출현 등에 의해 신기술 개발이 활발할 것이며 시장성장률이 매우 높을 것으로 예상한다.

유비쿼터스 생화학 센서 기술이 핵심이 될 U-sensor Network 시장은 2010년 전체적으로 768억 원에 이를 정도로 급격한 신장이 예측되며, 이러한 USN 개발을 위한 가장 큰 걸림돌이 되고 있는 것은 USN에 적합한 생화학 센서의 부재인데, 각국의 연구진들이 USN에 적합한 초소형 고속 검지 시스템 제작에 총력을 기울이고 있다.

표 13-8 ● 환경/공공안전 분야에서의 IT 융합 기술 시장규모
 단위: 억 달러

구분		2004	2005	2006	2007	2008	2009	2010	2011	2012	CAGR
환경정보 센싱(i)	세계	13.0	23	37	76.8	136.3	165.1	460.8			81.24%
환경 서비스업	세계(ii)	3180	3340	–	–	–	–	4180			4.66%
	국내(iii)	57	78	–	–	–	–	136			15.6%
환경자원 이용업	세계(ii)	1810	1940	–	–	–	–	2600			6.22%
	국내(iii)	44	62	–	–	–	–	118			17.87%
환경 설비업	세계(ii)	1590	1660	–	–	–	–	2070			4.5%
	국내(iii)	33	46	–	–	–	–	62			11.08%
가스 센서(iv)	세계	25.6	27.4	–	–	–	–	–			–
	국내	0.58	–	–	–	–	–	–			–
환경/바이오 센서(v)	세계	23	25	27	29	32	35	39			9.4%
식품안전 바이오센서	세계	–	1.5	–	–	–	–	–	–	–	
U-Sensor Network(vi)	세계	–	72	–	191	–	–	768			60.55%
	국내	–	1.9	–	10	–	–	39.9			129.42%

(i) "u-센서 구축 기본계획",정보통신부, 2004.
(ii) EBI, Environmental Business Journal, SRI Consulting, 1999.
(iii) 박종식, 김태용, "무한한 가능성, 환경산업", 삼성경제연구소, 2001.
(iv) 무역위원회, "센서 산업경쟁력 조사", 2005.10.
(v) Frost and Sullivan, "World Biosensor market", 2005. 4.
(vi) ETRI/IDTechEX 공동조사, 2004.1.

13.4 유비쿼터스 IT 융합 기술동향

미국의 융합 기술 개발동향을 살펴보면, IT-BT분야에서는 Biotech 기술이 성장기이며, 이 기술에서는 질병 진단 및 치료와 신약 개발에 연구 역량을 집중하고 있고, Bioinformatics 기술은 도입기로 인프라 구축과 바이오 의료 진단 시스템을 구축 중에 있다. 특히 IT-NT 분야 중 센서와 로봇 기술에서는 성장기에 있다.

표 13-9 ● 미국의 융합 기술 개발동향

분야	기술명 [사업주체]	단계	수행과제명 [수행기관/ 사업규모]	최종목표
IT-BT	Biotech	성장기	– NSF, DOD, NASA, NIH 등에서 바이오 센서, 랩온어 칩 등 개발($70억/년)	– 질병 진단 및 치료와 신약개발에 연구역량 집중
	Bioinformatics	도입기	– 바이오 메디컬 컴퓨팅(NIH: 160억/년) – 선진 의료기기 개발 프로그램 (DOD: $70억/년)	– 바이오 인포매틱스 인프라 구축 – 바이오 의료진단 시스템 구축
IT-NT	나노융합 기술[NNI]	도입기	– Semiconductor Microelectronics and Nanoelectronics Programs (ATP/NIST: $12.4M/Y) – Grand Challenge for Healthcare (NIH/$6M/Y)	– Nano-Lithography – Sub-100 nm Device Process – Nano-robotics – Biosensors
	Sensor [DARPA]	성장기	– DARPA CoSensor Project [XeRox] 외 다수	– Multi-level collaborative – Signal analysis
	로봇[MIT]	도입기	– 감성지능로봇(Kismet)	– 7가지 감성표현 – 인지/학습지능통합
	로봇[NASA]	성장기	– 탐사로봇(NOMAD)	– 4륜구동 이동로봇 – 영상전송 – 경로계획 이동
NT-BT	Nano-biosensor	도입기	– NNI 주도의 나노 바이오 소재, 나노 과제 바이오센서, 나노공정 등의 분야의 수행	– 나노 바이오 기술 및 인력 인프라 구축
	Drug Delivery	도입기	– NIH 예산의 23%	– 무독성 항암제

일본의 융합 기술 개발동향을 살펴보면, IT-BT분야에서는 Biotech 기술과 Bioinformatics 기술 모두 도입기이며, Biotech 기술에서는 센서, 기기, 생물정보 등에서 국제 경쟁력 확보를 위한 발전 기반을 조성하고 있다. 특히, 일본은 IT-NT 분야 중 로봇 기술에서 성장기를 보이고 있다.

표 13-10 ● 일본의 융합 기술 개발동향

분야	기술명 [사업주체]	단계	수행과제명 [수행기관/ 사업규모]	최종목표
IT-BT	Biotech	도입기	– 맞춤의약, 재생의료 등의 Biotech 개발(8억 달러/년)	– 국제 경쟁력 확보를 위한 발전기반 조성
	Bioinformatics	도입기	– Protein 3000일(ATIP: 1000억/년)	– 3000개 단백질 구조 규명
IT-NT	나노융합기술 [경제산업성]	도입기	– 차세대반도체소자 프로세스 기술개발 (MIRAI: 60억 엔/년) – 재료나노테크놀로지 프로그램 (사업단/50억 엔/년)	– 50 nm 반도체공정 – 나노가공계측 – 나노의료디바이스

(계속)

표 13-10 ● 일본의 융합 기술 개발동향(계속)

분야	기술명 [사업주체]	단계	수행과제명 [수행기관/ 사업규모]	최종목표
IT–NT	로봇[기업]	성장기	– 휴머노이드 로봇(Honda/ASIMO (Advanced Step in Innovative Mobility))	– Dynamic Locomotion – Auto balancing – Stereo vision – 음성인식
			– 지능형로봇(SONY/AIBO(Artificial Intelligence Robot))	– 상용 애완견 로봇, 개인용 지능형로봇
			– 지능형로봇(NEC/PaPeRo(Partner– type Personal Robot))	– 음성인식 및 인간과 대화
NT–BT	Nano- biosensor	도입기	– MEXT, METI 주도로 기초연구, 유전자 기술, 장기응용, 단기응용의 4개 분야로 나누어 NT 기반의 바이오 기술 개발	– 나노 바이오 기술 및 인력 인프라 구축
	Drug Delivery	도입기	– 후생노동성(나노 메디슨 약물 전달)	– 무독성 항암제

유럽의 융합 기술 개발동향을 살펴보면, IT-BT 분야, IT-NT 분야, NT-BT 분야 전 기술에서 도입기 단계에 있다.

국내의 융합 기술 개발동향을 살펴보면, 유럽과 동일하게 IT-BT 분야, IT-NT 분야, NT-BT 분야 전 기술에서 도입기 단계에 있다.

표 13-11 ● 유럽의 융합 기술 개발동향

분야	기술명	단계	수행과제명 [수행기관]	최종목표
IT-BT	– 선진게놈연구 – 주요 질병 　퇴치 연구	도입기	– 생명과학, 유전체학 그리고 　건강에 관련된 바이오기술 　(EUFP6: 2002~2006)	– 포스트 게놈연구와 바이오 　의료 및 바이오 기술을 　집적시킴
	고기술 다학제간 영역 개발	도입기	– New and Emerging Science 　and Technology	– 핵심적이고 고상상력이 – 요구되는 연구 지원
	– 입는 센서 – Biometics	도입기	– e-Health: 나은 삶과 건강을 위한 　집적된 바이오메디칼 정보 　기술(EC FR6 2002~2006)	– 더 나은 건강 정보 획득을 – 위해 모든 관련된 바이오 – 메디칼 정보를 집적 처리함
IT-NT	– Brain	도입기	– Ambient Intelligence 　[Fraunhofer/240억/3.5년]	– 유비쿼터스 컴퓨팅에서 필요 한 센서임베딩기술, 적응형 S/W, Natural UI기술
NT-BT	– Nanobio	도입기	– 나노기술 기반의 다기능 소재, 　신공정 기술 및 소자개발 　(EU FP6: 2002~2006)	– 지식 기반의 좀 더 환경 　친화적인 기술을 위한 　과학적 기반 창출

표 13-12 ● 국내의 융합 기술 개발동향

부처별	분야	기술명	단계	수행과제명 [수행기관/사업규모]	최종목표
과기부	BT	Stem cell, 항암면역치료제, 초정밀 AIDS 진단제	도입기	– 독접기초연구사업 – 기초의과학연구센터 – 선도과학자육성사업 – 21C 프론티어 사업 – NRL 사업	– 바이오디스커버리 – 세포응용연구인간 – 유전체기능연구
	IT-BT	BioChips	도입기	– 특정연구개발 과제에서 단백질 칩 기술 개발(KRIBB: 20억/년)	– 초고석 분석 스크린을 위한 단백질칩 제작
		BioInformatics	도입기	– 한국인 일배체형 저오개발 (과기부/71억) – 동북아 민족기능성 게놈연구 (과기부/57억)	– 한국인 일배체형 지도 작성
	NT-BT	Nano-biosensor		– NPL 사업으로 대학 중심의 나노바이오 전자 센서, 광센서, NEMS 등의 과제 수행	– 응용성 검증
		Drug-Delivery	도입기	– 나노바이오기술개발사업 중 약물 전달시스템 기술개발 (20억/년 × 8년)	– 선택적 고효율 약물 전달체 개발
산자부	BT	– 산업용 효소, 항암치료용 세포치료제 – 바이오소재	도입기	– 바이오물질사업 – 응용기반기술사업 – 생체치료기술사업 – 생물산업지역진흥사업	– 바이오물질생산(단백질, 탄수화물) – 약물전달체(지속성 주사제,경구제재) – 세포치료 기술(항암 치료용 세포치료 기술)
	IT-BT	BioChips	도입기	– 프론티어 사업과제에서 지능형 마이크로 시스템 (KIST: 85억/년) – 마이크로 바이오칩 센터 (한양대: 24억/년)	– 캡슐형 내시경 및 마이크로 칩 제작 – 바이오칩의 기반기술 개발
	NT-BT	Drug-Delivery	도입기	– 고효율 항암제전달체 개발 사업(화학연: 28억/4년)	– 뇌종양 국소전달체 항암제 최적화

13.5 유비쿼터스 IT 융합 정책동향

선진 각국은 융합 기술의 성장 가능성과 파급효과를 인식하고 기회를 선점하기 위해 융합 기술 발전전략을 수립하고 추진 중에 있다.

2002년에 미국은 NT 기술 기반의 BT, IT, CT(인지 기술) 융합 기술 발전전략(NBIC) 을 수립하고, 추진 중에 있다. 미국이 경쟁력을 갖춘 NT 기술에 기반한 융합 기술 확보 전략은 융합 기술 선점을 통한 신성장 동력 창출 및 안보 기술 확보이다.

유럽은 EU 차원에서 '유럽 지식사회 건설을 위한 융합 기술발전전략(CTEKS)'을 2004년 7월에 수립하였다.

일본도 경제산업성을 중심으로 IT, BT, NT, ET 융합 기술 발전전략(Focus 21)을 2004년에 수립하였다. 미국, 유럽보다 융합 기술에 대한 관심은 상대적으로 낮으나, 일본의 강점은 융합 기술 상용화 전략에 있다.

이에 IT인프라와 정보통신 기술이 강한 우리나라는 IT를 기반으로 하는 '융합 기술 발전 전략'을 수립할 필요가 있을 것이다.

그림 13-7 ● IT 융합

참고문헌

[1] 미래병사체계, 국방과학연구소, 2001

[2] Miniaturized Bioanalytical Systems for Biotech Industry, KAIST, 2003

[3] 육군 정보화 비젼, 육군본부, 2005

[4] BT 기술동향 보고서- 바이오칩, 바이오센서 및 바이오 MEMS, 생명공학정책 연구센터, 2005

[5] IT강국 디지털强軍, 전자신문, 2006

[6] 유비쿼터스 센서시장 및 기술동향, IT SoC Magazine, 2006

[7] 디지털 기술의 경계 적용방안, 국방정보본부 합동포럼, 2005

[8] Making Sense of Biodefense-Protecting The Home Front, Battelle

[9] 국가기술지도-정보/지식/지능화 사회구현(제 3권), 2002

[10] IT기반 융합 기술 발전전략(안), 정보통신부, 2005

[11] The Role of Night Vision Equipment in Military Incidents and Accidents University of Glasgow, 2003

[12] J. Hill, R. Szewezyk, A. Woo, D.E. Culler, and K. S.J. Pister. System Architecture Directions for Networked Sensors. In Architectural Support for Programming Languages and Operating Systems, p.93-104, 2000.

[13] R. Zheng and R. Kravets, "On-Demand Power Management for Ad-hoc Networks," Proceedings of IEEE INFOCOM 2003, vol.1, pp.481-491, April 2003.

[14] J.H.Chang and L. Tassiulas, "Energy-Conserving Routing in Wireless Ad-hoc Networks," Proceedings of IEEE INFOCOM 2000, pp.22-31, March 2000.

[15] L.Zhou and Z.J.Haas, "Securing Ad-hoc Networks," IEEE Network Magazine, vol.13, no.6, pp.24-30, December 1999.

유비쿼터스 프로젝트

산업 혁명과 정보화 혁명에 이어 유비쿼터스 컴퓨팅이라는 영역에서 우위를 선점하려는 각국 정부 차원에서의 노력이 조용하면서 치열하게 진행되고 있다. 이 장에서는 유비쿼터스 환경에서의 기술의 우위와 국가 전략들이 어떠한 형태로 구현되는지 알아보도록 한다.

14.1 유비쿼터스 신산업	14.2 신산업 육성의 Milestone
14.3 신산업 추진 전략 및 기대효과	14.4 각국의 유비쿼터스 프로젝트

14.1 유비쿼터스 신산업

(1) 신산업의 개념

최근 IT 기술의 발달로 인해 다양한 종류의 컴퓨터가 사람, 사물, 환경속으로 스며들고, 이들이 네트워크로 연결되어 인간의 삶을 도와주는 유비쿼터스 환경이 급속히 진전되고 있다. 이러한 유비쿼터스 환경은 물류, 의료, 가전, 통신 등 전 산업에 걸쳐 다양하고 광범위한 영향을 주어 사회전반의 본질적인 변화와 인간의 삶에 기본적인 변혁을 초래할 것으로 전망된다. 이에 우리나라는 새롭게 개척하는 신기술, 신개념의 산업을 표방하며, 미래 Mega Trends에 대응하고, 신기회를 포착하여 가치를 창출하는 산업을 모색했다. 그것이 바로 기존 주력/전통산업을 고부가가치화한 유비쿼터스 신산업이다.

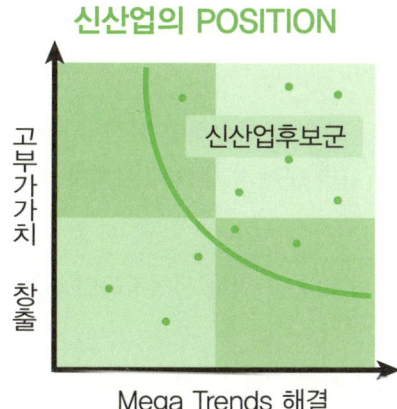

그림 14-1 ● 신산업의 포지션

(2) 신산업의 중요성

섬유(60년대)S철강(70년대)S선박(80년대)S반도체(90년대)S자동차(2000년대) 등 세계경제 흐름에 부합된 주력산업이 우리 경제의 고도성장의 견인차 역할을 했다. 특히 90년대 이후에는 DRAM, CDMA, TFT-LCD 등이 세계 1등 상품으로 부상하는 등 IT 산업이 우리 경제의 성장엔진으로 부상하였다.

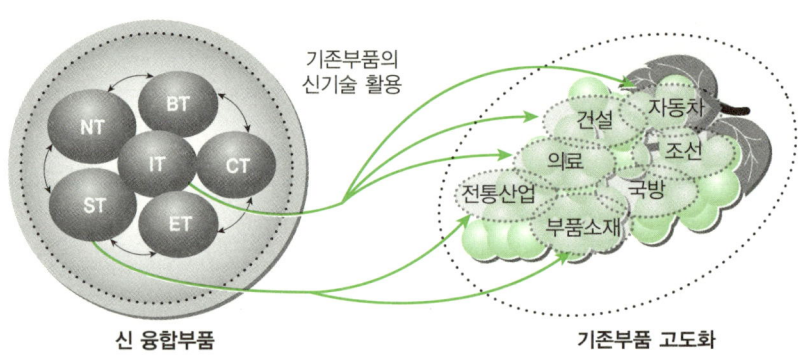

그림 14-2 ● 신산업의 개념도

이에 신산업은 IT, NT, ET 등 이종 기술 간의 융합을 통해 "신제품 및 신서비스를 창출"하거나 기존 기술에 이종 기술을 접목하여 "기존 기술의 고성능화 및 친환경화"를 구현하는 기술로 급속히 발전하는 신기술 분야의 상승적인 결합(Synergistic Combination)을 통해 그동안 넘지 못했던 기술적 한계를 극복(Quantum Jump)함으로써 기존경제 및 사회에 혁명적 변화를 가져올 것이며 "신기술과 기존 기술과의 접목"으로 기존산업의 지능화, 고도화 및 인간친화적인 새로운 고부가가치 산업으로 자리매김할 것이다.

따라서 정부차원에서는 국가발전 비전으로 선진일류국가를 제시하고 이를 달성하기 위한 전략으로 '창조적 실용주의'를 제창한다.

창조적 실용주의란 경제측면에서 창조적 실용주의는 지속적인 혁신(innovation)을 최우선으로 추구하되 이념이나 사고 위주가 아니라 구체적 대안과 실제적 성과를 강조하는 것이다. 개념은 그림 14-3과 같다.

이런 산업경쟁력 강화정책은 크게 성장잠재력 확충을 위한 신성장동력 확충 및 친기업 환경 조성, 적극적 노동 시장으로 구분할 수 있다.

▶ 신성장동력 확충전략은 우리 산업의 지식경제화를 촉진하여 경제전체의 생산성을 제고시킬 뿐만 아니라 투자의 활성화와 일자리 창출을 촉진한다.

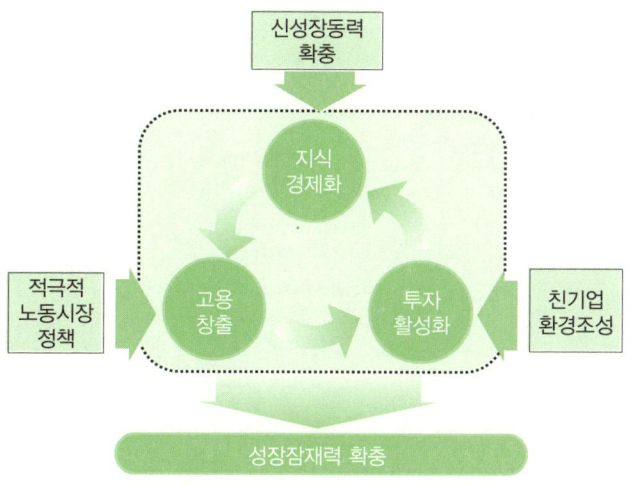

그림 14-3 ● 신산업의 창조적 실용주의

▶ 친기업환경 조성전략은 기업하기 좋은 환경의 조성으로 기업가정신을 고취하여 투자활성화를 유도하고 이를 통해 일자리 창출을 확대한다.

▶ 적극적 노동 시장 전략은 노동 시장에서 수요측면의 고용유인과 공급측면의 근로요인을 제고함으로써 신성장동력 확충전략과 친기업환경 조성전략 등에 의한 일자리 창출 효과를 보완할 수 있다.

신산업은 현재 IT 기술을 기반으로 여러 분야에서 기기/산업/서비스간 융합 현상이 나타나고 있으며, 향후에는 IT, BT, NT 등 이종 기술간 Mega Convergence 현상이 가속화될 전망이다. 기존 제품/서비스의 디지털화 및 네트워크화, 주력/전통산업의 IT화 등을 통해 기기/산업/서비스간 융합이 산업을 주도할 전망이다.

▶ 기기간 융합 사례: 손목착용형 PC(PC + 시계 + PDA)
▶ 산업간 융합 사례: 텔레매틱스(자동차산업 + IT산업)
▶ 서비스 융합 사례: IPTV(통신 서비스 + 방송 서비스)

향후에는 이종 기술간에 융합이 활발해지고, 이에 따른 신제품/신산업 창출 및 기존 산업구조/생산 방식의 혁명적 변화가 예상되는데, 이중 IT-BT-NT 융합 기술이 기술적 실현가능성, 시장 잠재력 및 타 분야 파급효과 등이 가장 클 것으로 기대된다.

여기서의 컨버전스는 기존 가치의 저하 없이 가치창출(value creation), 영역확대(coverage extension), 기능통합(function integration)이 이루어지는 현상을 말한다.

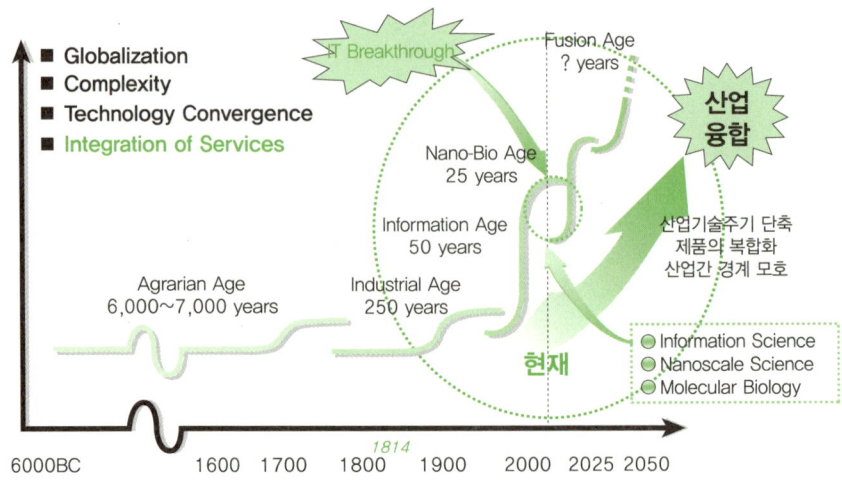

그림 14-4 ● 신산업의 융합 방향(출처: NSF(2002, 2005) Ahlquvist(2005) 자료 재구성(ETRI))

14.2 신산업 육성의 Milestone

9대 신산업별 핵심 기술 개발 및 산업화로 신성장동력 창출

산업	2010	2013	2015	2018
LED 조명	특수조명	경관조명	실내조명	실외조명
방송 통신 융합 미디어	휴대 3D-DMB 시스템	품질보장형 4 A 서비스 네트워킹 플랫폼	다시점 3DTV(HD급) 시스템	UDTV(8 K) 시스템
바이오 신약 및 의료 기기	차세대 임플란트	메디바이오 진단기	친환경 바이오 화학소재	신개념 치료제

(계속)

산업	2010	2013	2015	2018
실버 헬스 융합	바이오-IT 융합형 일상생활 지원 시스템	맞춤형 건강·활동 지원 시스템	인체친화 스마트 실버 도우미	라이프케어 스마트하우스
로봇	상호체감형 교육로봇, 사회안전지원로봇	초정밀로봇, Transport Robot	의료서비스로봇	가사도우미로봇
차세대 무선 통신	4세대 이동통신 표준	4세대 이동통신 상용화	5세대 이동통신 선행 기초 기술 확보	5세대 이동통신 상용화
융합 부품	하이브리드형 무선충전 소형 전원소자 U-폰, RFID/USN, 지능형 로봇	u-지능형 센서 (센서, 신호처리 및 RF모듈, 이차전지) 홈 네크워크 및 USN용 센서노드	인쇄제조 기술 로직/전자회로	True Single Radio All Network Service
나노 융합	핵심 나노소재 확보 CNT 기반 복합소재	나노다공체 나노 계측/ 공정 융합 장비	나노멤브레인 양산 및 응용 기술 CNT 기반 융합부품	저에너지형 수질정 화 시스템 기능성 나노필름/ 코팅 양산

(계속)

산업	2010	2013	2015	2018
도심 메가 융합 인프라	유비쿼터스 네트워크 인프라 구축	에너지 생산 인프라 구축	친환경 폐기물 처리 인프라 구축	빌딩내 물류/수송 인프라 구축

14.3 신산업 추진 전략 및 기대효과

(1) 신산업의 추진 전략

『**신성장동력 발전전략**』에 따라 2009~2018년간 중장기 핵심 성장동력 제품군을 위해 핵심 기술을 명확히 규정하고, 필요한 실행 아이템을 발굴하여 전략적인 R&D 및 인력양성, 제도개혁을 추진한다.

국가 신산업 발굴 및 신기술 확보, 글로벌 신시장 선점을 위해 산업 · 기술간 융 · 복합화에 중점을 둔다.

기술 변화에 적극적, 능동적으로 대처하며, R&D 전략과 일정을 규정하고, R&D의 불확실성과 리스크를 최소화한다.

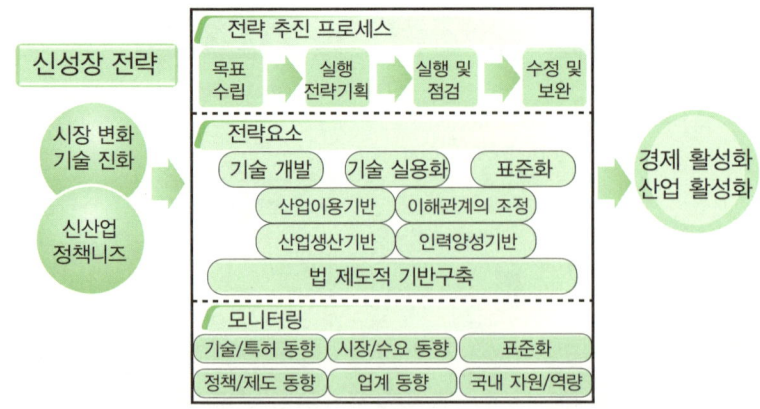

그림 14-5 ● 신산업의 추진 전략

『**신산업 육성 Action Plan**』에 시장변화, 기술진화 방향을 체계적으로 반영하여 미래 대한민국의 성장동력이 될 신산업 정책니즈를 적극 지원한다.

R&D 목표수립→실행전략 기획→실행 및 점검→지속적 수정 및 보완을 통해 기술개발 결과가 사업화·실용화되고 표준에 적극 반영한다.

다양한 정책 과제와 인프라와 연계하여 성공적 R&D 비전 실현의 지침자로서 경제 및 산업 활성화에 긍정적 기능을 발휘할 수 있도록 정부의 적극적인 지원이 있어야 한다.

그림 14-6 ● 신산업 응용 영역

국가 전반의 효과성 높은 새로운 연구개발 협력체제의 변화로 전통적 관점에서는 기초연구결과가 시장 메커니즘에 의하여 효율적으로 산업계에 이전될 수 있다는 전제하에 기초연구, 응용연구, 제품개발 등의 시간적인 순차관계를 가지는 선형모형을 강조한다. 그러나 최근 기술자체의 복잡성, 기술수명주기 단축 및 융복합 특성으로 인해 기초, 응용, 상용화연구가 연계될 수 있도록 상호작용이 필요하고, R&D사업성과를 획기적 제고를 위해 비즈니스 모델 중심의 기술기획 및 이를 기반으로 한 산학연 및 정부, 해외의 역할 모델의 구축이 필요하다.

비즈니스모델이란 어떤 제품이나 서비스를 어떻게 소비자에게 제공하고, 어떻게 마케팅하며, 어떻게 돈을 벌 것인가를 제시하는 방법 또는 사업 아이디어를 뜻한다.

(2) 신산업의 기대효과

우리나라는 국가가 직면한 국가적 문제를 신산업 육성·발전으로 해결할 수 있다. 새로운 사업기획를 창출함으로써 국가경쟁력과 경제발전을 이룩하고, 나아가 미래에 다가올 문제를 해결하여 국민의 삶의 질을 향상시킬 수 있다. 각 사회, 문화 등 국가 문제 해결에 대한 기대효과는 다음과 같다.

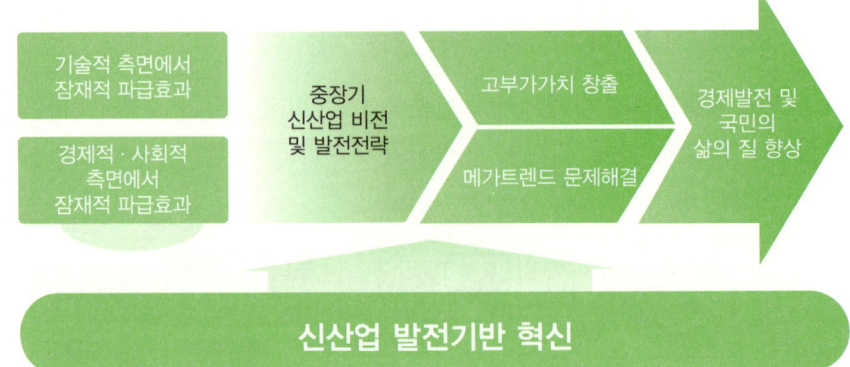

그림 14-7 ● 신산업의 기대 효과

구분	주요내용
LED 조명	• 2015년까지 국내 조명 30% 대체 시 원유 400만 TOE(약 1.6조원)에 상당하는 에너지 절감효과 예상 • 에너지 절감에 따른 화석 연료 사용 감소로 "교토 의정서"와 같은 온실가스 감축 국제 협약 대응
방송통신 융합미디어	• 실감미디어 융합 학습 시스템의 시장 확산으로 중소기업 활성화 및 도시와 지방간 지식격차의 해소 • 미래인터넷 핵심원천 기술을 확보함으로써 미국 중심으로 고착화되어 있는 현재 인터넷 산업 구조의 판을 깨고 한국이 미래인터넷의 새로운 기술 패러다임 선도 가능
바이오신약 및 의료기기	• 국내 최다발 난치성 질환인 알레르기 질환에 대한 예방 능력 증강, 진단/치료제를 국산화함으로써 의료비 절감을 통해 국민들의 건강하고 안전한 삶 영위에 기여 • 노령화 인구 증가에 따른 예방의학을 통한 건강한 노후 제공 및 고급 의료 서비스를 통한 국민 복지 향상에 기여
실버 · 헬스 융합	• 스마트 이동 지원 기술개발로 거동이 불편한 고령인구의 삶의 질 향상과 경제활동 참여 증대 • 주문형 고령친화 라이프케어 휴대 시스템 기반의 독립적인 원격 건강 관리로 교통, 환경 문제 개선
로봇	• 산업화 · 도시화에 따른 환경 · 에너지 문제에 대한 해결책 제시 - 환경오염 감시 및 방지 등을 위한 분야에 로봇 활용 - 도시화, 개인화, 고령화, 에너지 및 환경 이슈에 따라 신개념 이동수단에 대한 해결방안 제시
차세대 무선통신	• 유비쿼터스사회에서 언제 어디서나 하나의 단말기로 실생활에 관련된 모든 서비스를 제공하여 국민 삶의 질을 향상 • 공공장소에서의 소음 억제 및 무선을 이용한 전선 사용 감소로 PVC 공해억제 효과
융합부품	• 융합부품 기술개발로 부품의 모듈화, 원칩화, 하이브리드화 등을 진전시켜 소요되는 소재 및 부품수 감축 • 반영구적 에너지소자 등 친환경 부품 및 소재개발 및 적용으로 효율적 에너지 이용 및 환경성 증진
나노융합	• 저에너지 소비형 수처리 시스템으로 화석 연료 등의 에너지 자원의 소모를 줄이고 환경 오염을 저감하거나 예방 가능

(계속)

구분	주요내용
	• 자동차, 항공기 등 운송수단용 초경량 CNT 복합소재의 개발로 에너지 효율 극대화에 따른 지구 온난화의 주범인 CO_2 발생 저감
도심메가융합인프라	• 스마트 시스템에 의한 에너지, 환경, 수송, 통신, 유지보수 문제 해결 • 신재생에너지 활용으로 화석에너지 사용량 절감 및 생활 폐기물 자체 정화를 통한 환경 보전

이로써, 모두가 함께 발전하고 공유할 수 있고, 누구나 손쉽게 편안하게 이용 가능한 서비스와 제품이 제공되는 편리한 세상, 다양한 기술과 인간이 융합할 수 있는 조화롭고 안전한 세상, 새로운 가치를 창조하는 풍요로운 세상을 실현할 수 있을 것이다.

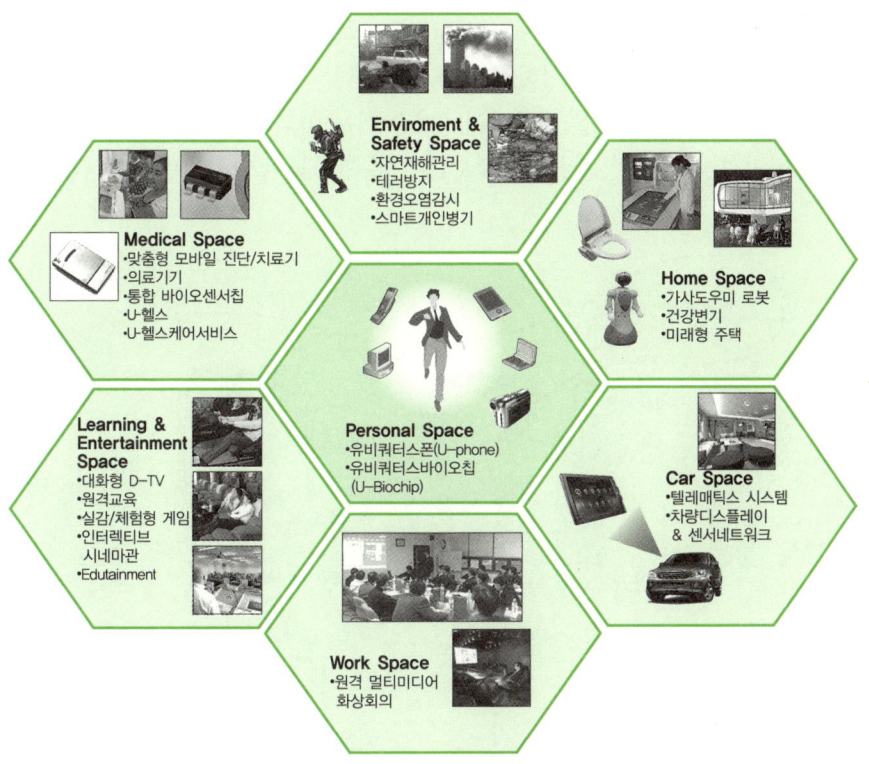

그림 14-8 ● 이상적인 신산업

14.4 각국의 유비쿼터스 프로젝트

(1) 미국

국방부 산하 고등연구 계획국(DARPA)과 국립 표준 기술원(NIST)이 대학연구소나 민간 기업의 유비쿼터스 컴퓨팅 프로젝트를 수행하는 데 있어서 필요한 자금을 지원하고 있다. 또한 DARPA/NIST와 더불어 HP, IBM, Microsoft 등은 적극적으로 프로젝트를 진행하고 있다. 이들 민간 기업들은 미래 경제 사회의 근간이 될 상업용 기술 및 응용 기술을 개발하고 있으며, 특히 자국의 정보산업 경쟁력 유지와 조기에 응용 기술을 개발하여 세계 경제를 주도하는 데 중점을 두고 있다고 해도 과언이 아니다. 현재는 HCI(Human Computer Interaction) 기술과 그 표준화에 주력하고 있으며 전자태그를 이용한 상품관리를 위하여 MIT를 중심으로 북미지역 코드관리기관(UCC: Uniform Code Council), 국방성, 업체 등의 협력을 통해 AutoID 센터를 설립하여 기술을 개발하고, 이 기술의 상용화에 열을 올리고 있다. 이 장에서는 마이크로소프트사의 이지리빙 프로젝트, 휴렛팩커드사의 쿨타운 프로젝트, 인텔의 퍼스널 시스템 프로젝트에 대해 설명하겠다.

▌이지리빙 프로젝트

마이크로소프트(Microsoft)사의 이지리빙 프로젝트는 현실세계에 가상 세계를 모델링하여 분산 컴퓨팅 시스템을 구성하고 있다. 연구개발 목표는 지능형 환경 구축을 위한 프로토타입 아키텍처 및 기술을 개발하여, "가장 쉬운 삶의 공간 창조"라는 목표로 진행되고 있다. 이지리빙의 주요 시나리오는 사람이 실내로 들어가 스크린 앞에 앉으면 자동으

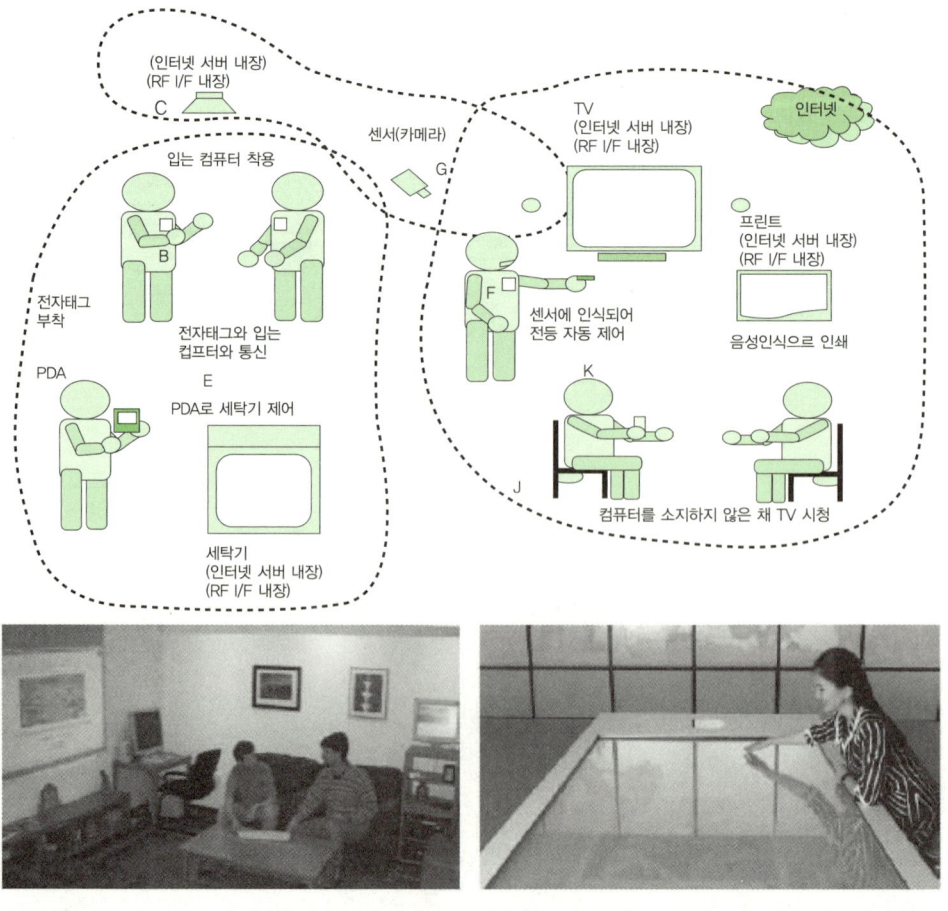

그림 14-9 ● 이지리빙 프로젝트 (출처: 국내외 유비쿼터스 패러다임과 기술 융합, 2008.10, 정보통신진흥연구원)

로 사용자를 인식해 메일 검색하거나 미리 선택한 영화를 볼 수 있으며, 일어설 때 영화의 상영이 중단되며, 사용하던 컴퓨터에서 다른 컴퓨터로 이동하면 자동 로그오프되고 새로운 컴퓨터에 자동 로그인된다. 사용자가 데스크탑을 통해 작업하던 정보를 실내의 스크린에 표시되기를 명령하면 이지리빙 시스템은 사용자가 요구한 내용을 스크린에 표시한다. 사용자는 데스크탑의 키보드나 마우스를 통해 스크린에 인터페이스할 수 있다.

쿨타운 프로젝트(Hewlett-Packard)

유/무선통신 네트워크 기술과 웹기반의 정보통신 기술을 기반으로 하는 미래 도시 모델 구현을 목표로 쿨타운(CoolTown) 프로젝트는 진행된다. 이를 위해 전자태그 및 내장형 웹서버(200KB), 근거리 무선통신이 가능한 PDA 그리고 기존의 웹 인프라를 기반으로 가상공간에서 현실세계의 사람과 사물이 연동되는 시나리오를 제시한다. 이 프로젝트는 싱가포르에서 구현되었다. 쿨타운 프로젝트는 현실세계의 사람/장소/사물이 가상세계에서도 연동되는 환경을 구축하는 것이었다. 이 프로젝트의 응용사례는 쿨타운 미술관, 쿨타운 회의실, 쿨타운 버스 커스터머 서비스, e-비즈니스, 원격교육 및 원격의료, 화재 및 방재에 대응한 서비스 등이 있다.

그림 14-10 ● 쿨타운 프로젝트(출처: 국내외 유비쿼터스 패러다임과 기술 융합, 2008.10, 정보통신진흥연구원)

퍼스널 시스템 프로젝트

인텔(intel)에서 개발한 퍼스널 시스템 프로젝트는 일반 PC를 가지고 다니지 않아도 장소에 관계없이 컴퓨팅 기능을 사용할 수 있는 시스템이다. PC 대체품이 PDA, 핸드폰인 것은 다 알고 있다. 사실 가장 유용한 퍼스널 시스템이다. 하지만 이런 기기들은 아직까지는 연산능력, 다른 종류의 기기와의 연동, 인터페이스 등의 기능이 미약하다. 연산능력과 다른 종류의 기기와의 연동은 프로세서와 근거리 무선통신 기술의 발달에 따라 해결될 것이지만, 인터페이스는 극복하기가 어려울 것으로 예상된다. 따라서 등장하게 되는 시스템이 바로 웨어러블(Wearable) 컴퓨터이다. 웨어러블 컴퓨터의 경우 머리에 쓰는 디스플레이와 팔에 착용하는 키보드를 이용할 수도 있다. 사용자가 컴퓨팅 기능을 어디서나 이용할 수 있는 장점을 가진다. 하지만 이 또한 사용자가 사용법을 배워야 하는 큰 단점에 부딪치게 된다. 따라서 인텔에서는 퍼스널 서버를 개발했다. 이 서버는 언제 어디서나 사용 가능한 연산 기능과 저장 기능을 제공한다. PDA나 핸드폰을

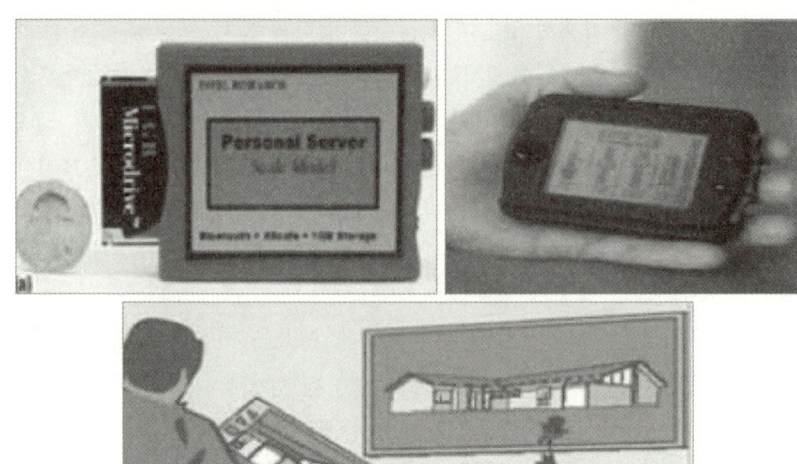

그림 14-11 ● 개인용 서버 프로젝트 (출처: 국내외 유비쿼터스 패러다임과 기술 융합, 2008.10, 정보통신진흥연구원)

디스플레이 장치로 이용하여 퍼스널 서버의 데이터를 출력할 수 있다. 사용자의 가방, 신발, 옷, 벨트 등에 부착할 수 있으며, 무선통신 기능을 이용하여 주위의 소형 컴퓨터 화면이나 키오스크를 디스플레이 장치로 이용할 수도 있다.

(2) 일본

일본은 모바일, 광섬유, 가전, IPv6 정밀가공 기술과 연계시킨 'Post e-Japan' 전략을 추진하고 있다. 일본 총무성을 중심으로 꾸준히 유비쿼터스 컴퓨팅 연구에 대한 지원을 하고 있는데, 동경 대학의 사카무라 켄 교수의 TRON(The Realtime Operating System Nucleus) 프로젝트가 시초이다. 2001년에는 총무성 산하 유비쿼터스 네트워크 조사연구회를 발족하였고, 보안 및 프라이버시를 확보하기 위한 방안으로 정부차원의 가이드라인 및 기술적 연구를 수행 중에 있다.

대표적인 유비쿼터스 프로젝트로는 사카무라 켄 교수의 TRON 프로젝트와 동경 Denki 대학교의 UNL(Ubiquitous Networking Laboratory)연구소의 유비쿼터스 컴퓨팅 보안 프로젝트 등이 있다.

▌트론 프로젝트

동경대의 사카무라 켄 교수의 유비쿼터스/네트워킹 연구실에서 주도적으로 진행하고, 개발하는 프로젝트로 유비쿼터스통신 기기 및 다양한 형태의 지능형 분산 시스템을 개발하고 있다.

이 프로젝트를 응용하는 분야는 실로 다양하다.

모든 물건 속에 센서를 내장하여 제품 수명까지 점검할 수 있는 인텔리전트 약병에서 부터 온도/습도/부패 센서를 부착한 식료품은 새로운 산업으로 발전하고 있어 경제적 가치 사슬을 형성하고 있다.

또한 장비의 규모를 소형화하는 기술에서는 세계 최고이다. 이 트론 프로젝트에서 개발한 트론 칩을 극초소형으로 개발하여 다양한 기기들이 상호간 인터렉티브하게 연동할 수 있도록 또 다른 형태의 서비스를 제공한다.

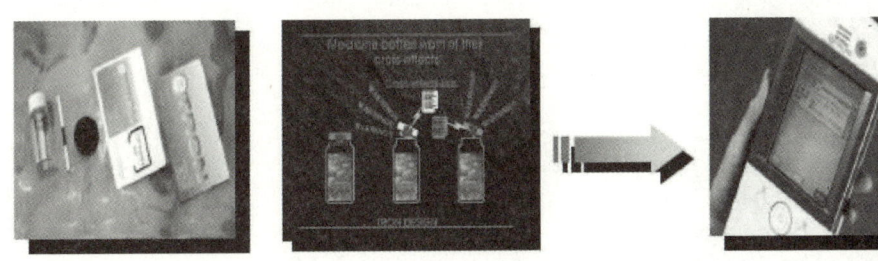

그림 14-12 ● TROM 프로젝트(출처: 국내외 유비쿼터스 패러다임과 기술 융합, 2008.10, 정보통신진흥연구원)

(3) 유럽

2001년 유럽연합(EU)의 정보화 사회 기술 계획(IST) 일환으로 미래기술계획(FET)의 자금지원을 받아 '사라지는 컴퓨팅 이니셔티브' 사업을 중심으로 16개 연구 프로젝트를 진행하여 유비쿼터스 컴퓨팅에 대한 전략을 모색하고 있다. 새로운 컴퓨터 네트워크 및 구조화의 컴퓨터 객체들간의 조합에 따른 새로운 개념의 서비스 창출을 통해 정보 기술을 일상 사물과 통합하여 인간생활을 향상한다는 목표를 가지고 있으며 프로젝트로는 Smart ITS 프로젝트 등이 있다.

▌ Smart Its

스위스 연방기술연구소와 독일의 TecO(Telecooperation Office)와 핀란드의 국립기술 연구소 등이 공동으로 진행중인 프로젝트로 사물에 동전 크기만한 소형의 내장형 디바이스인 'Smart Its'를 삽입하여 감지, 인식 컴퓨팅 및 무선통신 등의 기능을 하게 한다. 지능화된 정보 디바이스들은 상호간의 커뮤니케이션을 통해 협력적 상황인식의 새로운 환경을 구현하는 것이 기본적인 목표이다.

This Smart-It is based on Atmel's ATmega103 L micro-controller with 128 kB of in-system programmable flash memory and only 4 kB of SRAM. Ericsson's Bluetooth modules allow communication between different devices.

This device is integrates a PIC 16F876 20 MHz for processing, RFM 868 MHz for communication(128 kbit/s), on board sensors and an I2 C interface for sensor/actor boards. Power is supplied by 3 V lithium cell.

RS232 Add-On(AR 0.0-0)

- Interfaces to Smart-Its
- RS232 level
- IrDA physical layer
- Power supply through main board(e.g. Smart-It)

I I/O add: Temperature, Display, Sound(TDS 0.0-0)
- Interface: I2 C
- 8 char × 2 line display
- High-Resolution temperature sensor
- Piezo sound
- Power supply through main board(e.g. Smart-It)

Test I/O(IO-TS 0.0-0)

- I/O Test board for input and output
- Power supply through main board(e.g. Smart-It)

그림 14-13 ● Smart ITs 프로젝트

참고문헌

[1] 우운택, 유비쿼터스 혁명 ZD Net 컬럼, 2003년 3월
[2] 전자신문, 유비쿼터스 기술개발 전략, 2003년 2월
[3] 이성국, 유비쿼터스 IT 전략의 비교론적 고찰

정보통신윤리

CHAPTER

15

INTRODUCTION TO **UBIQUITOUS**

INTRODUCTION TO **UBIQUITOUS**

정보통신윤리

CHAPTER

15

15.1 정보사회 문제점

15.2 정보사회윤리

15.3 정보사회 문제점 해결 방안

15.4 정보통신윤리강령

15.5 정보통신 예절

15.1 정보사회 문제점

(1) 정보화 역기능의 발생 요인

정보화 사회의 등장으로 정보 자원인 정보, 지식 등의 효용 가치가 증대되고, 정보화 수준이 국가 경쟁력을 좌우하게 되었지만, 정보화 사회의 빠른 발전 이면에는 정보화의 역기능이 발생하여 사회적인 문제로도 야기될 수 있다. 이 장에서는 그 역기능에 알아보자. 역기능의 요인으로는 공간의 축소, 시간의 축소, 가치 역할의 축소로 나누어 볼 수 있다.

공간의 축소

공간의 축소라고 말하면 이상할지 모르지만, 지구는 지구촌이라고 부를 정도로 아주 작은 의미가 되었다. 이는 정보통신 기술의 혁명에서 기인한다고 볼 수 있다. 정보 통신의 발달은 한국에 있으면서 브라질에 있는 누군가와 실시간으로 커뮤니케이션을 할 수 있는 실시간 정보 네트워크를 형성하고 있다. 또한 위성방송의 도움으로 오지의 소식을 매일 접할 수도 있고, 아주 방대한 양의 데이터도 간단하게 인터넷을 통해 다른 나라의 사람에게 전달할 수도 있다. 한 마디로 우리는 정보의 홍수 속에서 어떤 것이 의미 있고, 유용한 정보인지를 판단하는 기준을 잘 모르게 된다.

시간의 축소

시간의 축소라 함은 첨단과학기술의 발달로 빠르게 변화하는 세상에 익숙해 있다고 말할 수 있다. 누군가는 휴대폰의 발달로 우리가 잃은 것이 있다면, 기다림의 미덕이라고 한다. 예전에는 친구와 약속을 하고 약속 장소에서 몇 분, 아니 몇 시간도 느긋하게 기다려본 적이 있을 것이다. 그래서 주로 만남의 장소를 서점으로 정하곤 했는데, 요즘은 약속 장소에 친구기 나오지 않으면 바로 전화를 한다. 그리고 바로 본인의 의사를 분명히 전한다. 이는 참을성이 사라진다는 뜻이기도 하다. 이러한 현상은 젊은 세대로 갈수록 더욱 심각하게 나타나게 되는데, 신세대들은 빠르고 단기적인 해결에 만족한다. 모든 것을

245

현재의 의미로만 생각하기 때문이다. 신개성주의, 찰나주의, 감각적 성문화, 통신중독증은 모두가 첨단 문명 이기의 산물들로서 기성세대의 윤리를 파괴하고 있다.

가치 역할의 축소

현대 사회에서의 핵가족화의 문제는 이제는 고전적인 문제이지만, 핵가족화로 가치 역할이 축소되었다고 볼 수 있다. 몇 안되는 구성원도 부부는 각각 일터에서 시간을 대부분 보내게 되고, 아이는 컴퓨터와 보내는 시간을 더 좋아한다. 광고에서도 아이가 부모와의 대화 시간보다 컴퓨터 게임을 더 좋아하는 모습을 볼 수 있다. 이로써 가족애 결핍, 가족 문화의 단절로 이어지게 된다. 우리가 살아가는 환경이 컴퓨터 · 전자 오락 · 비디오 · 만화 등과 같은 새로운 문명 현상과 결합하면서, 과거와는 전혀 다른 의식 · 정서 · 행동방식을 만들어 내고 있는 것이다.

(2) 정보통신 기술의 유혹

리차드 루빈(Richard Rubin)은 정보통신 기술이 지니고 있는 일곱 가지의 유혹들이 우리의 도덕적 나침반을 크게 훼손시키고 있다고 주장한 바 있다. 그 내용을 보면 다음과 같다.

유혹 1: 속도

정보를 수집하고 전달하는 속도는 컴퓨터 기술에 의해 엄청나게 증가되었다. 간단히 말해 비윤리적 행동들이 눈 깜짝할 사이에 일어날 수 있게 된 것이다. 비록 허가를 받지 않은 정보를 구하는 방법을 결정하는 데 있어서도 어느 정도 준비하는 시간이 소요된다고 할지라도, 그러한 정보를 몰래 빼내는 행위 자체는 아주 짧은 시간에 이루어질 수 있다. 따라서 컴퓨터 통신 기술의 발달로 인하여 정보를 훔치거나 전달하는 일이 아주 빠르게 일어날 수 있으며, 적어도 행위 그 자체의 순간에는 탐지가 거의 불가능하게 되어버렸다. 더구나 속도 그 자체는 우리의 도덕적 감각을 무디게 만든다.

유혹 2: 프라이버시와 익명성

가정이나 사무실에서 사용되고 있는 컴퓨터 기술들은 비윤리적인 행동들이 전혀 다른 사람에게 들키지 않는 가운데 일어날 수 있게 만들고 있다. 자신의 가정이나 사무실과 같은 일종의 보호된 환경 속에서 어떤 사람들에 의해서도 눈에 띠지 않는 가운데 해낼 수 있기에 발각될 확률이 그만큼 적어지게 되는 것이다. 이러한 프라이버시와 익명성이 비윤리적 행동을 더욱 부채질하고 있고, 거기에는 아무도 보지 않는 가운데 어떤 일을 해낼 수 있다는 일종의 흥분감마저 작용하고 있다.

유혹 3: 매체의 본질

오늘날 전자 매체의 본질은 원래의 정보를 제거하거나 훼손시키지 않는 가운데 그러한 정보를 훔칠 수 있는 것을 가능하게 해 주고 있다. 비록 우리가 다른 사람의 파일을 몰래 훔쳐보거나 전용한다고 할지라도, 그 파일은 전혀 손상되지 않은 채 원래의 소유자에게 그대로 남아 있다. 이러한 매체의 본질은 우리로 하여금 위반자는 실제로 훔친 것이 아무 것도 없으며, 피해자의 경우도 도난을 당한 것이 아무 것도 없다는 생각을 갖도록 만들고 있다. 타인의 중요한 지적 재산들을 훼손시키지 않는 가운데 얼마든지 그것을 전용할 수 있다는 생각과 그러한 것이 가능하게끔 해 준 매체 자체의 특성이 우리들을 비도덕적 행위로 유혹하고 있다.

유혹 4: 심미적 매료

일반적으로 사람들은 자신의 기술이나 기능을 이용하여 어려운 문제들을 해결했을 때 모종의 성취감을 느끼게 된다. 더구나 다른 지적인 사람들에 의해 만들어진 보안 장치들을 무력하게 만드는 가운데 다른 컴퓨터 체계에 자신이 처음으로 침투해 들어갔을 때 자신이 드디어 큰일을 해냈다는 그릇된 성취감을 갖기가 쉽다. 이런 잘못된 도전 욕구와 그에 따른 잘못된 성취감 등의 심미적 매료가 우리로 하여금 비도덕적 행동을 하도록 유혹하고 있다.

유혹 5: 최소 투자에 의한 최대 효과

아주 상대적으로 적은 노력에 의하여 많은 사람들에게 접근하여 최대의 효과를 낼 수 있다는 생각이 비도덕적 행동을 유발시키는 하나의 유혹이 될 수 있다. 컴퓨터를 이용한 신종 사기행위들이 급증하고 있는 것은 바로 이 때문이다. 감언이설에 의한 사기행위를 시도하는 경우 예전처럼 수백 통의 전화를 걸거나 우편물을 발송할 필요가 없어졌다. 이제는 간단히 인터넷에 사기 정보를 올려 두는 것만으로도 가능해졌기 때문이다. 아주 적은 노력으로 수많은 사람들에게 접근하여 단기간에 최대의 효과나 이익을 얻을 수 있다는 생각이 바로 비도덕적 행위를 유발시키고 있는 것이다.

유혹 6: 국제적 범위

여섯 번째 유혹은 새로운 정보통신 기술의 발달로 전 세계적으로 손쉽게 도달할 수 있어 정보를 훔치기 위해 또는 이윤을 얻기 위해 전 세계적으로 활동하는 것이 쉽다는 것이다. 이렇듯 단기간에 전 세계적으로 영향을 미칠 수 있다는 것도 비도덕적 행동을 유발하는 유혹 요인이 되고 있다.

유혹 7: 파괴력

정보통신 기술이 오용될 경우 그것이 수반하는 파괴력은 엄청나다. 컴퓨터 바이러스만 해도 좁게는 로컬 네트워크이지만, 넓게는 전 세계 네트워크를 마비시킬 수 있다. 이런 파괴적 행위로 모종의 쾌감을 얻을 수 있기에 비도덕적 행동을 유발하는 유혹이 되고 있다.

15.2 정보사회윤리

(1) 정보사회의 윤리

생활 공간이 실세계에서 네트워크상의 가상 공간으로 이동하면서 가상 공간이 곧 물리적 공간인 동시에 사회적 공간도 된다. 특히 네트워크상의 가상 공간은 개방형으로 구성된 그물망 형태를 띠고 있어 어떠한 중심도 찾아 볼 수 없다 보니, 대부분의 사람들은 의식하지 못한 채 가상 공간에서 불특정 다수 사용자들과 커뮤니티가 생성된다. 이렇게 가상 공간상에서 의식하지 못한 채 불건전한 정보가 유통이 된다면 컴퓨터 범죄가 발생할 수 있고, 더 나아가 심각한 사회 문제로도 발전될 수 있다. 따라서 이런 커뮤니티에는 뒤따라야 할 관습, 도덕, 법률인 윤리가 반드시 필요하다. 우선 정보사회와 산업사회에서의 윤리를 비교해 보자.

표 15-1 ● 정보사회와 산업사회의 윤리 비교

구분	산업사회	정보사회
범주	미시적	거시적
	개인적	전체적
개인윤리	일반인으로서의 윤리	보편적 일반인으로서의 윤리 전문 직업인으로서의 윤리
	협동성	창조성
	개별성	상호의존성
	타율적	자율적
	외면적	내면적
조직(가정)윤리	효율성	창의성
	집단주의	개성주의
	계층적	전체와 개인의 조화
	기계적 형태	유기체적 형태
	조직 위주의 사고	조직 구성원의 취급방식 변화
	분리된 목적	연계된 목적
기업윤리	경제적 가치창출	사회적 가치창출
국가윤리	평등	형평성
	획일성	다양성
	강요된 동의	참여적 합의

출처: 유재택, 「교육기관 정보화 역기능 방지에 관한 연구」, 서울: 한국교육학술정보원, 2000.

주제	규범적 술어	제재
윤리	양심 또는 이성에 의해 정의되는 '옳음'과 '그름'	양심-칭찬과 비난; 평판
종교	보통 종교적 권위에 의해 정의되는 '옳음(신의 뜻)'과 '그름(죄)'	양심-초자연적 행위자나 힘에 의한 영원한 보상과 처벌
법	사법부에 의해 정의되는 '합법'과 '불법'	입법부에 의해 결정되는 처벌
예절	문화에 의해 정의되는 '적합한'과 '부적합한'	사회적 시인과 부인

(2) 정보사회윤리 원칙

정보통신기술이 만들어낸 사이버 공간은 현실 세계와는 매우 다른 복잡한 특성을 가진 새로운 공간이기에 정보사회 특성에 맞는 도덕적 척도나 나침반으로서의 역할을 수행할 수 있는 기본 원칙이 필요하다.

사이버 공간이 참된 삶의 터전과 생활 세계가 되려면, 그리고 그 안에서 자신의 삶을 보다 풍요롭게 가꾸어 나가려고 한다면, 서로간의 신뢰와 존중에 바탕을 두고, 도덕적 원칙이 사이버 공간의 실질적 규제자가 되어야 한다.

다음은 인터넷 윤리의 발달 과정이다.

여기서 스피넬로(Spinello)는 사이버 윤리학의 네 가지 규범적인 원칙으로 자율성, 해악 금지, 선행, 정의를 제시하고 있다.

현재 정보통신윤리의 원칙은 다음과 같이 정의한다.

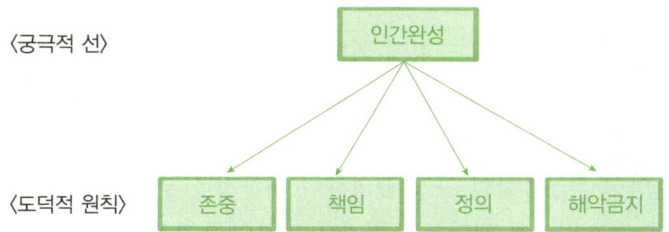

▌존중

사이버 공간은 익명적 의사소통 및 타자의 상실에 의해 상대방에 대한 존중심이 쉽게 약해질 수 있으므로, 비록 눈에 보이지는 않더라도 상대방의 실체나 견해를 적극적으로 존중하려는 자세가 더욱 필요한 공간이다. 정보통신윤리의 원칙으로서의 존중은 먼저 자신에 대한 존중을 의미하는 것이며, 자신에 대한 존중은 우리 자신의 생명과 몸을 본래직 가치를 지닌 것으로 대우할 것을 요구하는 것이다. 따라서 사이버 공간에 탐닉하여 자신의 몸을 돌보지 않는 것은 바로 육체와 정신의 합체로서의 자기 자신에 대한 존중에 위배되는 것이라고 할 수 있다.

▌책임

책임의 사전적 의미는 '반응할 수 있는 능력'을 의미하는 것으로서, 다른 사람을 회피하지 않고 향하는 것, 그들에게 관심을 기울이는 것, 그들의 필요에 적극적으로 응하는 것을 뜻한다. 그러므로 책임은 서로를 보살피고 배려해야 할 우리의 적극적인 책무를 강조하는 것이다. 사이버 공간에서는 통일적 정체감의 상실, 역할의 상실에 따른 책임 회피가 쉽게 일어날 수 있으므로 현실 세계보다도 더 수준 높은 책임 의식을 요구하고 있다.

▌정의

선(善)의 절대적 개념으로서의 '공정'과 '옳음'을 뜻하는 정의(justice)는 세 가지 측면에서 도덕적 의미를 지니고 있다. 첫째, 한 개인의 내면과 관련하여 정의는 옳음 그 자체를 추구하려는 사람의 태도를 뜻한다. 둘째, 함께 살아가는 다른 사람과의 관계와 관련하여 정의는 이타적인 삶의 태도를 뜻한다. 셋째, 공동체의 법(제도)과 관련하여 정의는 법을 준수하고, 그러면서도 때로는 법을 초월하는 삶의 태도를 뜻한다.

▌해악 금지

해악 금지(non-maleficence)란 남에게 피해를 주지 않으며, 타인의 복지에 대해 배려하는 것을 뜻한다. '남에게 해로움을 주지 말라'는 소극적 의미에서의 해악 금지는 흔히 '최소한의 도덕'으로 통하고 있다. 반면 적극적 개념으로서의 해악 금지란 우리가 다른 사람의 복지를 증진시키는 방식으로 행동해야 하는 것을 뜻한다.

정보사회에서 우리는 적어도 이 네 가지의 원칙에 입각하여 도덕적 판단을 내리고, 그 판단에 따라 행동함으로써 인간 완성을 지향해야 한다.

존중 (respect)	사람이나 사물이 지닌 고귀한 가치에 대해서 경의를 표하는 것
	지적재산권 침해, 잘못된 통신언어 사용, 통신 중독, 타인 비방 등
책임 (responsibility)	자기에게 주어진 일을 다하는 것
	개인정보의 오·남용
정의 (justice)	세 가지 의미 내포(공정함 자체를 추구하려는 것, 함께 살아가는 다른 사람들을 위하는 이타적인 삶, 정해진 삶과 규칙과 법을 준수하지만, 때에 따라서는 옳지 못한 규칙이나 법에 저항하는 것)
	사이버폭력, 유언비어 유포, 사이버따돌림 등
해악금지 (non-maleficence)	남에게 피해를 주지 않는 것
	바이러스 유포, 인터넷사기, 엽기·폭탄·자살 사이트 등의 반사회적 사이트 제조 등

15.3 정보사회 문제점 해결 방안

(1) 정보통신윤리를 기반한 정보보호

정보통신윤리를 기반한 정보화 역기능의 대응 방안에 대해 알아보자. 먼저 개인정보 보호 방안이다.

개인정보란?

생존하는 개인의 성명, 주민번호 등으로 개인을 식별할 수 있는 정보로, 이름, 생년월일, 주소, 직업, 병력, 재산상태 등이 있으며, 이런 개인 특성 정보를 조합하여 개인을 식별할 수 있다면 이에 속하는 정보는 개인정보라고 할 수 있다. 또한 개인의 기본권이자 자산도 포함된다.

표 15-2 ● 개인정보 분류

신분 정보	성명, 주소, 주민등록번호, 본적, 가족 사항 등
심신 정보	신장, 체중, 건강 상태, 병력, 장애 여부 등
내면 정보	사상, 신조, 종교, 정치적 성향 등
경제 정보	소득, 재산 현황, 거래 내역, 신용 등급, 채권/채무 등
새로운 유형	생체 정보(DNA), 위치 정보(GPS, 휴대 전화)

개인정보가 중요한 이유는?

개인의 인권과 관련이 있기 때문에 중요하다.

개인의 재산과 관련이 있기 때문에 중요하다.

그림 15-1 ● 개인정보의 중요성

개인정보가 오남용된다면 어떻게 될까?

프라이버시 침해로 정신적 피해로 이어지고, 유괴, 살인 등 범죄에 활용될 수도 있다. 또한 요즘처럼 경기가 안 좋은 상황에서 남모르게 전가된 요금으로 경제적 손실에서 개인 파산으로 이어질 수 있다. 이렇게 되어 신용불량 등 개인에 대한 잘못된 평가를 받을 수도 있다.

개인정보 침해에 대한 신고는 http://www.cyberprivacy.or.kr/privacy.html 에 접속하여 신고하면 된다(그림 15-2).

개인정보보호에대한 방법

먼저 다른 사람의 주민등록번호를 이용하지 말아야 한다. 친구나 가족의 주민등록번호를 이용하거나 인터넷에서 다운 받은 주민등록번호 생성기를 사용해서 만들어낸 주민등록번호를 쓰지 말자.

두 번째, 다른 사람의 주민등록번호를 사용해서 사이트에 가입한 적이 있다면 지금 바로 그 사이트에서 탈퇴하자.

그림 15-2 ● 개인정보 온라인 민원실

세 번째, 분명한 이유를 알려주지 않고 주민등록번호를 입력하라고 하는 사이트에는 가입하지 말자. 이것은 이용자 스스로 자신을 지키는 항목이다. 또한 친구나 다른 사람에게 자신이 사용하는 비밀번호는 절대로 알려주지 말자. 사용자는 자신의 암호를 철저히 관리해야 한다.

비밀번호는 자신과 쉽게 짐작할 수 없는 것으로 정해야 한다. 이름, 생년월일, 주민등록번호, 학번, 자동차 번호, 군번, 전화 번호 등은 쉽게 해킹당할 우려가 있기 때문이다. 다 아는 이야기겠지만, 주기적으로 비밀번호를 바꾸어 관리한다.

(2) 정보통신윤리를 기반한 교육

정보사회윤리교육의 목표와 내용

정보화 역기능에 능동적으로 대처하는 방법 중 두 번째로 정보통신윤리를 기반한 교육을 빼 놓을 수 없다. 정보통신윤리 교육을 10가지 항목으로 구분하여 교육 목표와 교육 내용을 정리해 보았다.

교육 항목은 통신예절, 불건전 정보유통, 통신/게임 중독, 사이버 성폭력, 언어 변형 등으로 구분한다.

표 15-3 ● 정보통신윤리 교육 목표 및 내용

구분	교육 목표	교육 내용
1. 통신예절	사이버 공간에서 건전한 통신문화 조성을 위한 기본 예절법을 습득시킨다.	- 실명제 사용 문화 정착 - 전자메일 사용법 - 채팅(대화) 사용법 - 게시판/자료실 사용법 - 동호회 활동 시 예절 - 익명의 허위 사실 유포 방지
2. 불건전 정보 유통	음란물 피해로부터 학생을 보호하고 학생들에게 성에 대한 건전한 가치관을 확립시킨다.	- 건전한 성교육 - 통신상의 음란물 유해성 - 음란물 대처요령
3. 통신/게임 중독	학생들에게 올바른 통신사용 습관을 습득하도록 한다.	- 통신 중독 개념 - 통신 중독 시 자각 증상 - 통신 중독 시 대처 요령
4. 사이버 성폭력/매매춘	학생들을 각종 사이버 성폭력/매매춘으로부터 보호하고 스스로 대처할 수 있는 능력을 기른다.	- 사이버 성폭력/매매춘 실태 - 사이버 성폭력/매매춘 위험성 - 사이버 성폭력/매매춘 대처 요령
5. 언어 변형	우리 고유의 한글 문화를 아름답게 유지·발전시키기 위해 통신 상에서의 올바른 언어 사용 습관을 함양시킨다.	- 언어 변형 실태 - 한글의 우수성 고취 - 통신시 올바른 언어사용 능력 - 표준 표기법
6. 개인정보의 오/남용	개인의 프라이버시 보호를 위해 타인의 개인정보를 존중하는 문화를 정착시킨다	- 개인정보 보호의 필요성 - 개인정보의 오/남용 피해 사례 - 개인정보 보호 요령
7. 통신사기/도박	학생들을 통신사기/도박으로부터 보호하여 건전한 인터넷 문화를 정착시킨다.	- 통신사기/도박의 범죄성 - 통신사기/도박 사례 - 통신사기/도박 대처 요령 - 올바른 전자상거래 이용법
8. 해킹	인터넷 전산 자원의 공공성을 유지·발전시키기 위해 해킹 행위를 하지 않는 문화를 정착시킨다.	- 해킹의 개념 - 해킹의 범죄성 - 해킹 피해의 심각성 - 해킹 방지 요령
9. 바이러스 유포	바이러스 유포에 따른 피해의 심각성을 주지시켜 올바른 컴퓨터 활용 문화를 정착시킨다.	- 바이러스 피해의 심각성 - 바이러스로 인한 사회적/경제적 손실 - 바이러스 발견 및 대처 요령
10. 저작권 침해	저작자의 재산권을 보호하고 창의력을 발전시키기 위해 저작권 존중정신을 함양시킨다.	- 저작권의 개념 및 범위 - 저작권 침해의 범죄성 - S/W 지적 소유권 보호 의식의 생활화

출처: 유재택, 『교육기관 정보화 역기능 방지에 관한 연구』, 서울: 한국교육학술정보원, 2000.

15.4 정보통신윤리강령

(1) 방송통신심의위원회(전 정보통신윤리위원회)

정보통신망의 급증에 따라 불건전 정보의 유통이 새로운 사회적 문제로 대두되면서 이를 방지해야 한다는 취지로 1992년 10월, 전기통신사업법 제53조 및 동 시행령 제19조에 의거, 정보통신윤리위원회가 구성된 뒤 위원회 역할 강화 필요성에 의해 1995년 1월

전기통신사업법을 개정하고, 그 해 4월 법정 기구로 새롭게 출범하였다.

불건전한 정보통신의 억제와 건전한 정보문화 확산을 목표로 삼고 있으며 정보통신윤리와 관련된 기본강령의 제정, 일반 공개를 목적으로 유통되는 정보 가운데 대통령령이 정한 정보의 심의와 시정 요구, 통신회선을 통한 유통정보의 건전화 대책 수립과 관련된 업무를 수행한다.

특히 불건전 정보 유통 방지를 위해 민간 대표 13인으로 구성된 정보통신윤리위원회, 전문위원회, 불건전 정보 신고센터를 운영하며, 인터넷 해외불건전 사이트 데이터베이스도 구축하였다.

또한 정보통신윤리 확산사업의 일환으로 정보통신윤리 캠페인 전개, 정보통신윤리 교육 및 각종 행사 지원, 홍보물 발간 및 홈페이지 운영 등의 업무를 수행하고, 정보통신윤리 관련 조사·연구사업을 위한 정책 과제 기획, 정보통신윤리 환경 및 실태조사, 조사·분석 보고서 발간 등을 통해 국민 윤리의식 제고에 힘쓰고 있으며, 정부 조직 개편으로 지금은 방송통신심의위원회(http://www.kocsc.or.kr)로 통폐합되었다.

더 자세한 내용은 홈페이지를 직접 방문하여 참조하기 바란다.

그림 15-3 ● 방송통신심의위원회

정보통신윤리강령, 네티즌 기본 정신과 네티즌 행동 강령에 대해 알아보자.

(2) 정보통신윤리강령

우리는 정보통신 기술의 발달로 시간과 공간을 넘어서 세계가 하나 된 시대에 살고 있다.

정보통신 기술은 우리의 생활을 편리하게 하고 창조적 지식정보의 창출을 도와 새로운 가능성과 밝은 미래를 열어주고 있다.

우리는 그동안 다 함께 뜻을 모으고 힘을 기울여 정보통신 강국으로 우뚝 서게 되었다. 하지만 그 위상에 걸맞지 않게 우리 사회에는 불건전 정보 유통, 사이버 명예훼손, 개인정보 침해, 인터넷 중독 등 정보 역기능 현상이 나타나고 있다. 최고의 정보통신 인프라와 함께 건전한 정보 이용 문화가 확립될 때에 비로소 세계를 선도하는 진정한 정보통신 강국이 될 것이다.

우리 모두는 지식정보사회의 주인으로서 인류의 행복과 높은 이상이 실현되는 사회를 만들어 나가야 할 사명이 있다.

우리는 정보를 제공하고 이용할 때에 서로의 인권을 존중하고 법과 질서를 준수함으로써 타인에 대한 배려가 넘치는 따뜻한 디지털 공동체를 만들어 나가야 한다. 또한 개인의 사생활과 지적 재산권은 보호하고 유용한 정보는 함께 가꾸고 나누는 건전한 정보 이용 문화를 확산해 나가야 한다.

우리는 궁극적으로 모두의 행복과 자유, 평등을 추구하며 인류가 정보통신 기술의 혜택을 고루 누릴 수 있도록 정보통신윤리를 지켜 나가야 한다는 데 뜻을 모으고 이 뜻이 실현되도록 성실하게 노력할 것을 다짐한다.

- 우리는 타인의 자유와 권리를 존중한다.
- 우리는 바른 언어를 사용하고 예절을 지킨다.
- 우리는 건전하고 유익한 정보를 제공하고 올바르게 이용한다.
- 우리는 청소년의 성장과 발전에 도움이 되도록 노력한다.
- 우리 모두는 따뜻한 디지털 세상을 만들기 위하여 서로 협력한다.

<2000년 6월 15일 '네티즌 윤리강령' 선포식에서-정보통신윤리위원회>

(3) 네티즌 기본정신

- 사이버 공간의 주체는 인간이다.
- 사이버 공간은 공동체의 공간이다.
- 사이버 공간은 누구에게나 평등하며 열린 공간이다.
- 사이버 공간은 네티즌 스스로 건전하게 가꾸어 나간다.

(4) 네티즌 행동강령

1. 우리는 타인의 인권과 사생활을 존중하고 보호한다.
2. 우리는 건전한 정보를 제공하고 올바르게 사용한다.
3. 우리는 불건전한 정보를 배격하며 유포하지 않는다.
4. 우리는 타인의 정보를 보호하며, 자신의 정보도 철저히 관리한다.
5. 우리는 비·속어나 욕설 사용을 자제하고, 바른 언어를 사용한다.
6. 우리는 실명으로 활동하며, 자신의 ID로 행한 행동에 책임을 진다.
7. 우리는 바이러스 유포나 해킹 등 불법적인 행동을 하지 않는다.
8. 우리는 타인의 지적재산권을 보호하고 존중한다.
9. 우리는 사이버 공간에 대한 자율적 감시와 비판활동에 적극 참여한다.
10. 우리는 네티즌 윤리강령 실천을 통해 건전한 네티즌 문화를 조성한다.

이러한 정보화 역기능 방지를 위해서 환경조성이 필요한데, 먼저 사회 전반에 걸친 정보화 윤리의식을 강화시키고 정보소유자, 운영자, 정부가 역할을 분담하여 환경 조성한다. 여기에, 정보보호기술과 산업육성에도 힘을 다해야겠다. 이에 정보보호제품 개발과 기초, 기반기술을 정부출연기관에서 주도로 연구 개발하고, 기반기술을 활용한 제품도 개발하여 국가 경쟁력을 높이며, 산·학·연의 역할 분담 등으로 협력 체제를 구축하여 역기능을 원천적으로 방지한다.

15.5 정보통신 예절

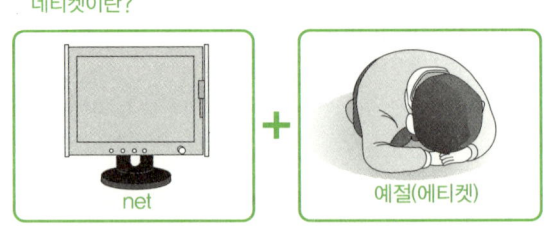

네티켓이란?

net + 예절(에티켓)

네트워크와 에티켓을 합한 말로 인터넷 사용시 지켜야 할 예절을 말합니다.

그림 15-4 ● 네티켓

(1) 통신 상 대인관계 예절

- 전자 게시판 등에 처음으로 접속하면 소개 메일을 공개로 띄운다.
- 처음으로 통신하는 사람에게 자신의 신분을 밝힌다.
- 타인에 대한 비방을 삼간다.
- 거친 용어, 외설스런 표현, 그리고 상소리를 삼가도록 한다.
- 다른 사용자의 계층과 연령을 고려한다.

(2) 야후 코리아가 밝힌 이메일 에티켓 10계명

1. 본문 내용은 가능한 한 짧고 간결하며 이해하기 쉽게 쓴다.
2. 내용을 짐작할 수 있는 제목을 달아준다.
3. 본문 서두에 본인의 이름이나 신분을 밝힌다.
4. 받는 사람이 읽기 편하게 편집한다.

   한 줄은 70자를 넘지 않도록 하고 단락에 따라 한 줄씩 빈 공간을 삽입해 읽기 쉽도록 작성한다.
5. 『참조(cc)』 활용에 주의한다.

   내용과 아무런 관계도 없는 사람의 ID를 참조에 기입해서는 곤란하다.
6. 수신과 참조를 구분해야 한다.

   메일 수신자는 자신이 수신으로 지정된 경우 정독하고 참조로 된 경우 속독하게 마련이다.
7. 보기에 편해야 한다.

   글자폰트 · 색깔 · 크기 등에 차이를 두거나 표를 만들어 보내면 눈에 잘 들어온다.
8. 용량을 최대한 줄여야 한다.

   꼭 필요한 경우가 아니면 파일첨부를 피하고 본문 내용에 붙여주는 게 좋다.
9. 회신(reply) 기능을 활용한다.

   의사소통을 위해 이전 문서가 필요할 때는 회신 기능으로 메일을 보낸다. 그렇지 않은 경우 새로운 메일을 작성해서 보내는 게 낫다.
10. 주소의 알파벳 하나만 틀려도 이메일이 반송된다는 점을 고려해 발송 전에 주소를 꼼꼼히 다시 한 번 확인해야 한다.

지금까지 이야기한 내용을 정보사회, 정보윤리, 인터넷 에티켓으로 구분해서 목표와 내용을 정리하면 다음과 같다.

표 15-4 ● 정보사회와 정보윤리의 목표와 내용

영역	목표	내용
정보사회	정보사회의 특성을 올바르게 이해하고, 정보 기술에 대한 올바른 관점을 확립한다.	– 정보사회의 개념과 특징 – 정보사회의 긍정적 모습과 부정적 모습 – 기술 결정론, 기술 낙관론, 기술 비관론, 기술 현실주의
정보윤리	정보사회에서 정보윤리의 중요성을 이해하고, 정보윤리의 기본 원칙에 입각하여 행동하는 성향을 기른다.	– 사이버 공간의 윤리적 의미 – 정보윤리의 기본 원칙: 존중, 책임, 정의, 해악 금지
네티켓	정보사회에서 네티켓의 중요성을 이해하고, 네티켓을 실천하려는 의지를 기른다.	– 네티켓의 핵심 규칙 – 영역별 네티켓 내용
대처 요령	사이버 공간에서 자신을 올바르게 표현하는 방법을 이해하여 실천한다.	– 정체성 탐색/실험 – 익명, 가명, 실명 – 공정하고 정확한 표현
	사이버 공간에서 자신을 건강하게 보호하는 방법을 이해하여 실천한다.	– 각종 정보화 역기능 사례 – 사례별 대처 요령

출처: 정보통신윤리위원회, 인터넷 윤리

기타 예절

게시판 예절

① 게시판의 글은 짧고 명확하게 쓴다.

② 게시물 내용을 잘 설명할 수 있는 알맞은 제목을 단다.

③ 문법에 맞는 표현과 올바른 맞춤법을 사용한다.

④ 사실 무근의 내용을 올리지 않는다.

⑤ 자기의 생각을 일방적으로 주장함으로써 상대방에게 불쾌감을 주지 않는다.

⑥ 다른 사람이 올린 글에 대해 지나친 반박은 삼간다.

⑦ 음란한 내용은 기술하지 않는다.

공개자료실 예절

① 상업용 소프트웨어는 올리지 않는다.

② 음란물은 올리지 않는다.

③ 공개용 소프트웨어를 올리기 전 반드시 바이러스 체크를 한다.

④ 유익한 프로그램이나 자료를 받았으면 배포자에게 감사의 메일을 보낸다.

⑤ 공개자료실에 등록할 자료는 가급적 압축한다.

게임매니아로서의 네티켓

① 항상 존댓말을 쓴다.

② 상대와 어느 정도 선을 긋는다면 서로 싸우고 욕하는 일은 없을 것이다.

③ 게이머의 도리를 지키자. 지고 있다고 접속을 끊어 버리는 일은 없어야 한다.

④ 자주 만나는 상대라도 존중하고 예의를 지킨다.

⑤ 게임 종료 후 상대에게 칭찬을 아끼지 말자.

채팅의 10계명

① 입장 혹은 퇴실할 때 서로 인사를 나눈다.

② 상대방의 호칭은 "대화명"님이라 한다.

③ 진행되는 주제에 맞는 대화를 한다.

④ 상대방에게 불쾌감을 주는 대화를 하지 말자.

⑤ 초보자를 위해 배려한다.

⑥ 연하(연상)의 상대방을 존중해 준다.

⑦ 음란, 퇴폐스런 대화를 하지 말자.

⑧ 불건전한 만남을 전제로 대화를 하지 말자.

⑨ 언어폭력도 폭력이다. 상대방에게 피해를 주지 말자.

⑩ 대화방을 건전한 만남과 정보 교류의 장으로 만들자.

남성이 지켜야 할 네티켓

① 사이버 공간과 현실을 혼동하지 말 것

② 컴퓨터에 자신을 팔지 말 것

③ 적절한 감정 조절로 자신의 행동을 반성할 것

④ 상대방에게 모욕(욕설, 비방, 혐오감, 수치심)을 주지 말것

⑤ 상대방에게 피해(해킹, 사이버 폭력, 테러)를 주지 말 것

⑥ 채팅(게임)에서 만난 상대를 자신과 동등한 입장에서 존중할 것

⑦ 포로노(음란물)의 노예가 되지 말 것

⑧ 타인의 자료(정보)를 허락 없이 도용하지 말 것

⑨ 자신의 감정(스트레스) 풀이를·위해 통신을 남용하지 말 것

⑩ 건전한 통신 문화를 지키고, 예의를 준수할 것

여성이 지켜야 할 네티켓

① 사이버 공간과 현실을 혼동하지 말 것

② 컴퓨터에 자신을 팔지 말 것

③ 적절한 감정 조절로 자신의 행동을 반성할 것

④ 채팅(게임)에서 만난 상대를 자신과 동등한 입장에서 존중할 것

⑤ 포로노(음란물)에 대하여 자신을 지킬 것

⑥ 현실에서 못하는 욕설, 비방을 통신에서 행하지 말 것

⑦ 사이버 공간의 건전한 만남을 소중히 하고 가볍게 여기지 말 것

⑧ Off-line(번개,미팅)시 항상 주의를 할 것

⑨ 사이버 공간에서 피해를 입으면 즉시 도움을 요청할 것

⑩ 스스로가 파수꾼이며 네티켓 도우미임을 인지할 것

부모가 자녀를 위해 지켜야 할 것

① 컴퓨터는 가족이 공유하는 장소에 놓아라.

② 자녀들과 함께 적절한 사용 규칙과 가이드라인을 정하라.

③ 자녀들과 함께 많은 시간을 가져라.

④ 필터링 소프트웨어를 구입하라.

⑤ 개인정보를 함부로 공개하지 않도록 각별히 주의시켜라.

⑥ 새로운 온라인 친구를 부모에게 소개시키도록 만들어라.

⑦ 의심스런 활동이나 자료를 접하면 고발하라.

⑧ 애칭을 사용하도록 권고하라.

⑨ 어떠한 문제든지 의논할 수 있게끔 편안하게 대하라.

⑩ 자녀들이 온라인에서 즐기는 것들에 대해 자주 대화하라.

⑪ 자녀들이 접속해서는 안 되는 사이트나 정보는 분명히 알려두라.

⑫ 자녀들이 위의 규칙을 지키는지 감시하고, 어길 시는 사용 시간을 통제하라.

⑬ 어느 한 순간 자녀를 잃을 수 있다는 것을 명심하라.

청소년을 위한 네티켓

① 자신이 피해자이며 동시에 가해자임을 알아 둘 것

② 하루 일과 중에서 컴퓨터와 접하는 시간에 제한을 둘 것

③ 여과 시간을 컴퓨터에만 활용하지 말 것

④ 또래의 잘못된 컴퓨터 이용 습관을 따라하지 말 것

⑤ 친구가 권하는 불건전 사이트는 당당하게 거부할 것

⑥ 채팅(게임) 중 항상 매너와 예의를 지킬 것

⑦ 채팅(게임) 중 욕설을 하지 말 것

⑧ 채팅(게임) 중 자신을 모욕하면 즉시 대화(게임)를 중지할 것

⑨ 건전하고 유익한 정보는 서로 나누고, 공유할 것

⑩ 통신에서 피해를 입으면 언제든지 도움을 요청할 것

아래는 정보통신과 관련된 법과 제도의 리스트이다.

소프트웨어산업진흥법
온라인 디지털컨텐츠산업 발전법
위치정보의 보호 및 이용 등에 관한 법률
인터넷주소자원에 관한 법률
전기통신기본법
전기통신사업법
전자서명법
전파법
정보격차해소에 관한 법률
정보시스템의 효율적 도입 및 운영 등에 관한 법률
정보통신공사업법
정보통신기반 보호법
정보통신망 이용촉진 및 정보보호 등에 관한 법률
정보화촉진기본법
지식정보자원관리법
컴퓨터프로그램 보호법
통신비밀보호법
인터넷 멀티미디어 방송사업법 [제정 2008.1.17 법률 제8849호]
이러닝(전자학습)산업발전법 [일부개정 2007.4.27 법률 제8387호]
방송법 [일부개정 2007.7.27 법률 제8568호]

이 중 정보통신기반 보호법에 대한 내용을 부록에 정리해 보았다.

참고문헌

[1] 개인정보 온라인 민원실(http://www.cyberprivacy.or.kr/privacy.html)

[2] 방송통신심의위원회(http://www.kocsc.or.kr)

[3] 한국교육학술정보원 교육부정책연구과제, 정보통신윤리 지도 안내서

[4] 한국교육학술정보원 교육부정책연구과제, 교육기관 정보화 역기능 방지에 관한 연구

[5] 광주광역시교육청, 네티즌@ 예절

[6] 제주도교육청, 더불어 사는 교육 · 신나는 학교-정보 · 통신 윤리

[7] 학부모용 정보통신윤리 지도서(http://www.icec.or.kr)

IT 대한민국은 ITC(Info Tech Corea)가 함께 하겠습니다.
www.itcpub.co.kr

부록

정보통신기반 보호법

[일부개정 2005.3.31 법률 7428호]

제1장 총칙

제1조(목적) 이 법은 전자적 침해행위에 대비하여 주요정보통신기반시설의 보호에 관한 대책을 수립·시행함으로써 동 시설을 안정적으로 운용하도록 하여 국가의 안전과 국민생활의 안정을 보장하는 것을 목적으로 한다.

제2조(정의) 이 법에서 사용하는 용어의 정의는 다음과 같다.

1. "정보통신기반시설"이라 함은 국가안전보장·행정·국방·치안·금융·통신·운송·에너지 등의 업무와 관련된 전자적 제어·관리시스템 및 정보통신망 이용촉진 및 정보보호 등에 관한 법률 제2조제1항제1호의 규정에 의한 정보통신망을 말한다.
2. "전자적 침해행위"라 함은 정보통신기반시설을 대상으로 해킹, 컴퓨터바이러스, 논리·메일폭탄, 서비스거부 또는 고출력 전자기파 등에 의하여 정보통신기반시설을 공격하는 행위를 말한다.
3. "침해사고"란 전자적 침해행위로 인하여 발생한 사태를 말한다.

제2장 주요정보통신기반시설의 보호체계

제3조(정보통신기반보호위원회) ① 제8조의 규정에 의하여 지정된 주요정보통신기반시설(이하 "주요정보통신기반시설"이라 한다)의 보호에 관한 사항을 심의하기 위하여 국무총리 소속하에 정보통신기반보호위원회(이하 "위원회"라 한다)를 둔다.

② 위원회의 위원은 위원장 1인을 포함한 25인 이내의 위원으로 구성한다.

③ 위원회의 위원장은 국무총리가 되고, 위원회의 위원은 대통령령이 정하는 중앙행정기관의 장과 위원장이 위촉하는 자로 한다.

④ 위원회의 효율적인 운영을 위하여 위원회에 실무위원회를 둔다.

⑤ 위원회 및 실무위원회의 구성·운영 등에 관하여 필요한 사항은 대통령령으로 정한다.

제4조(위원회의 기능) 위원회는 다음 각호의 사항을 심의한다.

    1. 주요정보통신기반시설 보호정책의 조정에 관한 사항

    2. 제6조제1항의 규정에 의한 주요정보통신기반시설에 관한 보호계획의 종합·조정에 관한 사항

    3. 주요정보통신기반시설 보호와 관련된 제도의 개선에 관한 사항

    4. 그 밖에 주요정보통신기반시설 보호와 관련된 주요 정책사항으로서 위원장이 부의하는 사항

제5조(주요정보통신기반시설보호대책의 수립 등) ① 주요정보통신기반시설을 관리하는 기관(이하 "관리기관"이라 한다)의 장은 제9조제1항의 규정에 의한 취약점 분석·평가의 결과에 따라 소관 주요정보통신기반시설을 안전하게 보호하기 위한 물리적·기술적 대책을 포함한 관리대책(이하 "주요정보통신기반시설보호대책"이라 한다)을 수립·시행하여야 한다.

② 관리기관의 장은 제1항의 규정에 의하여 주요정보통신기반시설보호대책을 수립한 때에는 이를 주요정보통신기반시설을 관할하는 중앙행정기관(이하 "관계중앙행정기관"이라 한다)의 장에게 제출하여야 한다. 다만, 관리기관의 장이 관계중앙행정기관의 장인 경우에는 그러하지 아니하다.

③ 지방자치단체의 장이 관리·감독하는 관리기관의 주요정보통신기반시설보호대책은 지방자치단체의 장이 행정자치부장관에게 제출하여야 한다.

④ 관리기관의 장은 소관 주요정보통신기반시설의 보호에 관한 업무를 총괄하는 자(이하 "정보보호책임자"라 한다)를 지정하여야 한다. 다만, 관리기관의 장이 관계중앙행정기관의 장인 경우에는 그러하지 아니하다.

⑤ 정보보호책임자의 지정 및 업무 등에 관하여 필요한 사항은 대통령령으로 정한다.

제6조(주요정보통신기반시설보호계획의 수립 등) ① 관계중앙행정기관의 장은 제5조제2항의 규정에 의하여 제출받은 주요정보통신기반시설보호대책을 종합·조정하여 소관 분야에 대한 주요정보통신기반시설에 관한 보호계획(이하 "주요정보통신기반시설보호계획"이라 한다)을 수립·시행하여야 한다.

② 관계중앙행정기관의 장은 전년도 주요정보통신기반시설보호계획의 추진실적과 다음 연도의 주요정보통신기반시설보호계획을 위원회에 제출하여 그 심의를 받아야 한다. 다만, 위원회의 위원장이 보안이 요구된다고 인정하는 사항에 대하여는 그러하지 아니하다.

③ 주요정보통신기반시설보호계획에는 다음 각호의 사항이 포함되어야 한다.

    1. 주요정보통신기반시설의 취약점 분석·평가에 관한 사항

    2. 주요정보통신기반시설의 침해사고에 대한 예방 및 복구대책에 관한 사항

    3. 그 밖에 주요정보통신기반시설의 보호에 관하여 필요한 사항

④ 정보통신부장관은 주요정보통신기반시설보호계획의 작성지침을 정하여 이를 관계중앙행정기관의 장에게 통보할 수 있다.

⑤ 관계중앙행정기관의 장은 소관분야의 주요정보통신기반시설의 보호에 관한 업무를 총괄하는 자(이하 "정보보호책임관"이라 한다)를 지정하여야 한다.

⑥ 주요정보통신기반시설보호계획의 수립·시행에 관한 사항과 정보보호책임관의 지정 및 업무 등에 관하여 필요한 사항은 대통령령으로 정한다.

제7조(주요정보통신기반시설의 보호지원) ① 국가기관 또는 지방자치단체의 장인 관리기관의 장이 필요하다고 인정하거나 위원회의 위원장이 특정 국가기관 또는 지방자치단체의 주요정보통신기반시설보호대책의 미흡으로 국가안전보장이나 경제사회전반에 피해가 우려된다고 판단하여 그 보완을 명하는 경우 해당 관리기관의 장은 국가보안업무를 수행하는 기관의 장 등 대통령령이 정하는 국가기관의 장 또는 필요한 경우 대통령령이 정하는 전문기관의 장에게 다음 각호의 업무에 대한 기술적 지원을 요청할 수 있다.

1. 주요정보통신기반시설보호대책의 수립
2. 주요정보통신기반시설의 침해사고 예방 및 복구

② 국가안전보장에 중대한 영향을 미치는 다음 각호의 주요정보통신기반시설에 대한 관리기관의 장이 필요하다고 인정하여 제1항 각호의 기술적 지원을 요청하는 경우 국가보안업무를 수행하는 기관의 장에게 우선적으로 그 지원을 요청하여야 한다. 다만, 국가안전보장에 현저하고 급박한 위험이 있고, 관리기관의 장이 요청할 때까지 기다릴 경우 그 피해를 회복할 수 없을 때에는 국가보안업무를 수행하는 기관의 장은 관계중앙행정기관의 장과 협의하여 그 지원을 할 수 있다.

1. 도로·지하철·공항 시설
2. 전력, 가스, 석유 등 에너지·수자원 시설
3. 방송중계·국가지도통신망 시설
4. 원자력·국방과학·첨단방위산업관련 정부출연연구기관의 연구시설

③ 국가보안업무를 수행하는 기관의 장은 제1항 및 제2항의 규정에 불구하고 금융정보통신기반시설 등 개인정보가 저장된 모든 정보통신기반시설에 대하여 기술적 지원을 수행하여서는 아니된다.

제3장 주요정보통신기반시설의 지정 및 취약점 분석

제8조(주요정보통신기반시설의 지정 등) ① 중앙행정기관의 장은 소관분야의 정보통신기반시설 중 다음 각호의 사항을 고려하여 전자적 침해행위로부터의 보호가 필요하다고 인정되는 정보통신기반시설을 주요정보통신기반시설로 지정할 수 있다.

1. 당해 정보통신기반시설을 관리하는 기관이 수행하는 업무의 국가사회적 중요성
2. 제1호의 규정에 의한 기관이 수행하는 업무의 정보통신기반시설에 대한 의존도
3. 다른 정보통신기반시설과의 상호연계성

4. 침해사고가 발생할 경우 국가안전보장과 경제사회에 미치는 피해규모 및 범위

5. 침해사고의 발생가능성 또는 그 복구의 용이성

② 중앙행정기관의 장은 제1항의 규정에 의한 지정 여부를 결정하기 위하여 필요한 자료의 제출을 해당 관리기관에 요구할 수 있다.

③ 관계중앙행정기관의 장은 관리기관이 해당 업무를 폐지·정지 또는 변경하는 경우에는 직권 또는 해당 관리기관의 신청에 의하여 주요정보통신기반시설의 지정을 취소할 수 있다.

④ 지방자치단체의 장이 관리·감독하는 기관의 정보통신기반시설에 대하여는 행정자치부장관이 지방자치단체의 장과 협의하여 주요정보통신기반시설로 지정하거나 그 지정을 취소할 수 있다.

⑤ 중앙행정기관의 장이 제1항 및 제3항의 규정에 의하여 지정 또는 지정 취소를 하고자 하는 경우에는 위원회의 심의를 받아야 한다. 이 경우 위원회는 제1항 및 제3항의 규정에 의하여 지정 또는 지정취소의 대상이 되는 관리기관의 장을 위원회에 출석하게 하여 그 의견을 들을 수 있다.

⑥ 중앙행정기관의 장은 제1항 및 제3항의 규정에 의하여 주요정보통신기반시설을 지정 또는 지정 취소한 때에는 이를 고시하여야 한다. 다만, 국가안전보장을 위하여 필요한 경우에는 위원회의 심의를 받아 이를 고시하지 아니할 수 있다.

⑦ 주요정보통신기반시설의 지정 및 지정취소 등에 관하여 필요한 사항은 이를 대통령령으로 정한다.

제9조(취약점의 분석·평가) ① 관리기관의 장은 대통령령이 정하는 바에 따라 정기적으로 소관 주요정보통신기반시설의 취약점을 분석·평가하여야 한다.

② 관리기관의 장은 제1항의 규정에 의하여 취약점을 분석·평가하고자 하는 경우에는 대통령령이 정하는 바에 따라 취약점을 분석·평가하는 전담반을 구성하여야 한다.

③ 관리기관의 장은 제1항의 규정에 의하여 취약점을 분석·평가하고자 하는 경우에는 다음 각호의 1에 해당하는 기관으로 하여금 소관 주요정보통신기반시설의 취약점을 분석·평가하게 할 수 있다. 다만, 이 경우 제2항의 규정에 의한 전담반을 구성하지 아니할 수 있다.<개정 2002.12.18>

1. 정보통신망 이용촉진 및 정보보호 등에 관한 법률 제52조의 규정에 의한 한국정보보호진흥원(이하 "보호진흥원"이라 한다)

2. 제16조의 규정에 의한 정보공유·분석센터(대통령령이 정하는 기준을 충족하는 정보공유·분석센터에 한한다)

3. 제17조의 규정에 의하여 지정된 정보보호컨설팅전문업체

4. 정부출연연구기관 등의 설립·운영 및 육성에 관한 법률 제8조의 규정에 의한 한국전자통신연구원

④ 정보통신부장관은 관계중앙행정기관의 장 및 국가정보원장과 협의하여 제1항의

규정에 의한 취약점 분석·평가에 관한 기준을 정하고 이를 관계중앙행정기관의 장에게 통보하여야 한다.

⑤ 주요정보통신기반시설의 취약점 분석·평가의 방법 및 절차 등에 관하여 필요한 사항은 대통령령으로 정한다.

제4장 주요정보통신기반시설의 보호 및 침해사고의 대응

제10조(보호지침) ① 관계중앙행정기관의 장은 소관분야의 주요정보통신기반시설에 대하여 보호지침을 제정하고 해당분야의 관리기관의 장에게 이를 지키도록 권고할 수 있다.

② 관계중앙행정기관의 장은 기술의 발전 등을 감안하여 제1항의 규정에 의한 보호지침을 주기적으로 수정·보완하여야 한다.

제11조(보호조치 명령등) ① 관계중앙행정기관의 장은 제5조제2항의 규정에 의하여 제출받은 주요정보통신기반시설보호대책을 분석하여 필요하다고 인정하는 때에는 해당 관리기관의 장에게 주요정보통신기반시설의 보호에 필요한 조치를 명령 또는 권고할 수 있다.

② 정보통신부장관은 제1항의 규정에 의한 명령 또는 권고를 받은 해당 관리기관의 장이 보호조치를 시행하는 데 필요한 기술적 지원을 할 수 있다. 다만, 제7조제2항의 규정에 해당하는 경우에는 그러하지 아니하다.

제12조(주요정보통신기반시설 침해행위 등의 금지) 누구든지 다음 각호의 1에 해당하는 행위를 하여서는 아니된다.

1. 접근권한을 가지지 아니하는 자가 주요정보통신기반시설에 접근하거나 접근권한을 가진 자가 그 권한을 초과하여 저장된 데이터를 조작·파괴·은닉 또는 유출하는 행위

2. 주요정보통신기반시설에 대하여 데이터를 파괴하거나 주요정보통신기반시설의 운영을 방해할 목적으로 컴퓨터바이러스·논리폭탄 등의 프로그램을 투입하는 행위

3. 주요정보통신기반시설의 운영을 방해할 목적으로 일시에 대량의 신호를 보내거나 부정한 명령을 처리하도록 하는 등의 방법으로 정보처리에 오류를 발생하게 하는 행위

제13조(침해사고의 통지) ① 관리기관의 장은 침해사고가 발생하여 소관 주요정보통신기반시설이 교란·마비 또는 파괴된 사실을 인지한 때에는 관계 행정기관, 수사기관 또는 보호진흥원(이하 "관계기관 등"이라 한다)에 그 사실을 통지하여야 한다. 이 경우 관계기관 등은 침해사고의 피해확산 방지와 신속한 대응을 위하여 필요한 조치를 취하여야 한다.

② 정부는 제1항의 규정에 의하여 침해사고를 통지함으로써 피해확산의 방지에 기

여한 관리기관에 예산의 범위안에서 복구비 등 재정적 지원을 할 수 있다.

제14조(복구조치) ①관리기관의 장은 소관 주요정보통신기반시설에 대한 침해사고가 발생한 때에는 해당 정보통신기반시설의 복구 및 보호에 필요한 조치를 신속히 취하여야 한다.

② 관리기관의 장은 제1항의 규정에 의한 복구 및 보호조치를 위하여 필요한 경우 관계중앙행정기관의 장 또는 보호진흥원의 장에게 지원을 요청할 수 있다. 다만, 제7조제2항의 규정에 해당하는 경우에는 그러하지 아니하다.

③ 관계중앙행정기관의 장 또는 보호진흥원의 장은 제2항의 규정에 의한 지원요청을 받은 때에는 피해복구가 신속히 이루어질 수 있도록 기술지원 등 필요한 지원을 하여야 하고, 피해확산을 방지할 수 있도록 관리기관의 장과 함께 적절한 조치를 취하여야 한다.

제15조(대책본부의 구성 등) ① 위원회의 위원장은 주요정보통신기반시설에 대하여 침해사고가 광범위하게 발생한 경우 그에 필요한 응급대책, 기술지원 및 피해복구 등을 수행하기 위한 기간을 정하여 위원회에 정보통신기반침해사고대책본부(이하 "대책본부"라 한다)를 둘 수 있다.

② 위원회의 위원장은 대책본부의 업무와 관련 있는 공무원의 파견을 관계 행정기관의 장에게 요청할 수 있다.

③ 위원회의 위원장은 침해사고가 발생한 정보통신기반시설을 관할하는 중앙행정기관의 장과 협의하여 대책본부장을 임명한다.

④ 대책본부장은 관계 행정기관의 장, 관리기관의 장 및 보호진흥원의 장에게 주요정보통신기반시설 침해사고의 대응을 위한 협력과 지원을 요청할 수 있다.

⑤ 제4항의 규정에 의하여 협력과 지원을 요청받은 관계 행정기관의 장등은 특별한 사유가 없는 한 이에 응하여야 한다.

⑥ 대책본부의 구성·운영 등에 관하여 필요한 사항은 대통령령으로 정한다.

제16조(정보공유·분석센터) ① 금융·통신 등 분야별 정보통신기반시설을 보호하기 위하여 다음 각호의 업무를 수행하고자 하는 자는 정보공유·분석센터를 구축·운영할 수 있다.

1. 취약점 및 침해요인과 그 대응방안에 관한 정보 제공
2. 침해사고가 발생하는 경우 실시간 경보·분석체계 운영

② 제1항의 규정에 의한 정보공유·분석센터의 장은 업무종사자의 인적사항 등 대통령령이 정하는 사항을 관계중앙행정기관의 장에게 통지하여야 한다. 통지한 사항을 변경한 경우에도 또한 같다.

③ 관계중앙행정기관의 장은 제2항의 규정에 의하여 통지받은 사항을 정보통신부장관에게 통보하여야 한다.

④ 정부는 제1항 각호의 업무를 수행하는 정보공유·분석센터의 구축을 장려하고

그에 대한 기술적 지원을 할 수 있다.

⑤ 제2항의 규정에 의한 통지의 방법 및 절차 등에 관하여 필요한 사항은 대통령령으로 정한다.

제5장 정보보호컨설팅전문업체의 지정 등 〈개정 2002.12.18〉

제17조(정보보호컨설팅전문업체의 지정 〈개정 2002.12.18〉) ① 정보통신부장관은 다음 각호의 업무를 안전하고 신뢰성 있게 수행할 능력이 있다고 인정되는 자를 정보보호컨설팅전문업체로 지정할 수 있다. 〈개정 2002.12.18〉

  1. 주요정보통신기반시설의 취약점 분석 · 평가 업무

  2. 주요정보통신기반시설보호대책의 수립 업무

② 정보보호컨설팅전문업체로 지정받을 수 있는 자는 법인에 한한다. 〈개정 2002.12.18〉

③ 정보통신부장관은 제1항의 규정에 의하여 정보보호컨설팅전문업체를 지정하는 때에는 정보통신부령이 정하는 바에 따라 유효기간을 정하여 지정할 수 있으며, 그 유효기간이 만료한 때에는 재지정을 할 수 있다. 〈개정 2002.12.18〉

④ 제1항의 규정에 의한 지정과 제3항의 규정에 의한 재지정의 기준 · 절차 및 방법 등에 관하여 필요한 사항은 정보통신부령으로 정한다.

제18조(결격사유) 다음 각호의 1에 해당하는 자는 정보보호컨설팅전문업체로 지정받을 수 없다. 〈개정 2002.12.18, 2005.3.31〉

  1. 임원 중 다음 각목의 1에 해당하는 자가 있는 법인

    가. 미성년자 · 금치산자 또는 한정치산자

    나. 파산선고를 받은 자로서 복권되지 아니한 자

    다. 금고 이상의 실형의 선고를 받고 그 집행이 종료(집행이 종료된 것으로 보는 경우를 포함한다)되거나 집행이 면제된 날부터 2년이 지나지 아니한 자

    라. 금고 이상의 형의 집행유예의 선고를 받고 그 집행유예기간 중에 있는 자

    마. 제21조제1호 또는 제3호 내지 제5호의 규정에 의하여 지정이 취소된 법인의 취소 당시의 임원이었던 자(취소된 날부터 2년이 지나지 아니한 자에 한한다)

  2. 제21조제1호 또는 제3호 내지 제5호의 규정에 의하여 지정이 취소된 후 2년이 지나지 아니한 법인

제19조(정보보호컨설팅전문업체의 양도 · 합병 등 〈개정 2002.12.18〉) ① 정보보호컨설팅전문업체는 다음 각호의 1에 해당하는 경우에는 정보통신부령이 정하는 바에 의하여 정보통신부장관에게 신고하여야 한다. 〈개정 2002.12.18〉

  1. 제17조제1항 각호의 업무를 양도하는 경우

  2. 정보보호컨설팅전문업체인 법인간의 합병이 있는 경우

② 제1항의 규정에 의한 신고를 한 경우의 양수인 또는 합병에 의하여 설립되거나 존속

하는 법인은 그 정보보호컨설팅전문업체의 지위를 승계한다. <개정 2002.12.18>

③ 제17조제4항(지정기준에 한한다) 및 제18조의 규정은 제1항의 규정에 의한 신고에 관하여 이를 준용한다.

제20조(업무의 휴지·폐지·재개) 정보보호컨설팅전문업체가 업무를 휴지·폐지 또는 재개하고자 하는 때에는 휴지·폐지 또는 재개하고자 하는 날의 30일 전까지 정보통신부령이 정하는 바에 따라 정보통신부장관에게 신고하여야 한다. <개정 2002.12.18>

제21조(정보보호컨설팅전문업체의 지정취소 등 <개정 2002.12.18>) 정보통신부장관은 정보보호컨설팅전문업체가 다음 각호의 1에 해당하는 때에는 정보통신부령이 정하는 바에 따라 정보보호컨설팅전문업체의 지정을 취소하거나 3월 이내의 기간을 정하여 업무의 전부 또는 일부의 정지를 명할 수 있다. 다만, 제1호 내지 제3호에 해당하는 때에는 정보보호컨설팅전문업체의 지정을 취소하여야 한다. <개정 2002.12.18>

1. 속임수 그 밖의 부정한 방법으로 지정을 받은 때
2. 제17조제4항의 규정에 의한 지정기준에 미달한 때
3. 제18조의 규정에 의한 결격사유에 해당된 때(임원이 결격사유에 해당된 날부터 3월 이내에 당해 임원을 개임한 때를 제외한다)
4. 업무를 수행하면서 알게 된 정보를 오용 또는 남용하여 주요정보통신기반시설의 운영에 장애를 가져온 때
5. 그 밖에 이 법 또는 이 법에 의한 명령을 위반한 때

제22조(보고 등) ① 정보통신부장관은 주요정보통신기반시설의 정보보호를 위하여 특히 필요하다고 인정하는 경우에는 정보보호컨설팅전문업체에게 관련 서류 또는 자료를 제출하게 할 수 있다.<개정 2002.12.18>

② 정보보호컨설팅전문업체는 제1항의 규정에 의하여 관련서류 또는 자료의 제출을 요구받은 때에는 특별한 사유가 없는 한 이에 응하여야 한다.<개정 2002.12.18>

제23조(기록·자료의 보존 등) ① 정보보호컨설팅전문업체는 제17조제1항제1호의 규정에 의한 주요정보통신기반시설의 취약점 분석·평가업무와 관련하여 작성한 기록 및 자료를 안전하게 보존하여야 한다.<개정 2002.12.18>

② 정보보호컨설팅전문업체는 제21조의 규정에 의하여 지정이 취소되거나 업무를 폐지한 때에는 제1항의 규정에 의한 기록 및 자료를 관리기관의 장에게 반환하거나 이를 폐기하여야 한다.<개정 2002.12.18>

③ 제2항의 규정에 의한 관련기록 및 자료의 폐기에 관하여 필요한 사항은 정보통신부령으로 정한다.

제6장 기술지원 및 민간협력 등

제24조(기술개발 등) ① 정부는 정보통신기반시설을 보호하기 위하여 필요한 기술의 개발 및 전문인력 양성에 관한 시책을 강구할 수 있다.

② 정부는 정보통신기반시설의 보호에 필요한 기술개발을 효율적으로 추진하기 위하여 필요한 때에는 정보보호 기술개발과 관련된 연구기관 및 민간단체로 하여금 이를 대행하게 할 수 있다. 이 경우 이에 소요되는 비용의 전부 또는 일부를 지원할 수 있다.

제25조(관리기관에 대한 지원) 정부는 관리기관에 대하여 주요정보통신기반시설을 보호하기 위하여 필요한 기술의 이전, 장비의 제공 그 밖의 필요한 지원을 할 수 있다.

제26조(국제협력) ①정부는 정보통신기반시설의 보호에 관한 국제적 동향을 파악하고 국제협력을 추진하여야 한다.

② 정부는 정보통신기반시설의 보호에 관한 국제협력을 촉진하기 위하여 관련기술 및 인력의 국제교류와 국제표준화 및 국제공동연구개발 등에 관한 사업을 지원할 수 있다.

제27조(비밀유지의무) 다음 각호의 1에 해당하는 기관에 종사하는 자 또는 종사하였던 자는 그 직무상 알게된 비밀을 누설하여서는 아니 된다. 다만, 다른 법률에 특별한 규정이 있는 경우에는 그러하지 아니하다.

    1.제9조제3항의 규정에 의하여 주요정보통신기반시설에 대한 취약점 분석·평가업무를 하는 기관

    2.제13조의 규정에 의하여 침해사고의 통지 접수 및 복구조치와 관련한 업무를 하는 관계기관 등

    3.제16조제1항 각호의 업무를 수행하는 정보공유·분석센터

제7장 벌칙

제28조(벌칙) ① 제12조의 규정을 위반하여 주요정보통신기반시설을 교란·마비 또는 파괴한 자는 10년 이하의 징역 또는 1억원 이하의 벌금에 처한다.

② 제1항의 미수범은 처벌한다.

제29조(벌칙) 제27조의 규정을 위반하여 비밀을 누설한 자는 5년 이하의 징역, 10년 이하의 자격정지 또는 5천만원 이하의 벌금에 처한다.

제30조(과태료) ① 다음 각호의 1에 해당하는 자는 1천만원 이하의 과태료에 처한다.

    1.제11조제1항의 규정에 의한 보호조치 명령을 위반한 자

    2.제16조제2항의 규정에 의한 통지를 하지 아니한 자

    3.제20조의 규정에 의한 신고를 하지 아니한 자

    4.제22조제2항의 규정을 위반하여 관련서류 또는 자료를 제출하지 아니하거나 허위로 제출한 자

    5. 제23조제2항의 규정을 위반하여 기록 및 자료를 반환하거나 폐기하지 아니한 자

② 제1항의 규정에 의한 과태료는 대통령령이 정하는 바에 따라 관계중앙행정기관의

장 또는 정보통신부장관(이하 "부과권자"라 한다)이 부과 · 징수한다.

③ 제2항의 규정에 의한 과태료처분에 불복이 있는 자는 그 처분의 고지를 받은 날부 터 30일 이내에 부과권자에게 이의를 제기할 수 있다.

④ 제2항의 규정에 의한 과태료처분을 받은 자가 제3항의 규정에 의하여 이의를 제 기한 때에는 부과권자는 지체없이 관할법원에 그 사실을 통보하여야 하며, 그 통 보를 받은 관할법원은 비송사건절차법에 의한 과태료의 재판을 한다.

⑤ 제3항의 규정에 의한 기간 내에 이의를 제기하지 아니하고 과태료를 납부하지 아 니한 때에는 국세체납처분의 예에 의하여 이를 징수한다.

부칙 〈제6383호,2001.1.26〉

이 법은 2001년 7월 1일부터 시행한다.

부칙 〈제6796호,2002.12.18〉

① (시행일) 이 법은 공포한 날부터 시행한다.

② (정보보호전문업체의 명칭 변경에 따른 경과조치) 이 법 시행 당시 종전의 규정에 의하 여 지정된 정보보호전문업체는 이 법의 규정에 의하여 지정된 정보보호컨설팅전 문업체로 본다.

부칙(채무자 회생 및 파산에 관한 법률) 〈제7428호,2005.3.31〉

제1조(시행일) 이 법은 공포 후 1년이 경과한 날부터 시행한다.

제2조 내지 제4조 생략

제5조(다른 법률의 개정) ①내지 <100>생략

<101>정보통신기반보호법 일부를 다음과 같이 개정한다.

제18조제1호 나목 중 "파산자"를 "파산선고를 받은 자"로 한다.

<102>내지 <145>

찾아보기

● **손병희**

현재 동양공업전문대학 전기전자통신학부 교수

연세대학교 전기전자공학부 석사 및 박사 수료

관심 분야: 감성을 이용한 홈 네트워킹 시스템

● **장종찬**

현재 정보통신연구진흥원 연구원

고려대학교 대학원 전자공학 전공

충북대학교 대학원 의공학 박사 수료

관심 분야: 광디바이스, 홈 네트워크, 임베디드 SW, 의공학 등 융합 기술

유비쿼터스 개론 개념과 기술

초판 1쇄 발행 : 2009년 2월 23일

지 은 이   손병희, 장종찬
발 행 인   최규학

마 케 팅   최복락
본문디자인   우일미디어
교정 · 교열   우일미디어
표지디자인   Arowa & Arowana

발 행 처   도서출판 ITC
등 록 번 호   제8-399호
등 록 일 자   2003년 4월 15일

주   소   경기도 파주시 교하읍 문발리 파주출판도시 535-7
             세종출판벤처타운 307호
전   화   031-955-4353(대표)
팩   스   031-955-4355
이 메 일   itc@itcpub.co.kr

인쇄 한승문화사   용지 신승지류유통   제본 천일제책사

ISBN-10 : 89-6351-002-6
ISBN-13 : 978-89-6351-002-6 (93560)

값 18,000원

---

www.itcpub.co.kr